U0278124

国家社科基金
后期资助项目
GUOJIA SHEKE JIJIN HOUQI ZIZHU XIANGMU

中国碳排放
二维统计核算体系研究

王 丹 著

社会科学文献出版社
SOCIAL SCIENCES ACADEMIC PRESS (CHINA)

图书在版编目（CIP）数据

中国碳排放二维统计核算体系研究／王丹著．

北京：社会科学文献出版社，2025.1.--ISBN 978-7
-5228-4086-4

Ⅰ.X511

中国国家版本馆 CIP 数据核字第 2024QC8893 号

国家社科基金后期资助项目

中国碳排放二维统计核算体系研究

著　　者／王　丹

出 版 人／冀祥德
组稿编辑／恽　薇
责任编辑／孔庆梅
文稿编辑／陈丽丽
责任印制／王京美

出　　　版／社会科学文献出版社·经济与管理分社（010）59367226
　　　　　　地址：北京市北三环中路甲 29 号院华龙大厦　邮编：100029
　　　　　　网址：www.ssap.com.cn
发　　　行／社会科学文献出版社（010）59367028
印　　　装／三河市龙林印务有限公司

规　　　格／开本：787mm×1092mm　1/16
　　　　　　印张：22.5　字数：355 千字
版　　　次／2025 年 1 月第 1 版　2025 年 1 月第 1 次印刷
书　　　号／ISBN 978-7-5228-4086-4
定　　　价／128.00 元

读者服务电话：4008918866

国家社科基金后期资助项目
出版说明

后期资助项目是国家社科基金设立的一类重要项目，旨在鼓励广大社科研究者潜心治学，支持基础研究多出优秀成果。它是经过严格评审，从接近完成的科研成果中遴选立项的。为扩大后期资助项目的影响，更好地推动学术发展，促进成果转化，全国哲学社会科学工作办公室按照"统一设计、统一标识、统一版式、形成系列"的总体要求，组织出版国家社科基金后期资助项目成果。

全国哲学社会科学工作办公室

摘　要

应对气候变化、控制碳排放，既是我国积极参与全球气候治理，也是我国转变经济发展方式、落实"双碳"目标的关键所在。中国作为全球经济发展最快的国家之一，其工业比重远远超过发达国家，这使得中国的化石能源消费和二氧化碳排放量在较短的时间内急剧攀升。准确核算中国的碳排放，已经成为当前全球研究的前沿和热点话题，也是我国制定切实可行的减排计划和减排政策的基础。然而，中国尚未建立碳排放统计核算体系，难以为中国的各种气候政策和承诺提供可靠的数据支撑。因此，客观上需要建立一套符合中国国情、切实可行的碳排放统计核算体系，这是中国在应对气候变化方面所有决策的基础。

碳排放统计核算体系既要概念清晰、内涵明确，又要覆盖各个相关领域，全面涵盖我国应对气候变化工作。基于我国现行统计体系是规模以上工业企业相关数据直报中央的事实，考虑到经济统计应遵循法人原则，而污染物统计应遵循属地原则，本书首次系统阐述了碳排放统计核算方法学体系，并创造性地构建了企业、区域碳排放二维统计核算体系，分别从企业维度和区域维度不同的视角建立了各自的统计核算体系，并重新界定其边界，以避免漏算或重复计算。在碳排放二维统计核算体系中，企业维度针对规模以上工业企业排放，核算内容包括工业能源消费性碳排放统计核算、工业工艺过程碳排放统计核算及工业废水处理碳排放统计核算；区域维度针对除规模以上工业企业以外的所有排放，核算内容包括区域内企业碳排放统计核算、居民能源消费性碳排放统计核算、农业活动碳排放统计核算、林业碳排放统计核算、废弃物处理碳排放统计核算等。本书首次提出点源排放和面源排放的概念，并进一步运用碳排放二维统计核算体系论证了二者的存在。本书坚持系统设计和内涵科学原则、导向性和可行性相结合原则、立足当前与着眼长远原则、全面落实与突出重点原则，强化应对气候变化的政策导向，同时实现了同相关约束性指标的衔接，具有理论的创新性及现实的可行性，以期能为中国提高应对气候变化能力提供统计核算方法学支撑，同时为中国建立污染物排放统计体系提供理论框架。

本书分为四个部分。第一部分是总论，包括第 1 章至第 3 章，总体描述了整个研究的思路，梳理了国内外主要碳排放统计核算方法、成果及相关法律法规，系统论述了碳排放统计核算方法学。第二部分（包括第 4 章至第 7 章）和第三部分（包括第 8 章至第 13 章）构建了中国碳排放二维统计核算体系，并分别详细刻画了企业、区域二维碳排放统计核算体系。第四部分即第 14 章是推广应用及结论部分，运用二维体系核算了湖北省"十二五"期间的碳排放数据并得出最终结论。

关键词：碳排放　统计核算　二维体系

目 录

第1章 导论

1.1 研究缘起与问题的提出

一 研究缘起

1896 年，瑞典科学家 Svante Arrhenius 首次提出，包括二氧化碳在内的温室气体排放可能会带来气候变化问题，但是，当时并未引起国际社会的重视。直到 20 世纪 70 年代，随着科学家们对地球大气系统研究和认识的逐步深入，以全球变暖为主要特征的气候变化问题引起大众的广泛关注，紧接着各国举行了一系列以气候变化为重点的政府间会议。1988 年，为了让决策者和公众更好地理解这些科研成果，并且意识到气候变化问题的严重程度，联合国环境规划署（United Nations Environment Programme，UN-EP）和世界气象组织（World Meteorological Organization，WMO）成立了政府间气候变化专门委员会（Intergovernmental Panel on Climate Change，IPCC）。该委员会的主要任务是在全面、客观、公开和透明的基础上，在全球范围内组织专家审阅公开发表的科学和技术文献，以总结气候变化领域的最新研究成果，在此基础上通过每五年出版一次评估报告的形式来宣传气候变化对社会、经济的潜在影响并制定相应的应对措施。

1990 年，IPCC 发布了第一份评估报告，这份报告引起了决策者和民众的关注，推动联合国大会制定了《联合国气候变化框架公约》（United Nations Framework Convention on Climate Change，UNFCCC，以下简称《公约》），并于 1992 年 6 月 4 日在巴西里约热内卢最终签署。《公约》是全球首个旨在全面控制由人类活动引发的温室气体排放，以应对全球升温给人类造成负面影响的国际公约，它具有划时代的意义。《公约》建立了一个长效机制，使政府间定期报告各自的温室气体排放和应对气候变化情况，以审视全球减排进程并追踪《公约》的执行进度。也就是说，每个缔约方都应当定期提交专项报告，其中必须包含该缔约方的温室气体各种排放源和吸收汇的国家清单。至此，温室气体排放核算和清单编制成为应对气候变化的第一项在全球范围内达成共识的任务。

IPCC 就国家温室气体清单编制提供了一系列指南，包括《1996 年 IPCC 国家温室气体清单指南》《2006 年 IPCC 国家温室气体清单指南》《国家温室气体清单优良作法指南和不确定性管理》《土地利用变化和林业部门优良做法指南》等。2019 年 5 月，IPCC 发布了《2006 年 IPCC 国家温室气体清单指南》（2019 修订版），2019 年修订版对 2006 年指南进行了更新、补充和阐述，主要目的是根据最新科学研究对 2006 年指南中已经过时或不清楚的地方进行补充。其中，《1996 年 IPCC 国家温室气体清单指南》《2006 年 IPCC 国家温室气体清单指南》是全球各国编制其温室气体清单的主要依据，也是很多地方层面（省州市）碳排放核算方法学的重要指南。目前，包括中国在内的绝大多数国家已经使用《IPCC 国家温室气体清单指南》来核算和编制本国、各个省市、企业甚至项目层面的温室气体清单。这些指南构成了温室气体排放核算的方法学基础。

中国作为《公约》缔约方，已经于 2004 年、2012 年和 2019 年提交了《中华人民共和国气候变化初始国家信息通报》《中华人民共和国气候变化第二次国家信息通报》《中华人民共和国气候变化第三次国家信息通报》，向国际社会报告了我国 1994 年、2005 年和 2010 年温室气体排放、适应和减缓的最新信息。同时，中国高度重视自己所承担的国际义务，按照 2010 年 UNFCCC 第十六次缔约方大会通过的新决议中非附件 I 的缔约方应当根据其自身能力以及所获得的支持程度，从 2014 年开始每两年提交一次"两年更新报告"的要求，于 2017 年和 2019 年提交了《中华人民共和国气候变化第一次两年更新报告》《中华人民共和国气候变化第二次两年更新报告》，报告了 2012 年和 2014 年国家温室气体清单。至此，中国已经具备并逐步完善核算碳排放和编制温室气体清单的能力。在编制这些国家温室气体清单时，其主要依据是《IPCC 国家温室气体清单指南》和《国家温室气体清单优良作法指南和不确定性管理》，活动水平数据优先采用国家统计局的各类官方统计数据，排放因子则根据中国实际情况经历了从采用 IPCC 默认值到逐步采用本土化参数的转变过程，使得核算结果更加准确并且切合中国实际情况。

2015 年 8 月，《自然》杂志发表了哈佛大学肯尼迪政府学院刘竹博士等人撰写的论文 "Reduced carbon emission estimates from fossil fuel combustion and cement production in China"。该文认为中国的排放估计具有较大的不确定性，而不确定性主要来自能源消费数据和排放因子。该文估计了新的化石燃料排放因子以及新的熟料生产的排放因子，并依据表观能源消费量重新估计了中国的二氧化碳排放（不含土地利用及土地利用变化），结果显示，IPCC 将中国二氧化碳排放量高估了 12%。该文发表后引起较大的争议，中国到底排了多少碳？碳排放核算成为研究的热点话题，各种研究成果层出不穷，极大地丰富和完善了温室气体排放核算的方法学体系。

二 问题的提出

应对气候变化、解决发展中出现的生态环境问题是我国目前面对的现实问题。随着中国经济的快速发展，工业发展的步伐也不断加快，这使得中国化石能源消费和温室气体排放量都大幅增加。国家节能减排和应对气候变化的相关政策法规，必须服从并服务于我国政府提出的单位 GDP 碳排放量考察的要求，未来在国家、地方、企业等不同层面都需要加强温室气体排放统计与核算的能力建设。

2009 年，在哥本哈根气候会议上，中国基于现实情况并从经济发展的实际情况出发，向全球做出了减排的承诺：到 2020 年我国碳排放强度将会比 2005 年降低 40%~45%，同时制定"十二五"控制温室气体排放工作方案，并提出 2015 年全国单位国内生产总值二氧化碳排放比 2010年下降 17%的碳减排目标。碳减排目标的制定和实施，将会引起一系列重大变化，包括经济发展模式、生产运作方式、生活与消费模式等的变化。在过去十年，中国逐渐形成了应对气候变化的战略体系。2011 年，中国第一次正式提出降低碳排放强度的目标。2014 年，中美提出要在 2030 年左右实现"碳达峰"。2015 年，中国签署了《巴黎协定》，承诺到 2030 年国内单位 GDP 的二氧化碳排放量较 2005 年下降 60%~65%。2017 年末，全国碳市场建设取得积极成果。自 2020 年 9 月习近平主席在联合国大会上宣布我国的碳达峰、碳中和目标以来，中国的气候行动取得了明显进展。截至2020 年底，中国碳排放强度较 2005 年降低约 48.4%，其中非化石能源占一次能源消费比例达到了 15.9%，大大超过了 2020 年气候行动目标。

中国所做出的这些承诺与规划要想具体落到实处，有一个关键问题需要弄清楚，那就是中国到底排了多少碳。只有核算出中国每年的碳排放数据，才能据此制订切实可行的减排计划。而为了核算出中国的碳排放数据，就需要建立一套符合中国国情、切实可行、能够反映真实状况的气候变化统计核算体系。只有建立了这样一套气候变化统计核算体系，才能为中国的各种气候政策和承诺提供可靠的数据支撑。建立气候变化统计核算体系意义重大，它是中国在应对气候变化方面决策的基础。近年来，许多学者与专家为我国气候变化统计核算体系的建立与完善付出了心血与努力。建立气候变化统计核算体系不仅是现实的需求，也是中国气候变化研究发展的必然。

碳排放统计核算体系不仅要概念清晰、内涵明确，而且要覆盖各个相关领域，从而能更好、更全面地反映我国应对气候变化工作。本书坚持系统设计和内涵科学原则、导向性和可行性相结合原则、立足当前与着眼长远原则、全面落实与突出重点原则，强化应对气候变化的政策导向，同时实现了同相关约束性指标的衔接，具有可操作性，以期能为中国提高应对气候变化能力提供统计方法支撑。考虑到我国现行统计体系是规模以上工业企业无须上报地方统计部门而是直报中央，企业的统计核算边界、内容等与区域统计核算工作有根本性的不同，本书建立了企业、区域应对气候变化的二维统计核算体系，分别从企业和区域不同的视角构建了各自的统计核算体系。

值得注意的是，所谓的温室气体（Greenhouse Gas，GHG）是指任何会吸收和释放红外线辐射且存在于大气中的气体。《京都议定书》对 6 种温室气体进行了规定，包括二氧化碳（CO_2）、甲烷（CH_4）、氧化亚氮（N_2O）、氢氟碳化合物（HFCs）、全氟碳化合物（PFCs）、六氟化硫（SF_6）。本书所指的碳排放，是包括《京都议定书》中所指的 6 种温室气体排放之和。

1.2　研究意义与价值

本书选题具有新意，对准确核算我国的碳排放量以及推动我国积极融入甚至引领全球气候治理有着较大的理论价值与现实意义。

一　理论价值

（一）系统总结并构建了碳排放统计核算方法学体系

针对差异化的核算需求，现实中出现了各种相关标准、技术规范、操作指南，以及基础统计制度和监测、报告与核查（Monitoring, Reporting and Verification, MRV）体系，使得碳排放统计核算方法学体系日益丰富和完善。虽然针对不同核算对象的核算要求各有不同，但总体来说，都是核算内容、方法、范围以及不同数据来源的各种组合。因此，本书根据核算内容、核算方法、核算范围、数据来源及其统计方法四大基本要素构建了碳排放统计核算方法学体系。

（二）构建了中国碳排放二维统计核算体系，为中国污染物统计提供了理论依据

本书构建了碳排放二维统计核算体系。二维体系是一套符合中国国情、切实可行、能够反映真实状况的气候变化统计核算体系。只有建立了这样一套气候变化统计核算体系，才能为中国的各种气候政策和承诺提供可靠的数据支撑。建立气候变化统计核算体系意义重大，它是中国在应对气候变化方面决策的基础。

中国尚未建立污染物统计体系，本书构建的碳排放二维统计核算体系为中国统计污染物提供了理论基础，弥补了污染物统计体系的缺失，提供了污染物核算的思路。

（三）提出了点源排放和面源排放的概念，并运用二维体系验证二者的存在

根据我国现行统计体系，规模以上工业企业所有统计数据无须经过地方政府而直接上报国家统计局，地方统计局负责其他统计数据的收集和上报工作；而碳市场中的 MRV 体系是根据法人原则核算企业的碳排放。统计路径和口径的不同，导致统计数据"打架"现象普遍存在。本书在二维体系的基础上，进一步提出了点源排放（即规模以上工业企业排放）和面源排放（即除规模以上工业企业之外的排放）的概念，并以湖北省各个城市为例，实证研究了点源排放城市和面源排放城市的存在

及各自不同的特征。

二　现实意义

（一）有助于准确核算中国碳排放

本书提出的碳排放二维统计核算体系经过实践论证、合理设计，符合中国国情，能准确核算中国碳排放情况，为中国碳排放核算提供体系依据，为中国环境保护和减排战略提供可靠数据支撑。

（二）有助于完善中国碳市场建设

碳排放二维统计核算体系能帮助中国建设全国统一的碳交易市场，尤其在企业维度可以帮助碳市场核查区域内企业碳排放数据，核算企业报送资料，帮助碳市场强化企业碳排放监管。

（三）有助于推动中国参与甚至引领全球气候治理

本书提出的碳排放二维统计核算体系不仅可以完善我国碳排放统计核算体系建设，还能扩大我国在国际气候治理研究方面的影响力。中国碳排放一直是国际研究的焦点，碳排放二维统计核算体系帮助中国在碳排放核算上形成自己的理论框架，帮助中国在国际上就碳排放问题发声；增强中国参与全球气候治理的程度与影响力。

1.3　研究思路与研究内容

一　研究思路

应对气候变化、控制碳排放，既是我国积极参与全球气候治理，也是我国转变经济发展方式、建设"美丽中国"的关键所在。加强应对气候变化统计工作将为国家控制碳排放提供重要的基础信息依据，是我国积极应对全球气候变化的客观要求，也是确保实现我国控制碳排放行动目标的重要基础。根据我国现行统计体系，规模以上工业企业所有统计数据无须经过地方政府而直接上报国家统计局，地方统计局负责其他统计数据的收集和上报工作。当前，主流碳排放统计核算体系主要服务于区域清单编制或企业碳核查，都难以适应中国现行的统计体系现状，亟须建立一套适合中国国情的碳排放统计核算体系。本书在系统梳理国内相关政策法规和核算标准的基础上，首次根据核算范围、核算内容、核算方法、数据来源及其统计方法四大要素论述了碳排放统计核算方法学体系。基于碳排放统计核算方法学体系和中国的统计体系现实，本书进一步构建了中国碳排放二维统计核算体系，分别从企业维度和区域维度构建各自的统计核算体系，能够有效地帮助数据收集，能够帮助更有针对性的碳减排政策的制定和执行，更加符合中国的实际情况，能够较为准确地核算中国碳排放。本书运用碳排放二维统计核算体系，进一步提出了点源排放（即规模以上工业企业排放）和面源排放（即除规模以上工业企业之外的排放）的概念，并实证研究了点源排放城市和面源排放城市的存在及各自不同的特征。

本书研究思路如图 1-1 所示。

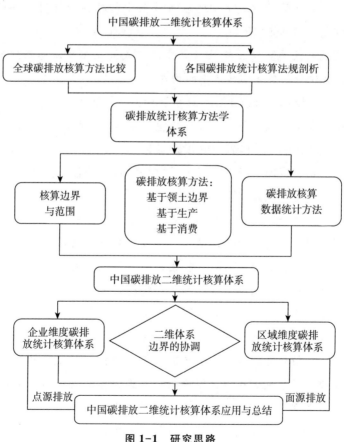

图 1-1 研究思路

二　研究内容

本书分为四个部分。第一部分是总论，包括第 1 章至第 3 章，总体描述了整个研究的思路，梳理了国内外主要碳排放统计核算方法、成果及相关法律法规，系统论述了碳排放统计核算方法学。第二部分（包括第 4 章至第 7 章）和第三部分（包括第 8 章至第 13 章）构建了中国碳排放二维统计核算体系，并分别详细刻画了企业、区域碳排放二维统计核算体系。第四部分即第 14 章是推广应用及结论部分，运用二维体系核算了湖北省"十二五"期间的碳排放数据并得出最终结论。本书在碳排放二维统计核算体系的基础上，进一步提出了点源排放（即规模以上工业企业排放）和面源排放（即除规模以上工业企业之外的排放）的概念，并实证研究了点源排放城市和面源排放城市的存在及各自不同的特征。各部分研究内容具体如下。

1. 国内外主要碳排放统计核算方法、成果及相关法律法规的梳理，以及碳排放统计核算方法学体系的构建

首先，介绍国内外碳排放统计核算相关法律法规。

其次，介绍国内外涵盖国家、企业、项目、产品和服务等不同核算对象的温室气体清单指南和排放核算标准。

最后，系统梳理了当前主流碳排放统计核算方法，并进一步构建了较为系统的碳排放统计核算方法学体系。

2. 中国碳排放二维统计核算体系的构建及其框架

本书针对中国的统计体系现状，构建了企业、区域碳排放二维统计核算体系，能够有效地帮助数据收集，能够帮助更有针对性的碳减排政策的制定和执行，更加符合中国的实际情况，能够较为准确地核算中国碳排放。企业维度排放针对规模以上工业企业排放，区域维度排放针对本区域除规模以上工业企业之外的所有排放。为避免漏算和重复计算，进一步准确核算企业和区域的碳排放，需要厘清二维统计核算体系的边界。污染物排放包括碳排放，应该采用属地原则，即所有排放纳入实际排放地统计体系汇总，而中国的企业统计数据是采用法人原则，即企业的所有数据均纳入企业法人注册地统计体系汇总。规模以上工业企业往往有众多分公司、子公司等分支机构且分布在多个行政区域，这些不同

地区的分支机构在生产经营活动中产生的经济数据（包括污染物数据）会由公司汇总并上报给国家统计局，因此所有数据都会纳入企业法人注册地的统计体系。这显然是不准确的。因此，规模以上工业企业在填报其污染排放包括碳排放数据时，应该注明实际排放地信息，国家统计局统一调整到实际排放地统计数据。

3. 中国碳排放二维统计核算体系

（1）企业维度碳排放统计核算体系

企业维度碳排放是二维统计核算框架的重要组成部分。企业开展碳排放统计核算，可以增加企业对其排放状况和潜在的温室气体负担或风险的了解。本书通过大量的企业实地调研，发现企业的固体废弃物大都送到专门的垃圾处理厂去处理，而废水则是在厂内处理达到环保标准后才被允许排出，工业废水处理过程中会产生碳排放。以前的研究只考虑了企业能源消费碳排放和工业生产过程碳排放，未考虑工业废水处理碳排放。调研发现，因为中国的环保规制，规模以上工业企业都严格执行了废水处理标准，并且对相关指标有较为详细的记录，因此，只要企业有能力上报废水处理碳排放情况即可达到碳排放核算要求。综上，企业的碳排放统计核算由企业能源消费碳排放、工艺生产过程碳排放、污水处理碳排放三个部分组成。在企业维度，本书还特别关注了交通运输行业、服务业等重点行业的碳排放统计核算方法。

（2）区域维度碳排放统计核算体系

区域维度碳排放是碳排放二维统计核算体系的另外一个重要维度，其目的是准确核算区域碳排放。在中国现行的统计体系中，该部分由地方统计部门工作人员负责数据的收集与填报。区域碳排放统计核算由规模以下企业碳排放、居民生活能源消费碳排放、农业碳排放、林业碳排放、垃圾处理碳排放以及电力的净调入碳排放构成。该部分排放源众多，排放活动比较分散，因而统计难度较大。

4. 推广应用及结论

（1）选择湖北省为案例开展了实证研究

本书运用二维统计核算体系核算湖北省 17 个地市州的碳排放，以助力研究结果的推广应用；充分挖掘中央、省级、市级三级行政管理层级的统计数据，并赴实地调研以获取第一手数据，使数据来源更加全面、可靠，从而保证核算结果的准确性。

（2）全面总结研究结论并提出有针对性的建议

本书在二维统计核算体系的基础上，进一步提出了点源排放（即规模以上工业企业排放）和面源排放（即除规模以上工业企业之外的排放）的概念，并以湖北省各个城市为例，实证研究了点源排放城市和面源排放城市的存在及各自不同的特征。

1.4　研究创新点及重点和难点

一　研究创新点

1. 系统论述了碳排放统计核算方法学体系

近年来关于碳排放核算的研究成果层出不穷，但是国内一直没有一套系统的碳排放统计核算方法学体系。虽然针对不同核算对象的核算要求各有不同，但总体来说都是核算范围、内容、方法以及不同数据来源的各种组合。本书系统阐述了核算范围、核算内容、核算方法、数据来源及其统计方法四大基本要素，共同构成了碳排放统计核算方法学体系。

2. 构建了中国碳排放二维统计核算体系

本书针对中国的统计体系现状，设计出企业、区域二维统计核算体系，能够有效地帮助碳排放核算过程中所需要的数据收集，能够帮助更有针对性的碳减排政策的制定和执行，更加符合中国的实际情况，能够较为准确地全尺度核算中国碳排放。其中，具体包括两个方面的创新。

（1）统计体系中法人原则与属地原则的界定与兼容

企业经济数据的统计是根据法人原则，而污染物排放统计应该遵循属地原则，企业、区域碳排放二维统计核算体系的构建以及边界的界定，解决了法人原则与属地原则之间的冲突，大大提高了中国碳排放统计核算体系的兼容性、有效性和准确性，也为其他污染物统计提供了思路。

（2）核算体系中企业维度与区域维度的分工与合作

企业维度碳排放考虑了污水处理碳排放，能源消费碳排放考虑了能源品种之间的转换关系（尤其是煤炭洗选、火力发电等转换过程），从而避免了漏算和重复计算。区域维度碳排放考虑了全社会能源消费碳排放，考虑了边界外电力调入调出碳排放，填补了前人研究的空缺。

3. 提出了点源排放和面源排放的概念并论证了其存在

根据我国现行统计体系，规模以上工业企业所有统计数据无须经过地方政府而直接上报国家统计局，地方统计局负责其他统计数据的收集和上报工作；而碳市场中的 MRV 体系是根据法人原则核算企业的碳排放。统计路径和口径的不同，导致统计数据"打架"现象普遍存在。本书在二维体系的基础上，进一步提出了点源排放（即规模以上工业企业排放）和面源排放（即除规模以上工业企业之外的排放）的概念，并以湖北省各个城市为例，实证研究了点源排放城市和面源排放城市的存在及各自不同的特征。

二　研究重点和难点

1. 中国碳排放二维统计核算体系的构建是本书的第一个重点和难点

根据我国现行统计体系，规模以上工业企业所有统计数据无须经过地方政府而直接上报国家统计局，地方统计局负责其他统计数据的收集和上报工作。当前主流碳排放统计核算体系主要服务于区域清单编制或企业碳核查，都难以适应中国现行的统计体系现状。因此，构建能够准确核算中国碳排放的二维统计核算体系，既是本书的重点，也是本书的难点。

2. 中国碳排放二维统计核算体系中边界的确定是本书的第二个重点和难点

为进一步准确核算企业和区域的碳排放，需要厘清二维统计核算体系的边界。污染物排放包括碳排放，应该采用属地原则，即所有排放纳入实际排放地统计体系汇总，而中国的企业统计数据是采用法人原则，即企业的所有数据均纳入企业法人注册地统计体系汇总。规模以上工业企业往往有众多分公司、子公司等分支机构且分布在多个行政区域，这些不同地区的分支机构在生产经营活动中产生的经济数据（包括污染物数据）会由公司汇总并上报给国家统计局，因此所有数据都会纳入企业法人注册地的统计体系。这显然是不准确的。因此，准确安排二维统计核算体系使之避免漏算和重复计算，是本书的第二个重点和难点。

3. 中国碳排放二维统计体系与核算体系的合成是本书的第三个重点和难点

目前，主流的核算方法难以完全匹配中国碳排放二维统计体系，因此，需要将二维统计体系与核算体系合成，使之成为一个有机整体，从而完整地构成中国碳排放二维统计核算体系。

第 2 章　国内外碳排放统计核算
相关法律法规

我国尚未出台专门的碳排放统计核算相关政策法规，目前都是在《中华人民共和国统计法》的统一规范下，以部门规章、地方性规章及其他规范性文件为主，如 2022 年 4 月国家发改委、国家统计局、生态环境部三部门公布的《关于加快建立统一规范的碳排放统计核算体系实施方案》。相较之下，欧盟、日本已有相对完整的碳排放统计核算体系，包括其各自为履行国家信息通报义务而形成的温室气体清单编制制度，以及欧盟碳排放权交易体系（EU ETS）中的温室气体监控、报告及核证制度。本章通过概述欧盟、日本及中国与碳排放统计核算相关的政策法规及其运行状态，试图向读者展现碳排放统计核算体系在不同国家的运用差异，并为构建适应中国国情的碳排放统计核算体系提供经验借鉴。

2.1　欧盟碳排放统计核算政策法规

一　法律沿革

欧盟具有强制力的法律文件主要包括条例（regulations）、指令（directives）和决定（decisions）三种形式。其中，条例与国内法相似，但对所有欧盟国家都适用；指令设定目标，所有欧盟国家必须达成，但是各国可根据自身不同情况，各自决定如何达成并制定相关法律法规；决定是关于特定问题的法律文件，其适用对象也是特定的某（些）国家或某（些）民事主体。

在碳排放统计核算问题上，欧盟相关体系主要分为以下两个部分。

一部分是欧盟及其成员国温室气体监控及报告体系，其中相关法律文件主要有：

1993 年 6 月 24 日：关于欧共体二氧化碳和其他温室气体排放监控机

制的决定① （93/389/EEC）；

1999 年 4 月 26 日：关于修订欧共体二氧化碳和其他温室气体排放监控机制的决定② （1999/296/EC）；

2004 年 1 月 29 日：关于根据 2003/87/EC 号指令制定温室气体排放监控和报告指南的决定③ （2004/156/EC）（MRG 2004）；

2004 年 2 月 11 日：关于欧共体温室气体排放监控机制及执行《京都议定书》的决定④ （280/2004/EC）（MMD）；

2004 年 12 月 21 日：关于根据 2003/87/EC 号和 280/2004/EC 号指令决定制定标准化且有保障的注册制度的条例⑤ （2216/2004）；

2005 年 2 月 10 日：关于制定规则执行 280/2004/EC 号决定的决定⑥（2005/166/EC）；

2006 年 1 月 18 日：关于建立欧洲污染物排放转移登记制度以及修订 91/689/EEC 号指令和 96/61/EC 号指令的条例⑦ （166/2006）（E-PRTR）；

2007 年 7 月 18 日：关于根据 2003/87/EC 号指令制定温室气体排放监控和报告指南的决定⑧ （2007/589/EC）（MRG 2007）；

---

① Council Decision of 24 June 1993 for a monitoring mechanism of Community CO_2 and other greenhouse gas emissions.

② Council Decision of 26 April 1999 amending Decision 93/389/EEC for a monitoring mechanism of Community CO_2 and other greenhouse gas emissions.

③ Commission Decision of 29 January 2004 establishing guidelines for the monitoring and reporting of greenhouse gas emissions pursuant to Directive 2003/87/EC of the European Parliament and of the Council.

④ Decision No 280/2004/EC of the European Parliament and of the Council of 11 February 2004 concerning a mechanism for monitoring Community greenhouse gas emissions and for implementing the Kyoto Protocol.

⑤ Commission Regulation (EC) No 2216/2004 of 21 December 2004 for a standardised and secured system of registries pursuant to Directive 2003/87/EC of the European Parliament and of the Council and Decision No 280/2004/EC of the European Parliament and of the Council.

⑥ Commission Decision of 10 February 2005 laying down rules implement Decision No 280/2004/EC of the European Parliament and of the Council concerning a mechanism for monitoring Community greenhouse gas emissions and for implement the Kyoto Protocol.

⑦ Regulation (EC) No 166/2006 of the European Parliament and of the Council of 18 January 2006 concerning the establishment of a European Pollutant Release and Transfer Register and amending Council Directives 91/689/EEC and 96/61/EC.

⑧ Commission Decision of 18 July 2007 establishing guidelines for the monitoring and reporting of greenhouse gas emissions pursuant to Directive 2003/87/EC of the European Parliament and of the Council.

2013 年 5 月 21 日：关于温室气体排放监控及报告机制、国家及欧盟层面其他气候变化相关信息报告机制、废除 280/2004/EC 号决定的条例① （525/2013）（MMR）；

2014 年 3 月 12 日：关于根据 525/2013 号条例，考虑全球暖化潜能的变化及国际通用清单指南，为欧盟清单体系建立实质要求的条例② （666/2014）；

2014 年 6 月 30 日：关于根据 525/2013 号条例成员国信息报告的结构、格式、提交过程及复审的条例③ （749/2014）。

另一部分是 EU ETS 中的温室气体监控、报告及核证制度（MRV），具体包括监控及报告的相关条例和委任及核证的相关条例，其中相关法律文件主要有：

2003 年 10 月 13 日：关于在欧共体内建立温室气体排放配额交易体系及修订 96/61/EC 号指令的指令④ （2003/87/EC）；

2009 年 4 月 23 日：关于修订 2003/87/EC 号指令以改善和扩大温室气体排放配额交易体系的指令⑤ （2009/29/EC）；

2012 年 6 月 21 日：关于根据 2003/87/EC 号指令的温室气体排放报告和吨/公里报告的核证及核证方委任的条例⑥ （600/2012）（AVR）；

---

① Regulation（EU）No 525/2013 of the European Parliament and of the Council of 21 May 2013 on a mechanism for monitoring and reporting greenhouse gas emissions and for reporting other information at national and Union level relevant to climate change and repealing Decision No 280/2004/EC.

② Commission Delegated Regulation（EU）No 666/2014 of 12 March 2014 establishing substantive requirements for a Union inventory system and taking into account changes in the global warming potentials and internationally agreed inventory guidelines pursuant to Regulation（EU）No 525/2013 of the European Parliament and of the Council.

③ Commission Implementing Regulation（EU）No 749/2014 of 30 June 2014 on structure, format, submission processes and review of information reported by Member States pursuant to Regulation（EU）No 525/2013 of the European Parliament and of the Council.

④ Directive 2003/87/EC of the European Parliament and of the Council of 13 October 2003 establishing a scheme of greenhouse gas emission allowance trading within the Community and amending Council Directive 96/61/EC.

⑤ Directive 2009/29/EC of the European Parliament and of the Council of 23 April 2009 amending 2003/87/EC so as to improve and extend the greenhouse gas emission allowance trading scheme of the Community.

⑥ Commission Regulation（EU）No 600/2012 of 21 June 2012 on the verification of greenhouse gas emission reports and tonne-kilometre reports and the accreditation of verifiers pursuant to Directive 2003/87/EC of the European Parliament and of the Council.

2012 年 6 月 21 日：关于根据 2003/87/EC 号指令的温室气体排放监控及报告的条例①（601/2012）（MRR）；

2014 年 3 月 4 日：关于修订 601/2012 号条例中非二氧化碳温室气体全球暖化潜能的条例②（206/2014）；

2014 年 7 月 9 日：关于替换 601/2012 号条例附件Ⅶ最低分析频率的条例③（743/2014）。

二　欧盟及其成员国温室气体监控及报告体系

（一）目标及内容

《联合国气候变化框架公约》（UNFCCC）的终极目标是将温室气体的大气浓度稳定在防止对气候系统产生危险人为干扰的水平之内，在此公约及《京都议定书》的指导之下，欧盟及其成员国需要每年对其温室气体排放做出相应报告，以及通过国家信息通报（National Communications）对气候变化相应政策及手段做出定期报告。

欧盟的国家温室气体监控体系初创于 1993 年（93/389/EEC），2004 年为达成《京都议定书》的减排目标而进行了修订（280/2004/EC）（MMD），MMD 的关键目标有：

监控成员国内《京都议定书》涵盖的所有人为源温室气体排放；

评估达成 UNFCCC 及《京都议定书》中减排承诺的进程；

在欧盟及其成员国范围内执行 UNFCCC 及《京都议定书》中温室气体清单制度、国家项目系统及注册制度，以及《京都议定书》中的相关程序要求；

确保欧盟及其成员国对 UNFCCC 秘书处提交报告的及时性、完整性、准确性、一致性、可比较性及透明度。

2011 年 11 月欧委会对修订和显著强化该监控机制做出了相关立法

---

① Commission Regulation (EU) No 601/2012 of 21 June 2012 on the monitoring and reporting of greenhouse gas emissions pursuant to Directive 2003/87/EC of the European Parliament and of the Council.

② Commission Regulation (EU) No 206/2014 of 4 March 2014 amending Regulation (EU) No 601/2012 as regards global warming potentials for non-CO_2 greenhouse gases.

③ Commission Regulation (EU) No 743/2014 of 9 July 2014 replacing Annex Ⅶ to Regulation (EU) No 601/2012 as regards Minimum frequency of analyses.

提议；2013 年欧盟理事会和欧洲议会通过了新的监控机制条例（525/2013）（MMR），并于当年 7 月 8 日开始执行。为符合现有及未来的国际气候条约以及 2009 年的 "2020 气候及能源计划"（The 2020 Climate and Energy Package），修订后的机制提升了之前的温室气体报告规则要求，并致力于提高报告数据的质量、帮助欧盟及其成员国跟踪达成 2013~2020 年排放目标的进程，以及促进欧盟气候政策组合的进一步发展。

MMR 中也加入了一些新的报告元素，具体包括：

欧盟及其成员国的低碳发展战略；

对发展中国家的财政及技术支持，以及源于 2009 年《哥本哈根协议》和 2010 年《坎昆协议》的承诺；

各成员国对 EU ETS 中配额拍卖所得收益的使用情况，因为各成员国有义务将该收益中至少一半用于欧盟及第三国的抵抗气候变化措施之中；

土地利用、土地利用变化和林业（LULUCF）活动中的源排放及汇清除；

各成员国对气候变化的应对。

（二）机构及人员

报告的初稿由各成员国自行提供，其机构及人员亦为各成员国内部系统。欧盟方面，欧委会的工作职责主要是：对清单数据进行综合复审以决定年度二氧化碳当量排放配额，并以此监控各成员国温室气体减排目标的达成情况；从 2013 年报告数据开始，进行年度复审。复审的相关机构及人员包括欧委会、欧洲环境署（EEA）及一个技术专家复审组（TERT）。

TERT 成员由欧委会及 EEA 选定，对温室气体清单编制有经验且有积极性者优先。在每个单独的复审中，TERT 中被复审报告国家的国民及对此报告编制有贡献的成员需回避。

EEA 作为复审秘书处，其工作职责为：

制订复审工作计划；

为 TERT 编制提供必要信息；

协调复审行动，包括 TERT 与被复审报告国家指定联络人之间的

联系;

经与欧委会协商,确认成员国温室气体清单中的重大问题;

编制并校订复审的中间报告及最终报告,并传达给被复审报告国家及欧委会。

(三) 流程

欧盟内整体温室气体监控及报告体系的流程大致可分为四条脉络,其目的不同,但包含很多重叠部分。

1. 为满足 UNFCCC 相关要求而编制欧盟及其成员国的温室气体清单

每年 (X 年) 的 1 月 15 日之前,欧盟各成员国需根据要求向欧委会提交初步清单报告。该报告包括 X-2 年份的人为源温室气体排放,人为源 CO、SO_2、NO_x 及挥发性有机化合物排放,LULUCF 中的温室气体源排放及二氧化碳汇清除,基准年或基准期至 X-3 年份的信息变化及原因,X-1 年份各类可交易碳排放权载体 (如 AAU、ERU、RMU、CER 等) 的变动,以及其他一系列信息。之后由欧委会在六周内对此报告进行初步的准确性检查,并反馈信息至各成员国。3 月 15 日之前,各成员国需向欧委会提交完整并更新过的最终清单报告。4 月 15 日之前,各成员国需向 UNFCCC 秘书处提交包含上述最终报告的国家清单。欧委会也需在与各成员国合作的基础上,编制 X-2 年份欧盟温室气体清单并报告至 UNFCCC 秘书处。7 月 31 日之前,各成员国如果可能,应向欧委会提交 X-1 年份的估算温室气体清单。欧委会应在此基础上,编制 X-1 年份的欧盟估算温室气体清单,并于 9 月 30 日之前向公众公开。

2. 欧委会为决定年度二氧化碳当量排放配额而进行的综合复审

在上述各成员国初步清单报告的基础之上,EEA 对其透明度、准确性、一致性、完整性及可比较性进行检查,并为 TERT 准备并编制相关材料;TERT 在各成员国最终清单报告出具后,对于其中存在的问题,通过 EEA 与各成员国进行两次反复沟通,于 7 月 13 日之前编制复审报告草案;之后,各成员国有三周时间对该草案做出反应;TERT 完成复审报告后,EEA 于 8 月 17 日之前审核修改完成的综合复审报告,并提交至欧委会。

3. 欧委会为其他目的而进行的综合复审

欧委会为其他目的,如 UNFCCC 或欧盟新出台法律文件与该报告体系的一致性、监控各成员国减排目标的达成情况、2020 年数据统计后的成果计算等而进行的综合复审。

该流程与第二部分流程基本一致，仅在具体时间及细节上有所差异。在 TERT 进入工作之前，EEA 就需对初步清单报告进行复审并与各成员国进行两次反复沟通；TERT 进入后，若清单报告存在重大问题，还需与各成员国沟通技术性调整事项，若仍无法解决，则进行专门的国家访问；最终 EEA 在 8 月 30 日之前完成综合复审报告，并发送至欧委会及各成员国。

4. 从 2013 年数据统计开始进行的年度复审

该流程主要分为两个阶段。如果成员国初步清单报告中没有潜在的重大问题，于 4 月 20 日之前便可收到最终年度复审报告；如果存在潜在重大问题，则各方在最终清单报告的基础上协商进行技术性调整，最终由 EEA 于 6 月 30 日之前完成最终年度复审报告，并发送至欧委会及各成员国。

三　EU ETS 中的温室气体监控、报告及核证体系

（一）目标及内容

EU ETS 是欧盟内考虑成本效益分析下的关键温室气体减排机制，透明、一致及准确的监控及报告体系则是 EU ETS 有效运行的必要条件。

欧委会于 2003 年发布指令建立碳配额交易体系（2003/87/EC），并在积累经验之后于 2009 年对该体系进行了修正、改善和扩充（2009/29/EC）。为保证该体系覆盖下的从业者温室气体排放报告的质量及相关数据的准确性，欧委会于 2012 年分别出台了关于监控及报告的条例（601/2012）（MRR）和关于核证及核证方委任的条例（600/2012）（AVR）。

另外，为了保证各成员国行政效率的提高、统计方法的统一，以及 MRR 和 AVR 之间的衔接，欧委会还公布了一系列的指南及模板，包括排放报告、核证报告、改进报告等。

EU ETS 覆盖下的工业装置及航空业者需每年监控并报告他们的温室气体排放情况。对于工业装置及航空业者而言，这一流程还关系到他们的许可证发放。之后每年的排放数据报告需于次年的 3 月 31 日前由经过授权的第三方核证者进行核证，从业者则需于 4 月 30 日之前以经过

核证的排放数据进行配额抵消。这一周期被称为 EU ETS 的 "履约周期" （compliance cycle）。

具有报告义务的从业者同时还具有如下义务：①建立并保存数据流的有关书面文件；②建立并保持有效内控系统并对其进行内审和改进；③定期检查、校正及调整测量装置及测量标准；④设计、测试并保持信息技术内控系统；⑤在数据流和内控系统中保证有效的职责分离；⑥内审以评估固有风险与控制风险等。从业者须归档保存所有相关的数据及信息至少十年，并向主管部门及授权核证方开放。

（二）机构及人员

与 EU ETS 中的温室气体监控、报告及核证体系有关的机构及人员主要有各成员国的国家认证认可部门（NAB）、国家认证机构（NCA）、获得 NAB 授权的核证方、核证方为每个核证项目所设置的核证小组及复核人，以及核证小组中包含的 EU ETS 主审师、EU ETS 审计师和技术专家。

NAB 是各成员国为鉴证欧洲统一标准而授权建立的国家认证认可部门，在本体系中主要的职责为接受核证方的授权申请并评估，其评估对象是核证方及其人员是否有能力执行核证，根据 AVR 的要求核证，符合 AVR 关于能力、公正、程序及文件的要求及 EN ISO 14065 的进一步要求。NAB 不仅要在初次评估中，还要在监督、重新评估、特别评估及核证方要求扩大授权范围时考虑上述因素。

核证方是执行核证行为的法人或其他组织，由 NAB 授权，其职责为：①对从业者的报告执行核证及其他相关行为，出具合理且保证其不存在重大错报的核证报告；②核证中保持职业怀疑态度以识别重大错报风险；③核证中考虑公众利益，保持独立性；④确认从业者内部控制有效性；⑤在核证报告中包含任何从业者与 AVR 规定不一致之处；⑥期后事项等。核证方每年需接受 NAB 的年度监督，最多五年即必须重新接受评估。

核证小组是核证方为每个核证项目而单独设置的团队，其中包括一名 EU ETS 主审师及适当数量的 EU ETS 审计师和技术专家。核证小组中还应包括至少一名对从业者特定领域监控及报告具有技术能力的人员，以及至少一名掌握从业者国家语言的人员。

EU ETS 审计师需要对欧盟及从业者所在成员国的相关条例、标准、指南有充足的了解，并对数据和信息审计、固有风险和控制风险分析、抽样技术等具有充足的知识及经验。主审师除具有审计师的能力之外，还需领导核证小组并为核证行为负责。

核证方还需为每个核证项目设置独立的审计复核人，复核人需满足 EU ETS 主审师的能力条件并具有充足的权限以复核核证报告草案及内部的核证文档。

核证小组及复核人在专门领域问题上可由专家协助工作，该技术专家由核证方指派。

除上述 NAB 及授权核证方的核证方法以外，拥有 NCA 的国家可以由 NCA 授权自然人作为核证方，但该自然人需要满足上述所有关于 EU ETS 主审师及审计师、特定领域技术能力及特定国家语言的能力。

（三）流程

第一，每个监控年度的 2 月 28 日前，各国的主管部门将配额分配至从业者的注册登记账户之中；

第二，一般从年中起，从业者就需与核证方签署核证协议，以便核证方准备工作并进行期中审计；

第三，期末审计后，核证方需于次年 2 月底至 3 月初前完成最终核证报告；

第四，各国主管部门可以要求从业者于不早于 2 月 28 日、不晚于 3 月 31 日的时间内提交被核证过的排放报告，之后根据本国立法对报告进行抽查；

第五，3 月 31 日前主管部门将核证过的排放数据输入注册登记系统，核证方需确认或反对这些数据，如期限内未完成会导致该账户被阻止交易；

第六，4 月 30 日前从业者在注册登记系统内进行配额抵消。

2.2　日本碳排放统计核算政策法规

一　法律沿革

为回应《京都议定书》，日本国会于 1998 年制定《地球温暖化对策推进法》①，并于 2014 年进行了最近的一次修订②。其中第七条规定，为满足 UNFCCC 及《京都议定书》关于各国温室气体排放及吸收的报告要求，每年应统计核算日本的温室气体排放量及吸收量，并在环境省相关法令的指导下予以公开。第二十一条第二项规定，进行事业活动③而温室气体排放达到一定量的特定排出者④（包括符合条件的国家及地方政府）每年应在主务省令⑤的指导下，向事业所管大臣⑥报告温室气体排放量及相关事项。

1999 年内阁基于上述法律发布政令⑦，对相关事项进行了细化，并于 2015 年进行了最近的一次修订⑧。其中第五条对特定排出者的范围进行了规定，第六条规定统计方法等由环境省及经济产业省制定。

在以上法律法规的基础上，2006 年日本开始正式施行温室气体排放量计算、报告及公开制度，当年为此制度制定了一系列详细规章。

内阁府及各部门针对温室气体排放量计算及报告制度制定的相关规章⑨，最近一次修订发生于 2014 年⑩。其中对报告方法、报告者的权利及利益保护方法、地方主管部门及负责人等做出了规定。

经济产业省和环境省针对计算对象、方法、系数等制定的相关规章⑪，最近一次修订发生于 2015 年⑫。

经济产业省和环境省针对特定排出者计算报告的统计和调整方法制

---

① 『地球温暖化対策の推進に関する法律』平成十年十月九日法律第百十七号。
② 平成二六年五月三〇日法律第四二号。
③ 指以营利为目的的活动。
④ 由内阁制定政令指定。
⑤ 指负责管理该活动的中央政府部门制定的相关法规，如教育活动即对应文部省令。
⑥ 指对应的大臣，如教育活动对应文部大臣。
⑦ 『地球温暖化対策の推進に関する法律施行令』平成十一年四月七日政令第百四十三号。
⑧ 平成二七年三月三一日政令第一三五号。
⑨ 『温室効果ガス算定排出量等の報告等に関する命令』平成十八年三月二十九日内閣府・総務省・法務省・外務省・財務省・文部科学省・厚生労働省・農林水産省・経済産業省・国土交通省・環境省令第二号。
⑩ 平成二六年三月三一日内閣府・総務省・法務省・外務省・財務省・文部科学省・厚生労働省・農林水産省・経済産業省・国土交通省・環境省・防衛省令第一号。
⑪ 『特定排出者の事業活動に伴う温室効果ガスの排出量の算定に関する省令』平成十八年三月二十九日経済産業省・環境省令第三号。
⑫ 平成二七年四月三〇日経済産業省・環境省令第五号。

定的相关规章①，最近一次修订同样发生于 2015 年②。

环境省与经济产业省为该制度编制了指南③，其 1.1 版公布于 2006 年 11 月 15 日。之后为适应上述法律法规及规章的修订变化，该指南也被修订了多次，最近一次的修订成果即为 2015 年 5 月 22 日公布的 4.0 版。

另外，此指南中也包括了基于《节约能源法》④ 的能源相关二氧化碳排放量定期报告制度。

二　目标及内容

日本温室气体排放计算、报告及公开制度的目标有二。

其一，为了减少温室气体排放，各事业者计算并把握通过各自活动排出的温室气体量，在此基础上进行减排对策的制定和实施，检查对策实施效果，进一步制定并实施新对策（Plan-Do-Check-Action）。

其二，国家对排出量的计算结果进行统计并公开，各事业者在此基础上与自身情况进行比较，考虑对策。另外，促进国民各界对温室气体减排的理解及支持。

该制度的具体内容包含以下五个方面。

其一，特定排出者每年向事业所管大臣提交包括温室气体排放量等事项的报告。

其二，事业所管大臣告知环境大臣及经济产业大臣报告事项及统计结果。

其三，环境大臣及经济产业大臣将报告事项录入电子档案，公开统计结果，任何人都可请求获取公开电子档案中的报告事项。

其四，为加强特定排出者对公开事项的理解，报告后发生的排出量增减状况等相关情报亦可加入报告，由环境大臣及经济产业大臣录入电子档案并予以公开。

---

① 『温室効果ガス算定排出量等の集計の方法等を定める省令』平成十八年三月二十九日経済産業省・環境省令第四号。

② 平成二七年四月三〇日経済産業省・環境省令第五号。

③ 『温室効果ガス排出量算定・報告マニュアル』。

④ 『エネルギーの使用の合理化等に関する法律』昭和五十四年六月二十二日法律第四十九号。最終改正：平成二六年六月一八日法律第七二号。

其五，基于《节约能源法》的二氧化碳排出量定期报告也按此规则执行。

三　法律责任

基于《地球温暖化对策推进法》，报告义务者如不报告或虚假报告，将被科以 20 万日元以下的罚款。

基于《节约能源法》，报告义务者不报告时将被科以 50 万日元以下的罚款。

2.3　中国《统计法》基础

《中华人民共和国统计法》（以下简称《统计法》）是中国统计工作的基础法。1983 年 12 月 8 日，第六届全国人民代表大会常务委员会第三次会议正式批准通过该法，而后分别于 1996 年 5 月 15 日和 2009 年 6 月 27 日经两次修订。《中华人民共和国统计法实施细则》（以下简称《实施细则》）于 1987 年 1 月 19 日经国务院批准，1987 年 2 月 15 日国家统计局发布；而后于 2000 年、2005 年经两次修订。本节根据现行立法规定及立法所要解决的问题，分为中国统计法总论、统计调查管理、统计资料的管理和公布、统计监督检查四个部分。

一　中国统计法总论

（一）立法目的

统计是人们通过收集、整理和分析社会经济现象的数量特征以认识、研究客观现象的实践过程。对经济社会发展情况的总体把握和分析对国家的长期发展至关重要，而这离不开科学的统计方法。科学的统计方法能对经济社会现象进行有效分析，能为政府管理经济社会事务提供一定的决策依据。《统计法》是规范政府统计活动的基础法律。《统计法》的出台，对于中国统计工作的规范化起到了重要的作用。

第一，科学有效地组织统计工作。必须依法规范和保障统计工作的有效组织开展。制定《统计法》，通过规范统计工作，明确统计机构、统计人员和统计调查对象的权利和义务，建立对统计违法行为的监督检查和处罚制度，使政府、统计机构和有关部门合理地应对统计违法行为，规范有效地组织各项统计工作。

第二，保证统计资料的真实性、准确性、完整性和及时性。统计信息的真实性、准确性、完整性和及时性是统计工作效率的重要标志。统计资料的上述要求，使不具备真实性的统计资料毫无意义，且有害于统计工作，并造成统计工作中人力、物力、财力的浪费；不具备准确性的统计资料对政府在经济社会事务管理过程中做出科学、正确的判断和决策是不利的；不具备完整性的统计资料，虽然是可补救的，但也会无端造成资料的浪费，并影响政府做出全面、系统、符合实际的决策；不具备及时性的统计资料，往往随着时间的推移和统计工作的新变化、新要求而失去参考价值。因此，立法需要对统计资料的以上要求进行具体细节的规定。

第三，充分发挥统计在了解以往和当前国情国力、为经济社会发展服务方面的重要作用。从统计工作中获取反映国情、省情的数据资料，是中央人民政府和地方各级人民政府进行经济管理活动、社会管理活动监管的重要依据，也是政府及其相关部门依法履行信息公开职责的重要信息。所以，统计在了解当下发展状况、剖析问题、寻找出路中扮演着不可替代的角色。

第四，推进社会主义现代化建设事业的发展。统计立法是社会主义法治国家建设的重要内容，其与其他立法共同为社会主义现代化各项事业保驾护航。

（二）适用范围和基本任务

1. 适用范围

根据统计主体的不同，统计可以划分为政府统计、公众统计、企事业单位统计。《统计法》旨在规范各级政府统计机构组织实施的各项统计活动，以确保政府统计资料的真实性、准确性、完整性、及时性，具有重要的社会意义。公众统计调查活动相较政府统计活动在统计主体、要求、管理等方面都存在诸多差异，其不受《统计法》直接调整，而是由国务院另行制定条例进行规范。企事业单位基于经营管理的需要而进行的内部统计活动，也不受《统计法》调整。

2. 基本任务

《统计法》的基本任务是指政府和相关职能部门在开展统计活动过程中所需要完成的主要工作任务或者要求。就本法而言，其基本任务有三。

其一，统计调查、统计分析。统计调查是统计主体基于法定的调查目的、内容、方法、组织形式等，向统计调查对象收集整理所需要的原始统计资料的实践活动，是统计分析的基础。统计分析将基于概率论和统计学的分析方法，系统整理、科学分析统计调查获取的经济社会信息。统计调查、统计分析是统计工作深入开展的基础，这直接决定了统计工作是否有效。

其二，提供统计资料以及有关统计的建议。根据统计调查、统计分析所形成的统计资料，由政府统计部门会同有关部门按照《统计法》及《实施细则》规定，及时向政府和其他有关部门报送相关资料。应该公开的统计资料，政府和有关部门应当依法在合适的位置公开。基于统计资料系统地分析和研究经济社会的发展情况，可为经济活动、社会活动的管理与行动提供建议。由此可见，统计工作的重要任务在于提供统计资料和形成咨询意见。

其三，实施统计监督。统计监督是以统计资料及其分析为基础，通过定量检查、监测和预警，以保证经济社会可持续发展为目的的一项监督活动。因此，对统计工作来说，统计监督也是一项重要任务。

（三）统计管理体制

我国实行的是集中统一的统计系统，整个统计管理体制采用的是统一领导、分级负责的模式。具体而言，法律赋予国家统计局组织领导和协调的职能，各级统计部门依法负责各自行政区的各项统计工作。地方统计局是当地政府部门的组成部分，受其直接领导，同时还要接受国家统计局的业务领导。因此，其既要履行国家统计任务，又要完成地方人民政府安排的各项统计任务，才能更好地服务于地方经济社会发展对统计信息、统计资料的现实需要。

这一统计管理体制，能够帮助相关机构及其工作人员依法独立行使统计职权，最大限度地确保统计资料的真实有效；通过统一的统计指标体系和统计标准，提高统计工作的规范性和科学性以及统计资料的可比性；尽可能减少甚至避免统计调查的无效重复劳动，节约工作经费，减轻统计工作人员的负担。除此之外，该管理体制可以有效地调动地方统计部门及其工作人员的积极性、主动性，以适应地方经济社会发展的需要。

（四）统计工作的实施保障

国务院和地方各级政府在强化统计工作的组织领导和协调过程中，同样需要为统计工作提供必要的工作保障。这体现在以下几个方面。

其一，重视统计工作，各级人民政府及其统计部门要将统计工作作为一项基础性工作，进行科学研究、规划和布置。

其二，国务院要加强重大国情国力普查项目规划、组织和领导，地方各级人民政府及其统计部门要针对调查项目做好统筹规划、组织和领导。

其三，加强对统计机构和统计人员的领导和监督，确保其依法独立履行职责。

其四，结合工作的实际需要合理设立统计机构，配备专业的统计人员。

其五，继续细化深化统计工作的法制建设，为各项统计工作的开展提供一定的法律依据。

其六，提供财政支持，保障统计工作所需要的各项经费开支。

其七，重视统计科学研究，不断优化统计指标体系，选择合适的统计调查方法，加强统计调查信息化、数字化建设。

统计调查对象有义务遵照《统计法》和《实施细则》等国家有关规定，真实、客观、完整、及时地提供统计调查所需的各种资料。不得篡改、伪造、毁坏统计资料，不得提供不真实或不完整的统计资料，不得迟报、拒报、瞒报统计资料。

此外，相关机构和人员必须遵守法律严格规定的保密义务。统计机构或统计人员对因职务之便所获取的国家秘密、商业秘密和个人资料负有保密义务。

二　统计调查管理

（一）统计调查类别

根据实施主体的不同，统计调查可以分为政府统计调查和民间统计调查两类。

1. 政府统计调查

政府统计调查，即"官方统计调查"，是由各级政府统计机构以及相关部门依法组织实施的各项统计调查活动。根据《统计法》的规定，政府统计调查又可以分为国家统计调查、部门统计调查和地方统计调查三种类别。政府统计调查最大的特点就是强制性，强制要求统计调查对象必须严格根据相关要求提供真实、客观、完整、及时的统计资料，并且需要接受统计机构和统计人员的询问，统计调查对象必须依法履行义务。

2. 民间统计调查

民间统计调查，即"非官方统计调查"，是指民间机构自发的或者接受相关单位委托的统计调查活动。相比政府统计调查的强制性和非营利性等特点，民间统计调查有自愿性和营利性两大特征。也就是说，民间统计调查机构可以自愿决定是否开展统计调查活动，统计调查对象也可自主决定是否接受民间统计调查机构的调查。涉外民间统计调查，须依据《涉外调查管理办法》有关规定进行。

（二）统计调查项目

统计调查项目是指各级统计机构和有关部门为特定目的在规定时间内组织开展的统计调查活动。按实施主体和层次的不同，统计调查项目可分为三个层次：国家统计调查项目、部门统计调查项目和地方统计调查项目。

国家统计调查项目的目标是收集和了解国家基本信息。这类项目由国家统计局统一编制，或由国家统计局会同国务院有关部门联合编制，其中，国家统计研究的重大项目必须提交国务院批准。

部门统计调查项目是国务院有关部门的专业统计调查项目，往往具有较高的专业要求。统计调查对象属于统计部门管辖系统的，报国家统计局备案即可；超出本部门管辖系统的，须报国家统计局审批。

地方统计调查项目是由地方政府统计部门主导的统计调查项目，表现出明显的行政区域特征，即往往被限定在一定的行政区域内。

编制统计调查项目要遵循分工明确、互相衔接、不重复调查、依法进行、人力物力有保证等原则。

（三）　统计调查制度与统计标准

1. 统计调查制度

在执行统计调查任务的时候，需要遵守相应的技术性规范，这套规范就是统计调查制度，具体包括国家统计调查制度、部门统计调查制度和地方统计调查制度。不同层级的统计调查制度，其审批权限各不相同。不管是哪个层级的统计调查制度，从内容上看大都包括调查目的、调查内容、调查方法、调查对象、调查组织形式、调查表式、统计资料的报送和公布等。统计调查制度的实施必须严格按照法定的具体内容执行，未经原审批机关批准或者原备案机关备案，不得擅自变更统计调查制度的内容，否则将按照《统计法》的规定承担相应的法律责任。

2. 统计标准

统计标准是由国家统一制定的一系列内容的规范，主要包括指标含义、计算方法、分类目录、调查表式和统计编码等。具体来说，指标含义指的是对指标的科学内涵所做出的解读；计算方法是指针对特定统计指标的计量或测量方法；分类目录，顾名思义是指根据统计调查资料的属性和特点进行的分类；调查表式是指统计调查活动所要求统一采用的表格形式；统计编码是指为便于统计数据、统计资料的整理而对统计指标进行的编号。

（四）　统计调查方法

为了实现特定统计调查目的，统计调查主体会采取相应的方法来更有针对性地收集统计资料，这套方法被称为统计调查方法。具体来说，统计调查方法一般包括普查、抽样调查、全面调查、重点调查、行政记录五种。

普查，是指为了充分了解某一方面的情况而专门进行的一次性的大规模的综合全面调查，比如人口周期性普查。

抽样调查，是指根据概率原则，从全部统计调查对象中抽取一定数量的调查对象作为样本进行调查分析，因此随机性是其重要特征。

全面调查，是一种对统计调查对象合规填报的统计调查表进行汇总的统计调查方法，具有全面性和定期性的特点。

重点调查，是指根据一定的标准从所有的统计调查对象中选取一部分样本作为重点调查对象展开统计调查的方法。

行政记录，是指由县级以上人民政府有关部门将统计所需的行政记录材料及时提供给统计机构的一种统计调查方法。

（五）统计调查证件

统计调查证件，是指核实统计调查者身份的证件。统计人员在进行相关工作时，应当出示工作证件；未出示的，统计调查对象有权拒绝配合统计人员的相关调查工作。统计调查证件要载明法定事项，经法定程序获取。其因种类的不同，发放范围也存在差异。

三 统计资料的管理和公布

（一）统计资料的管理体制

统计资料是指在统计调查过程中所产生的能够反映经济社会实际情况的各种统计成果以及与之相关的所有其他资料的总称，包括统计数据、各种报表（包括统计调查表和汇总表）、相关说明、分析资料和统计报告等。统计资料管理，指依照《统计法》及《实施细则》等规定对上述统计资料进行检查、核实、审定、存储等活动，包括收集、整理、分析、提供、使用、保管、公布统计资料等环节。根据《统计法》，我国统计工作实行的是"统一管理、分级负责"的管理体制，因此，统计资料的收集、整理、分析、使用、公布等都是根据性质的不同，分属不同层级的统计部门执行。

（二）统计资料的审核和归档

1. 统计资料的审核

统计资料审核是统计资料管理的重要组成部分。具体来说，统计资料审核制度是指依照有关法律法规，按照一定的程序和方法，对统计资料的真实性、客观性、完整性和及时性进行验证审核的制度，需要统计人员、统计负责人和统计机构签字盖章加以确认。这一制度的必要性体现在以下三个方面。

其一，统计资料首先要得到统计调查对象审核和签署来加以确认。也就是说，提供统计资料的一方所提供的统计资料必须经过单位负责人或授权人审查、复核，在签署或者盖章确认后才能依照规定进行报送。

其目的主要是保证统计资料的真实性、客观性、完整性和及时性。

其二，统计调查对象设置原始记录及统计台账。原始记录是用来记录统计调查对象生产、经营、管理等活动的数字、文字、图表等内容；对原始记录进行整理汇总后的表册就是统计台账。根据《统计法》的规定，原始记录、统计台账必须由统计调查对象进行设置。

其三，统计机构和统计人员负责统计资料的审核。为保证统计数据的真实性、客观性，并规范统计机构和统计人员的行为，各级统计机构和有关统计人员应保证其采集、审查、输入的统计数据与统计调查对象提交的统计数据的一致性。与一致性要求相违背的，统计人员要依法承担个人责任。

2. 统计资料的归档

统计资料归档制度，简单来说就是明确哪些统计资料应当纳入保管范围，应当由什么机构来保管，如何进行保管的一种制度。根据该概念，可以从以下三个方面来理解。

其一，统计资料的归档范围。根据《档案法》《统计法》等有关规定，统计资料的归档范围包括统计台账、原始统计报表、汇总统计资料以及电子介质的统计资料，还包括统计管理工作中的其他相关文件。

其二，统计资料的归档机构。政府统计机构应当设立专门的机构，并配备专门人员负责各种统计资料的各项管理工作。其工作内容包括统计资料的汇总、分类、整理、归档、入库，以及提供查阅服务、移交相关部门等。

其三，统计资料的归档方法。根据统计资料的不同，可以采取不同的归档方法，例如，传统统计资料的归档可以采取一定要求的纸质方法归档，而电子统计资料可以利用安全、便捷的存储设备进行归档处理。

（三）统计资料的提供、公布与保密

1. 统计资料的提供

统计资料的提供，是指依法向党政机关及其有关部门提供收集、分类、整理、归档的统计资料的行为。县级以上人民政府有关部门应当将各种统计资料及时提交本级人民政府统计调查机关，包括必需的行政档案资料，国民经济核算所必需的财务资料、财政资料和其他资料，以及依法组织实施统计调查过程中所获得的有关资料。

2. 统计资料的公布

统计资料的发布，是指由规定部门依法将保管的统计资料向社会公开的行为。根据《统计法》规定，统计资料必须定期公开、依据法定权限公开、遵循法定程序公开。

统计资料的定期公开要求统计资料公开的周期是确定的，公开的载体应以符合官方要求、方便群众获取为原则。

全国性的统计资料由国家统计局按照法定权限的公开要求予以公布；国务院有关部门统计调查所得的统计资料，由国务院有关部门予以公布；地方统计机构和有关部门公布本地统计资料。

统计资料需要遵循法定程序的公开要求，统计资料的公开要按照法律规定履行核定程序、审批程序、备案程序，并通过统计年鉴、统计公报、报刊、网站、新闻发布会等方式公开。

3. 统计资料的保密

《统计法》第九条明确规定："统计机构和统计人员对统计工作中知悉的国家秘密、商业秘密和个人信息，应当予以保密。"国家秘密指涉及国家安危，在未公开前只限一定范围人员知晓的事项；商业秘密是不为公众所知、能为权利人带来经济利益且能对竞争对手产生威胁、具有实用性且经加密的技术信息和经营信息；个人信息是指用以识别家庭和个人信息的未加工汇总的反映各个家庭和个人情况的统计调查登记材料。

四　统计监督检查

（一）统计监督检查的概念与特征

统计监督检查指的是拥有授权的机关对《统计法》的执行情况进行监督与检查，以及查处统计过程中出现的任何违法行为等活动的概括。这些"拥有授权的机关"，根据《统计法》第三十二条和第三十三条规定，包括县级以上人民政府及其监察机关、国家统计局及其派出的调查机构、县级以上地方各级人民政府统计机构等。

统计监督检查具有以下几个基本特征。

其一，执行机关由法律授权。《统计法》第三十二条规定："县级以上人民政府及其监察机关对下级人民政府、本级人民政府统计机构和有关部门执行本法的情况，实施监督。"《统计法》第三十三条规定："国家统计局组织管理全国统计工作的监督检查，查处重大统计违法行为。"

其二，统计监督检查在行政执法中占有举足轻重的地位。行政执法是指国家行政机关和法律委托的组织及其公职人员依照法定的职权和程序行使行政管理权，贯彻落实国家立法机关所制定的法律的活动。统计监督检查是一项行使国家行政监督权的行政执法活动，因此它具有国家强制性。

其三，统计监督检查具有法定的程序要求。有权力者容易滥用权力，因此给权力行使者设定法定的权限和程序是必要的，这也是依法行政的要求。统计监督检查机关及其工作人员要依据《统计法》等法律法规赋予的权限，依照法定的程序对相关单位和个人的统计活动依法行使独立的监督检查权。

（二）统计监督检查的内容

统计监督检查的内容是指统计监督检查主体在行使统计监督检查职责时所享有的权力事项。根据统计监督检查主体的不同，其所享有的统计监督检查权限也不同，具体包括如下内容。

国家统计局组织统计监督检查的重点内容包括：其一，统计相关法律法规以及统计规划、制度的实施情况；其二，统计资料的真实性、准确性、完整性、时效性；其三，相关机构和人员履职情况；其四，领导干部是否滥用职权和统计人员职权独立性是否有保障等情况。

2.4　中国碳排放统计核算政策文件

我国统计系统至今尚未建立官方的碳排放统计核算体系，也还没有出台专门的碳排放统计核算相关政策法规，多以"意见""方案""技术标准"等文件形式推动实际工作，导致长期以来缺乏权威排放数据。2004 年，我国提交了《中华人民共和国气候变化初始国家信息通报》，充分暴露出我国基础排放数据薄弱的短板。为此，中国不断加强能力建设，通过一大批科研项目和试点工作，积极探索建立各种温室气体统计核算体系，出台了一系列政策文件及技术标准。

一　相关政策文件

我国属于 UNFCCC 非附件 I 国家，基于 1996 年 UNFCCC 第二次缔约方会议而具有报告国家温室气体清单的义务。

根据 IPCC 相关指南，2004 年我国编制完成并提交了《中华人民共和国气候变化初始国家信息通报》，其核心为 1994 年中国国家温室气体清单。国务院于 2007 年制定了《中国应对气候变化国家方案》。[①] 2008 年国家发改委启动了第二次编写工作，于 2012 年完成并提交了《中华人民共和国气候变化第二次国家信息通报》，其核心为 2005 年中国国家温室气体清单。2014 年，我国启动气候变化第三次国家信息通报和第一次两年更新报告的编制，2017 年提交了《中华人民共和国气候变化第一次两年更新报告》，2019 年提交了《中华人民共和国气候变化第三次国家信息通报》和《中华人民共和国气候变化第二次两年更新报告》。

中国在"十二五"规划中首次增加了"积极应对全球气候变化"的章节（第二十一章），第一节提到建立完善温室气体排放统计核算制度的目标。中国的应对气候变化工作自此真正拉开了帷幕。

2011 年 10 月，国家发改委办公厅发布《关于开展碳排放权交易试点工作的通知》，宣布在湖北省、广东省以及北京市、上海市、天津市、重庆市及深圳市等"两省五市"试点开展碳排放权交易试点。为了配合推进试点碳市场建设，各试点地区纷纷出台了本地的企业级别的温室气体量化标准，比如 2014 年 7 月湖北省发改委印发了《湖北省工业企业温室气体排放监测、量化和报告指南（试行）》和《湖北省温室气体排放核查指南（试行）》，具体包括湖北省工业企业温室气体排放量化通用指南，以及电力生产企业、玻璃行业、电解铝行业、电石行业、造纸行业、汽车制造行业、钢铁制造行业、铁合金生产行业、合成氨相关化工产品生产过程中的、水泥行业、石油加工企业等 12 个温室气体排放量化指南。这些都是中国为建立温室气体排放统计核算体系做出的最初探索。

---

① 根据 2010 年 UNFCCC 第十六次缔约方大会决议，非附件 I 的缔约方应当根据其自身能力以及所获得的支持程度，从 2014 年开始每两年提交一次"两年更新报告"。

2011 年 12 月，国务院印发《"十二五"控制温室气体排放工作方案》。其中第十四条提出建立温室气体排放基础统计制度，并将基础统计指标纳入政府统计指标体系。第十五条提出加强温室气体排放核算工作，构建国家、地方、企业三级温室气体排放基础统计和核算工作体系，包括定期编制国家和省级温室气体排放清单以及实行重点企业直接报送能源和温室气体排放数据制度。第十八条提出对于碳交易市场，应当研究并制定适用于企业的温室气体减排量核算方法，并严格把关碳排放交易机构和第三方核查认证机构的资质。

2013 年 5 月，在上述政策法规的指导下，国家发改委与国家统计局制定了《关于加强应对气候变化统计工作的意见》，其中将应对气候变化统计管理制度区分为三个部分。

其一，与政府统计指标体系结合的温室气体排放统计与核算体系。该体系由国家、地方以及重点企业三级构成，并与温室气体清单编制相匹配。

其二，应对气候变化统计数据发布制度。统计指标数据是通过国家统计局及国家发改委以公报的形式发布，而国家发改委则负责根据 UNFCCC 的相关要求，向 UNFCCC 秘书处提交包含温室气体排放清单数据的国家信息通报。

其三，相关数据的管理与保密制度。

2014 年 1 月，国家发改委发布《关于组织开展重点企（事）业单位温室气体排放报告工作的通知》，提出报告主体报送、省级主管部门核查、省级主管部门汇总上报的三级程序，并指出第三方核查的重要性。

2021 年全国碳市场正式启动，排放数据质量成为碳市场的生命线。生态环境部分别在 2019 年和 2021 年发布了《排放监测计划审核和排放报告核查参考指南》和《企业温室气体排放报告核查指南（试行）》，进一步规范碳市场排放数据的核查活动。2021 年 10 月，生态环境部发布《关于做好全国碳排放权交易市场数据质量监督管理相关工作的通知》，明确提出建立碳市场排放数据质量管理长效机制。

2022 年 4 月，国家发改委、国家统计局、生态环境部印发《关于加快建立统一规范的碳排放统计核算体系实施方案》，明确提出到 2025 年建立统一规范的、较为完善的碳排放统计核算体系，并最终建立全国及地方碳排放统计核算制度。

二　我国碳排放统计核算政策文件的三分支体系

从上述政策法规的整理中可以发现，我国的碳排放统计核算政策文件可分为三个相互交叉及支持的体系。

第一部分是地方（省级）温室气体清单编制工作。

尽管 IPCC 发布的《国家温室气体清单指南》内容非常全面，但是很多排放因子等关键指标并不符合中国的实际情况，导致我国的温室气体排放清单结果误差较大。国家发改委办公厅于 2010 年 9 月印发了《关于启动省级温室气体清单编制工作有关事项的通知》，并正式启动我国《省级温室气体清单编制指南（试行）》的编写工作。2011 年，《省级温室气体清单编制指南（试行）》成功出台，成为国家温室气体清单的重要辅助及补充，在我国得到了广泛的应用。省级温室气体清单编制和报告的范围涉及能源活动、工业生产过程、农业、土地利用变化和林业以及废弃物处理等产生的温室气体排放。

其一，能源活动相关清单的范围主要涵盖化石燃料燃烧活动中产生的二氧化碳、甲烷和氧化亚氮排放，生物质燃烧活动中产生的甲烷和氧化亚氮排放，煤炭开采和矿后活动中产生的甲烷逃逸排放以及石油和天然气系统中的甲烷逃逸排放。

其二，工业生产过程相关清单的范围是工业生产中除能源活动温室气体排放之外的其他化学反应过程或物理变化过程的温室气体排放。

其三，农业相关清单的范围主要涉及动物肠道发酵甲烷排放、动物粪便管理甲烷和氧化亚氮排放、稻田甲烷排放及农用地氧化亚氮排放四个部分。

其四，土地利用变化和林业（LUCF）是 UNFCCC 温室气体清单评估的主要领域之一，相关清单主要评估人类活动导致的土地利用变化和林业活动所产生的温室气体源排放和汇清除。

其五，废弃物处理相关清单的范围包括城市固体废弃物（主要指的是城市生活垃圾）填埋处理过程中产生的甲烷排放、生活污水以及工业废水处理过程中产生的甲烷和氧化亚氮排放，以及固体废弃物焚烧处理所产生的二氧化碳排放。

第二部分是关于碳市场建设过程中重点企业的温室气体排放核算与报告制度，包括第三方核查制度。

2013 年 10 月，国家发改委办公厅编制了首批 10 个行业企业温室气体排放核算方法与报告指南（试行），涵盖了 10 个行业企业，具体包括发电、电网、钢铁生产、化工生产、电解铝生产、镁冶炼、平板玻璃生产、水泥生产、陶瓷生产及民航企业。2014 年 12 月，第二批 4 个行业企业温室气体排放核算方法与报告指南（试行）编制完成，包括石油和天然气生产、石油化工、独立焦化及煤炭生产企业。2015 年 7 月，第三批 10 个行业企业温室气体排放核算方法与报告指南（试行）编制完成，涉及造纸和纸制品生产，其他有色金属冶炼和压延加工业，电子设备制造，机械设备制造，矿山，食品、烟草及酒、饮料和精制茶，公共建筑运营，陆上交通运输，氟化工及工业其他行业企业。

2014 年 1 月，国家发改委印发《关于组织开展重点企（事）业单位温室气体排放报告工作的通知》。2015 年 1 月，国家发改委办公厅印发《关于请报送重点企（事）业单位碳排放相关数据的通知》。2019 年和 2021 年生态环境部发布了《排放监测计划审核和排放报告核查参考指南》和《企业温室气体排放报告核查指南（试行）》，进一步规范碳市场排放数据的核查活动。

在第三方核查机构方面，从 2014 年开始，碳交易市场试点省市及其他省市先后制定并完善碳排放第三方核查机构及核查员管理的办法。2016 年 1 月，国家发改委办公厅印发《关于切实做好全国碳排放权交易市场启动重点工作的通知》，指出在企业完成核算与报告工作后，地方主管部门应当选择第三方核查机构对企业排放数据的真实性等进行核查。

第三部分是推动建设基于统计体系的温室气体排放统计核算体系。

不可否认，碳排放涵盖生产生活的方方面面，要建立一套完整的碳排放统计核算体系，难度可想而知。从最初的"十二五"规划中提出"建立完善温室气体排放统计核算制度"，到 2022 年三部门共同印发《关于加快建立统一规范的碳排放统计核算体系实施方案》，意味着碳排放核算从目标到行动的落实。

当前，关于碳排放核算的文献一直是学术热点，但是立足中国的统计现实，与中国的统计体系相结合的成果却少之又少，从这一点来说，本书的出版正当其时。

2.5　结论与启示

如前文所述，为了推进温室气体排放统计核算，欧盟和日本根据各自的实际情况，出台了各类强有力的法规，并在这些法规的框架下构建了合理的温室气体排放统计核算体系。从欧盟和日本的经验来看，其中有不少值得中国反思和借鉴的地方。

第一，立法先行、排放统计有法可依。

日本国会于 1998 年制定了《地球温暖化对策推进法》，该法令综合性较强，其中第七条和第二十一条是专门针对温室气体统计核算、报送及公开等相关事宜。欧盟的相关法律文件出台得更早（1993 年），并且出台的是直接关于温室气体排放监控机制的法律文件，针对性极强。相关法律文件出台后，欧盟和日本都在随后几年间不断修改完善，尤其是欧盟，更新及时，规定细致，极大地保障了包括二氧化碳在内的温室气体排放统计核算工作的推进及排放基础数据的质量。中国 2004 年就完成了第一次国家排放清单（1994 年）及后续多次的更新，全国碳市场也于 2021 年正式运行，但是至今尚未有层级较高的政策文件出台。仅 2021 年开始实施的《碳排放权交易管理办法（试行）》中第二十五条和第二十六条规定了重点排放单位关于温室气体排放报告和主管部门组织核查等。高级别政策文件的缺位，首先意味着中国的碳排放统计体系尚无法构建，其次意味着约束、监管和处罚的疲软。核查机构和重点企业等相关单位的违法成本极低，导致近年来排放数据质量问题层出不穷。

第二，核算主体微观、排放数据基础扎实。

欧盟和日本的排放核查都是基于设施级别，且界限清晰，根据需要层层累积到企业或者地区的统计不易出错；夯实的微观基础，极大地保证了排放数据的准确性和可信度。再加上欧盟和日本均通过自上而下的顶层设计，为温室气体核算制定了统一、详细的标准，甚至开发了具体的产品或工具，以帮助地区或者企业等主体开展准确、便捷、高效的碳排放统计核算，同时保证了不同主体核算结果的一致性、准确性和可比性。也正是因为欧盟和日本既有自上而下的顶层设计，又有自下而上的数据收集和核算基础，排放边界清晰，数据准确度高，极少会出现数据"打架"的现象。相比之下，中国温室气体排放核算的微观基础比较薄弱，多是运用各种相关统计数据来核算各个尺度的排放，而中国上没有相关政策护航，下没有设立专门的机构或明确统计工作安排，所以统计口径不统一，部分环节数据来源多重与重要环节数据缺失的现象同时存在，导致温室气体排放核算结果的精度明显不高。即使是碳排放权交易试点期间委托第三方核查机构深入企业核查，得到的也只是企业级别的总体排放数据，更深入一些的比如车间、厂房、设施等更微观的排放主体的排放情况，无法收集及核算。大型企业普遍存在跨行政区域①以及重组②等现象，由于未能核算和记录微观主体的排放数据，所以企业排放数据往往与区域排放数据相矛盾。

第三，核算成果公布、排放数据透明度高。

欧盟和日本的排放清单等核算成果，会通过各种渠道对公众公开，较高的透明度能够进一步保证数据收集过程的顺畅进行及数据质量的稳定。中国除了应 UNFCCC 的要求将《国家温室气体排放清单》公开外，各省市的排放清单及碳市场体系中重点企业的排放报告基本上未以官方形式公开。核算过程和排放数据的不透明，客观上给数据造假创造了条件，也进一步影响了排放数据的准确性和可信度。

---

① 大型企业往往有众多分公司、子公司等分支机构且分布在多个行政区域，按中国现行统计体系，这些不同地区的分支机构在生产经营活动中产生的经济数据（包括污染物数据）会由公司汇总并上报给国家统计局，因此所有数据都会纳入企业法人注册地的统计体系，这显然给污染物实际排放地的统计带来了障碍。

② 重组可能会导致股权或控制权等发生变动，从而使微观排放主体如设施、厂房等在企业间转移，而这些微观排放主体的排放数据缺失导致相应排放量的归属难以随之转移。

第3章　碳排放统计核算方法学体系

尽管中国尚未建立官方的温室气体排放统计体系，与碳排放统计相关的研究成果还很缺乏，但是碳排放核算的需求始终旺盛。国际上出现了各种指南或者标准，以规范国家、区域、企业或项目的排放核算方法、核算内容及工作流程。国内也随之开发了诸如《省级温室气体清单编制指南》等一系列核算标准，以更加切合中国的实际情况。本章将梳理国内外碳排放统计核算体系和众多标准，并结合第2章得到的中国碳排放统计体系缺失的现实和需求，系统阐述碳排放统计核算方法学体系，并构建适合中国国情的碳排放二维统计核算体系。

3.1　国外碳排放核算标准介绍

应用最广泛的温室气体排放核算标准莫过于政府间气候变化专门委员会（IPCC）开发的系列指南，尤其是《国家温室气体清单指南》，被各个国家广泛用于编制本国及区域的排放清单。为了满足不同层次的核算需求，相关国际组织制定了包括企业、项目、产品和服务等在内的不同核算对象的温室气体清单指南和排放核算标准。

一　国家层面

作为就全球气候变化议题开展国际合作的基本框架，《联合国气候变化框架公约》（以下简称《公约》）是首个为控制人为温室气体排放而制定的国际公约，意义重大。自《公约》于1992年在里约热内卢通过后，截至目前《公约》已得到196个国家和区域一体化组织的正式批准（http://unfccc.int）。《公约》按照对温室气体的历史排放负责任程度的不同将世界各国划分为附件Ⅰ国家和非附件Ⅰ国家。附件Ⅰ国家指那些经济发展较快、排放较大、对气候变化负有更大历史责任的国家，主要包括1992年属于经济合作与发展组织（OECD）成员国的工业化国家以及经济转型国家；非附件 I 国家主要由发展较慢、当时排放量较小的发展中国家构成，中国属于非附件 I 国家。根据 1996 年《公约》第二次缔约方会议决定，非附件 I 国家虽然尚不需要承担强制减排义务，但是也需要和附件 I 国家一样报告其国家温室气体清单，并对发展中国家温室气体清单的报告内容做了详细界定，具体见表 3-1。

表 3-1　非附件 I 国家温室气体清单的报告内容

温室气体排放源和吸收汇的种类	CO_2	CH_4	N_2O
总净排放量（千吨/年）	×	×	×
1. 能源活动	×	×	×
燃料燃烧	×	×	
能源生产和加工转换	×	×	
工业	×		
运输	×		
商业	×		
居民	×		
其他	×		
生物质燃烧（以能源利用为目的）	×		
逃逸排放	×		
油气系统	×		
煤炭开采和矿后活动	×		
2. 工业生产过程	×	×	
3. 农业	×	×	
动物肠道发酵	×		
水稻种植	×		
烧荒	×		
其他	×	×	
4. 土地利用变化和林业	×		
森林和其他木质生物质碳储量变化	×		
森林和草地转化	×		
弃耕地	×		
5. 其他	×		

注：标"×"表示需要汇报的数据。

为了更好地落实《公约》提出的各国都需要汇报国家温室气体排放清单的要求，IPCC 下设了一个清单专题组，专门负责编写国家温室气体清单指南。IPCC 于 1995 年首次编写完成了《1995 年 IPCC 国家温室气体清单指南》，此后经过不断修改完善，出版了《1996 年 IPCC 国家温室气体清单指南》《国家温室气体清单优良作法指南和不确定性管理》《土地利用变化和林业部门优良做法指南》，并修订完成了《2006 年 IPCC 国家温室气体清单指南》。2019 年 5 月，IPCC 发布了对 2006 年指南的精细化改进。2019年精细化改进报告对 2006 年指南进行了更新、补充和阐述，但不是替代2006 年指南，主要目的是根据最新科学研究对 2006 年指南中已经过时或不清楚的地方进行补充。所有上述指南可以在 UNFCCC 网站（https://www.ipcc.ch/working-group/tfi/）上获取。

该核算清单涉及"能源活动""工业过程和产品使用""农业、林业和其他土地利用""废弃物""其他"五大领域温室气体排放的计算方法，是迄今为止门类最为齐全、体系最为合理的清单，涉及人类生产生活的各个领域和各个流程，是各国政府向 IPCC 报告本国碳排放类型和数量的重要参考文本（见图 3-1）。目前，发达国家和发展中国家都是以《IPCC 国家温室气体清单指南》为依据，在此基础上，开展各自国家的温室气体清单编制工作。随着人们对温室气体认识的不断加深以及专业人士的涌入，世界各国纷纷参考 IPCC 给出的温室气体排放清单指导框架，试图通过本土化研究制定适合本国国情和更有针对性的温室气体排放清单，从而更为详尽精准地盘查本国温室气体排放特点和数量。

二　城市层面

在《联合国气候变化框架公约》第 20 次缔约方大会（COP20）期间，世界资源研究所（WRI）、C40 城市气候领袖群（C40）和国际地方环境行动理事会（ICLEI）共同发布了首个城市温室气体排放核算和报告通用标准——《城市温室气体核算国际标准》（GPC）。

GPC 最初于 2012 年发布测试版，先后在 100 多个城市试用了 GPC公共测试版，包括 2013 年参与试点的全球 35 个城市。这 100 多个城市的温室气体排放总量达 11 亿吨，总人口为 1.7 亿，相当于巴西全国的排

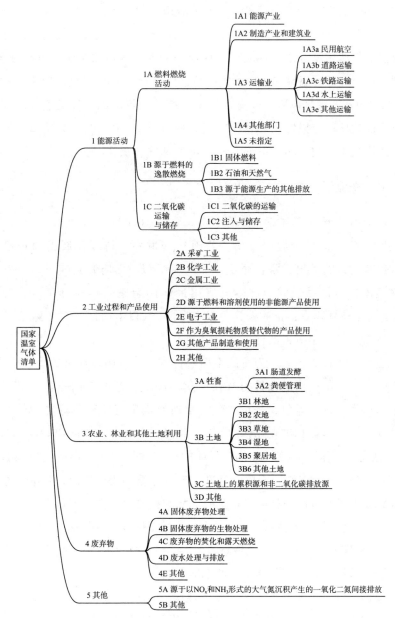

图 3-1　非附件 I 国家温室气体清单的报告内容

放量和人口规模。中国广州采用 GPC 分析温室气体排放趋势，设计排放峰值路线图，世界资源研究所中国办公室为广州提供了 GPC 使用培训和技术建议，在试点过程中不断反馈并加以完善，最终于 2014 年底在利马正式发布。目前，GPC 已经替代了其他城市层面的碳排放核算标准，全球已经有 7000 多个城市使用或者承诺使用该标准，成为世界上使用最广泛的城市温室气体核算标准。各城市之前使用的温室气体清单编制方法迥异，不利于城市和地方温室气体排放数据的整合。而 GPC 要求城市遵循《2006年 IPCC 国家温室气体清单指南》规定的统一核算原则，对温室气体排放进行全面的核算与报告。采用 GPC 后，城市能通过该计划的数据库"城市气候注册组织"（Carbon Climate Registry）报告排放情况。

三　企业层面

1. 温室气体核算体系（GHG Protocol，GHGP）

1998 年，世界资源研究所（WRI）和世界可持续发展工商理事会（WBCSD）共同召集，联合企业、非政府组织、政府和其他组织开发了温室气体核算体系，成为国际上应用最广的温室气体核算工具，尤其《温室气体核算体系：企业核算与报告标准》（以下简称《企业标准》）是这套体系中最有影响力的标准之一。

温室气体核算体系还为发展中国家提供了一种国际认可的管理工具，可以协助它们的政府做出针对气候变化的决定，帮助它们的企业更好地在全球市场上进行竞争，是世界上几乎所有温室气体核算标准和管理计划的基础，从国际标准化组织（ISO）到气候登记处（The Climate Registry）也包括个体企业编制的数以百计的温室气体清单。温室气体核算体系由几个相互独立又相辅相成的标准、核算体系和指南构成，其中《企业标准》是专为企业量身打造，是企业量化和报告自身温室气体排放的标准方法。《温室气体核算体系：企业价值链（范围三）核算与报告标准》（即《范围三标准》），往往与《企业标准》结合使用，是企业量化和报告企业价值链（范围三）温室气体排放的标准方法。

根据《企业标准》，企业开展排放量核算时，需要首先确定组织边界和运营边界。由于现代企业的组织结构相当复杂，可以按照股权比例法或控制权法来确定组织边界，以此作为核算并报告合并后的温室气体数据的基础。根据组织边界的确定结果，识别与其业务运营相关的排放并确定其运营边界，同样需要区分直接排放与间接排放，并选定间接排放的核算与报告范围。值得注意的是，组织边界的确定结果将影响到直接排放与间接排放的划分结果。

2. ISO 14064-1 温室气体核算标准

早在 2006 年，国际标准化组织（ISO）就发布了 14064 系列温室气体核算标准（见图 3-2）。该标准主要针对微观主体，由三个指南组成，分别是针对企业开发的《组织层次上对温室气体排放和清除的量化与报告的规范及指南》，针对项目开发的《项目层面的温室气体排放和移除的量化、监测与报告指南》，以及《温室气体声明审定与核查的规范及指南》，三者形成一个有机整体，完整地规定了企业或项目的温室气体清单编制的原则和要求，不仅包括微观主体的排放边界的确定、温室气体的种类、改善排放的措施等，还包括相关部门在执行温室气体清单的质量管理、报告、内审及机构验证责任等方面应当遵循的要求。

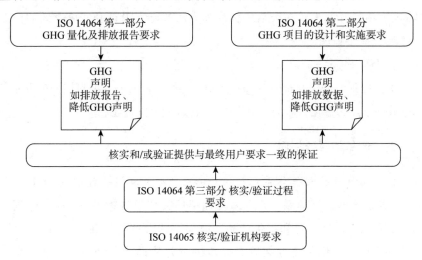

图 3-2 ISO 14064-1 温室气体核算标准

四 项目层面

1. CDM 项目方法学

项目层面的碳排放核算标准以清洁发展机制（CDM）项目方法学最具代表性。CDM 允许发展中国家的减排项目获得核证减排量（CER），每个核证减排量相当于一吨二氧化碳。这些核证减排量可被工业化国家交易和出售，并用于实现《京都议定书》规定的部分减排目标。

如果按照行业划分，CDM 项目方法学可以细分为 15 类：能源生产、能源输配、能源需求、制造业、化工行业、建筑业、运输、采矿业、金属制造、燃料逸散排放、卤代烃和SF_6生产与消费的逸散排放、溶剂使用、废弃物处理、造林与再造林、农业。

2. 温室气体核算体系中的系列体系

温室气体核算体系包括《温室气体核算体系：项目核算（2005）》（简称《项目核算》），为量化温室气体减排项目中的实际减排量提供指南；《温室气体核算体系：土地利用、土地利用变化及林业温室气体项目核算指南（2006）》，与《项目核算》结合使用，为量化和报告土地利用、土地利用变化及林业发展引起的减排提供指南；《温室气体核算体系：电网连接电力项目的温室气体减排量化指南（2007）》，与《项目核算》结合使用，为量化和报告产生或减少电网输送耗电量的减排提供指南；《企业标准》，为项目开发人员在公认的标准和方法基础上设计和实施有效的温室气体项目提供指南。

3. ISO 14064-2

上文提到的 ISO 发布的 14064 系列中的第二个——《项目层面的温室气体排放和移除的量化、监测与报告指南》，这里不再赘述。

五　产品和服务层面

1.《温室气体核算体系：产品寿命周期核算和报告标准（2011）》

《温室气体核算体系：产品寿命周期核算和报告标准（2011）》（简称《产品标准》），是量化和报告产品生命周期的温室气体排放的标准方法，它能够为企业提供一个框架以有效地决策并从设计、制造、销售、购买到使用整个寿命周期降低产品（物品或服务）的温室气体排放。

2. ISO 系列

ISO 先后制定了一系列的标准，ISO 14040《环境管理生命周期评价原则与框架》和 ISO 14044《环境管理生命周期评价要求与指南》规定了产品生命周期碳排放核算的范围、功能边界与基准流；并进一步在 ISO 14067《产品碳足迹标准》（其中包含了 ISO 14067-1 量化/计算和 ISO 14067-2 沟通/标识两部分）中给出了"碳足迹"的具体计算方法。

3.《PAS 2050 规范》

《PAS 2050 规范》即《商品和服务在生命周期内的温室气体排放评价

规范》，明确规定了产品和服务生命周期内温室气体排放的评价要求。该规范是由碳基金与英国环境、食品和农村事务部（Defra）共同发起，英国标准协会（BSI）为评价产品生命周期内温室气体排放而编制的一套可供公众获取的规范。

各核算标准对比可查阅附录一中的表 1。

3.2 我国碳排放核算标准介绍

一 国家层面

根据《公约》的要求，我国 2004 年完成了《中华人民共和国气候变化初始国家信息通报》，其中最核心的内容就是 1994 年国家温室气体清单。1994 年，国家温室气体清单估算的温室气体种类包括以下三种：二氧化碳、甲烷和氧化亚氮。主要采用的方法为《1996 年 IPCC 国家温室气体清单指南》提供的方法，并参考了《国家温室气体清单优良作法指南和不确定性管理》。1994 年，我国二氧化碳排放总量约为 30.73 亿吨，甲烷排放量为 7.2 亿吨二氧化碳当量，氧化亚氮排放量为 2.6 亿吨二氧化碳当量，折合成二氧化碳后共 40.5 亿吨二氧化碳当量。土地利用变化和林业部门的碳吸收汇约为 4.07 亿吨，扣除碳吸收汇之后，1994 年我国温室气体净排放为 36.5 亿吨二氧化碳当量。其中能源活动是最大的排放部门，1994 年我国能源活动的二氧化碳排放量为 27.95 亿吨，在全国二氧化碳排放总量中占 90.95%，且全部来源于化石燃料燃烧，占全国温室气体总排放量的 70%。

2012 年中国完成了包含 2005 年国家温室气体清单内容的《中华人民共和国气候变化第二次国家信息通报》。2005 年，中国温室气体排放总量大约为 74.67 亿吨二氧化碳当量，其中二氧化碳所占的比重为 80.03%，甲烷为 12.49%，氧化亚氮和含氟气体分别为 5.27% 和 2.21%。中国土地利用变化和林业部门的温室气体净吸收汇在 2005 年大约为 4.21 亿吨二氧化碳当量。中国在扣除吸收汇后，2005 年温室气体排放总量约为 70.46 亿吨二氧化碳当量，其中二氧化碳、甲烷、氧化亚氮和含氟气体所占的比重分别为 78.82%、13.25%、5.59% 和 2.34%（二氧化碳当量是按照 IPCC 第二次评估报告中提供的各种温室气体 100 年时间尺度下的全球增温潜势计算得出）。

2017 年，我国政府按要求向 UNFCCC 提交了《中华人民共和国气候变化第一次两年更新报告》（以下简称《第一次两年更新报告》），核算并报告了 2012 年国家温室气体排放清单。与 2005 年清单相比，2012 年国家温室气体排放清单的编制进一步扩大了核算和报告范围，增加了能源活动领域部分子行业的甲烷和氧化亚氮排放、秸秆焚烧的甲烷和氧化亚氮排放，以及铁合金等工业生产过程的二氧化碳排放等；排放因子本土化水平和适用性显著提高，清单编制机构及其他相关单位共同建立了排放因子相关参数统计调查制度，核算时优先采用本国特征化的排放因子及其相关参数，使清单核算更能反映我国实际情况。2019 年，我国又提交了《中华人民共和国气候变化第三次国家信息通报》（以下简称《第三次信息通报》）和《中华人民共和国气候变化第二次两年更新报告》（以下简称《第二次两年更新报告》），持续向国际社会报告我国应对气候变化的各项政策与行动信息。根据清单结果，2010 年、2012 年和 2014 年中国温室气体排放总量（不包括土地利用、土地利用变化和林业）分别为 105.44 亿吨二氧化碳当量、118.96 亿吨二氧化碳当量和 123.01 亿吨二氧化碳当量，是 2005 年排放量的 141%、159% 和 165%。从气体类型看，二氧化碳仍然是我国排放的最主要温室气体；从排放领域看，能源活动仍是我国温室气体最大的排放源。2010 年、2012 年和 2014 年土地利用、土地利用变化和林业的温室气体吸收汇分别为 9.93 亿吨二氧化碳当量、7.76 亿吨二氧化碳当量和 11.15 亿吨二氧化碳当量，考虑温室气体吸收汇后，温室气体净排放总量分别为 95.51 亿吨二氧化碳当量、113.2 亿吨二氧化碳当量和 111.86 亿吨二氧化碳当量。此外，2010 年、2012 年和 2014 年国际航空和航海温室气体排放量分别为 0.48 亿吨二氧化碳当量、0.44 亿吨二氧化碳当量和 0.52 亿吨二氧化碳当量，生物质燃烧分别排放 7.76 亿吨二氧化碳当量、8.13 亿吨二氧化碳当量和 8.98 亿吨二氧化碳，作为信息项报告不计入清单排放总量。

从国家清单数据来看，早年间中国碳排放总量增长速度很快，但是没有重视开发吸收汇，所以吸收量比较稳定。近年来，尤其是进入 2010 年之后，排放量数据增长趋稳，吸收量数据总体攀升，表现出较大的波动性。

二　区域层面

1.《省级温室气体清单编制指南（试行）》（2011 年）

省级温室气体清单与国家温室气体清单不同，省际物质和人口流动频繁且无完整的记录，导致省级温室气体清单边界不清，因此必须进行省级温室气体清单的编制工作。2010 年国家发改委在全国范围内组织力量编制我国省级温室气体清单指南，2011 年省级温室气体清单编制成功，成为我国应用最为广泛的指南。

《省级温室气体清单编制指南（试行）》共包括七章内容，第一章至第五章包括能源活动、工业生产过程、农业、土地利用变化和林业及废弃物处理五个领域的清单编制指南。每一章主要内容包括：排放源界定、排放量估算方法、活动水平数据收集、排放因子确定、排放量估算、统一报告格式等。第六章是"不确定性"，主要介绍了不确定性的基本概念、不确定性产生的原因以及降低不确定性和量化、合并不确定性的方法等。第七章是"质量保证和质量控制"，主要内容包括质量控制程序和质量保证程序以及验证、归档、存档和报告等。该指南还提供了三个附录，具体包括温室气体清单基本概念、省级温室气体清单汇总表和温室气体全球变暖潜势值，供清单编制人员参考。《省级温室气体清单编制指南（试行）》给出的温室气体种类与《京都议定书》保持一致，具体包括二氧化碳、甲烷、氧化亚氮、氢氟碳化物、全氟碳和六氟化硫六种。

2.《区域温室气体排放计算方法》（2012 年）

《区域温室气体排放计算方法》是湖南省制定的地方性标准，该标准当时填补了国内区域温室气体排放计算标准的空白。此后，各个地方都开始探索编制相关指南或者标准。

三　城市层面

2013 年 9 月 12 日，世界资源研究所（WRI）、中国社会科学院城市发展与环境研究所、世界自然基金会（WWF）和可持续发展社区协会（ISC）共同发布了针对中国城市开发的"城市温室气体核算工具（测试版 1.0）"。

该工具依据国内外权威标准开发，是国内首个全面核算城市温室气体排放的工具，它为中国各大城市量身定做，目的在于探索城市温室气体核算的科学方法，特别关注工业、建筑、交通这三大城市排放较为集中的重点领域，使之更加适合于中国城市。城市温室气体核算流程如图3-3所示。

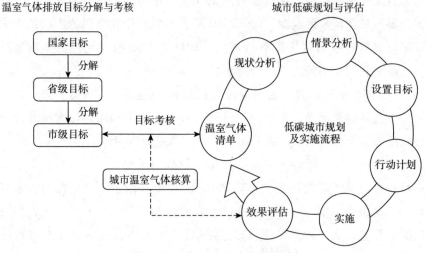

图 3-3　城市温室气体核算流程

四　行业及企业层面

为了推动建立企业温室气体排放报告制度、完善温室气体排放统计核算体系，在碳排放权交易试点市场建设过程中，国家发改委分别在2013年和2014年制定完成并发布首批 10 个行业以及第二批 4 个行业企业温室气体排放核算方法与报告指南（试行），其中第一批包括发电、电网、钢铁生产、化工生产、电解铝生产、镁冶炼、平板玻璃生产、水泥生产、陶瓷生产和民航企业，第二批包括石油和天然气生产、石油化工、独立焦化和煤炭生产企业。

综上所述，国外都是在立法保障下先行构建起各自适宜的统计体系，然后出台各种技术标准和核算指南；加上核算主体微观、核算方法一致、核算结果透明，合力形成良性循环，从而确保了核算结果的准确性。而国内过去更注重排放核算，忽视了统计体系的必要作用，相关立法的缺乏导致了统计体系的缺位。在排放核算方面，国内科研人员或者核算人员大多奉行拿来主义，照搬各种国外技术标准指南、硬套核算公式，殊不知统计体系缺失之下的核算结果矛盾重重。本书正是希望构建一个统计体系与具体核算方法有机结合的统计核算方法学体系。

3.3　碳排放统计核算方法学体系

如前所述，针对差异化的核算需求，现实中出现了各种相关标准、技术规范、操作指南统计以及基础统计制度和 MRV 体系，使得碳排放统计核算方法学体系日益丰富和完善。虽然针对不同核算对象的核算要求各有不同，但总体来说，都是核算范围、内容、方法以及不同数据来源的各种组合。因此，核算范围、核算内容、核算方法、数据来源及其统计方法共同构成了碳排放统计核算方法学体系的四大基本要素。碳排放统计核算方法学体系的基本框架见图 3-4。

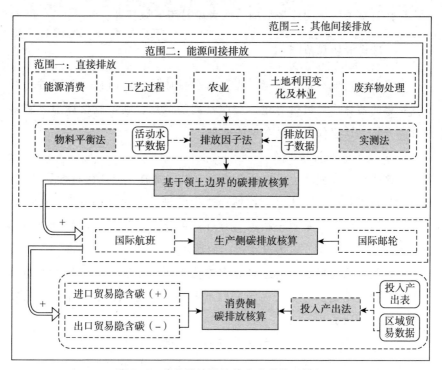

图 3-4　碳排放统计核算方法学体系框架

在图 3-4 中，白底虚线框表示核算内容，灰底框表示核算方法，白底实线框表示核算所需数据。如图3-4所示，基于领土边界的核算方法与生产侧核算方法及消费侧核算方法是碳排放统计核算方法学体系中的三个基本方法（见灰底实线框）。其中，基于领土边界的核算方法的主要依据是IPCC制定的《2006年IPCC国家温室气体清单指南》，其核算内容包括能源活动、工业生产、农业、林业和土地利用、废弃物处理等领域，具体包括排放因子法、物料平衡法和实测法三个核算方法（见灰底虚线框）。生产侧核算方法是在基于领土边界核算方法的基础上，增加国际航班和国际邮轮的碳排放核算。消费侧核算方法是在生产侧核算方法的基础上，增加贸易净隐含碳的核算，具体包括投入产出法，需要区域贸易数据及投入产出表数据。从减排责任分配的角度来说，基于领土边界的核算方法及生产侧核算方法是根据生产者责任原则，而消费侧核算方法是根据消费者责任原则。从核算区域的角度来看，基于领土边界的核算方法及生产侧核算方法是针对单一区域内部核算，而消费侧核算方法是针对多个区域间经济活动，或者说是跨区域核算。

一　碳排放核算范围

为了更清晰地界定排放源，在进行碳排放核算的时候，需要首先对核算对象的核算边界进行界定。按照不同的依据，碳排放核算边界有多种分类方法，这里仅介绍最常见的两种。

1. 直接排放和间接排放

直接排放是指核算边界内的全部温室气体排放，包括化石燃料消费、工业生产过程和内部固体废弃物处理产生的排放。间接排放是指由核算边界内部活动引起、来源于核算边界外部的排放，如处于核算对象外部的一次能源生产设施、电力设施等排放源的排放。

该分类方法是最常用的边界界定方法，严格按照排放源所处的地理位置和行政管辖范围分类，为国家以下各层面（如州、省、企业）的碳排放核算规则所通用。

2. 范围一排放、范围二排放和范围三排放

为了避免可能存在的重复计算问题，世界资源研究所在制定企业层级的温室气体排放核算标准的时候，提出需要更加清晰地界定排放源的范围，从而提出核算范围（scope）的概念。核算范围的概念一经提出，

很快得到普遍的认可，目前该划分方法在各个尺度、各个领域的核算中都得到广泛的应用。

（1）范围一：直接排放

范围一是指边界内的所有直接排放，主要包括边界内部能源消费（包括固定源和移动源）、工业生产过程、农业、土地利用变化和林业、废弃物处理活动产生的温室气体排放。

（2）范围二：能源间接排放

范围二是指发生在边界外但是由边界内活动引发的与能源有关的间接排放，主要包括为满足边界内消费而净购入的电力、热力、蒸汽等供热和/或制冷的二次能源产生的排放。

（3）范围三：其他间接排放

范围三是指除范围二以外的其他所有间接排放，指由边界内部活动引起、产生于边界之外，但未被范围二包括的其他间接排放，例如从边界外购买的所有物品在生产、运输、使用和废弃物处理环节的碳排放，主要包括边界间的交通排放（例如，国家碳排放核算中的国际航班、邮轮所引起的碳排放）、边界间贸易进口隐含的碳排放、企业采购的原材料等。

综上，本节将碳排放核算的三个范围总结为表 3-2。

表 3-2　碳排放核算范围

类别	空间边界	构成
范围一	边界内排放	能源消费排放 工业生产过程排放 农业排放 土地利用变化和林业排放 废弃物处理排放
范围二	边界内二次能源排放	边界外电厂的二次能源消费排放
范围三	边界外其他所有间接排放	国际航班、邮轮的能源消费排放 进口商品和服务 企业采购的原材料

二　碳排放核算体系边界

结合三种碳排放核算方法（区域、生产和消费）和三个排放范围，

Liu 等定义了四个系统边界来解释区域排放。[①]

系统边界 1 是范围一的排放，系统边界 2 包括范围一和范围二的排放，系统边界 3 包括范围一和范围三的排放，而系统边界 4 是指基于消费的排放（或碳足迹）。IPCC 行政领土排放量与范围一和系统边界 1 排放量一致。

领土排放（即范围一和系统边界 1 排放）可通过排除隐含在进口产品、热力/电力和边界内航空/航运/旅游中的排放量，呈现一个国家/地区边界内实际的二氧化碳排放量。碳排放边界体系如表 3-3 所示。

表 3-3　碳排放边界体系

	边界内排放，供国内消费	边界内排放，供国外消费	二次能源调入隐含碳	国际航班、邮轮	进口隐含碳
范围一	√	√			
范围二			√		
范围三			√	√	√
基于领土	√			√	
基于生产	√	√		√	
基于消费	√	√	√	√	√
系统边界 1	√	√			
系统边界 2	√	√	√		
系统边界 3	√	√	√	√	√
系统边界 4	√	√	√	√	√

值得注意的是，不少研究中核算的范围二排放其实是系统边界 2，即范围一和范围二加总的排放。另外，为了作图方便，在本书图 3-4 中，范围二实际包括了范围一和范围二排放（即系统边界 2 的排放），范围三包括了范围一和范围三排放（即系统边界 3 的排放）。

三　碳排放核算方法

（一）基于领土边界的碳排放核算方法

该方法主要依据 IPCC 2006 年评估报告，包括"在该国拥有管辖权

---

① 　Liu, Z., Feng, K., Hubacek, K., et al. Four system boundaries for carbon accounts ［J］. Ecological Modelling, 2015, 318: 118-125.

的国家（包括管理）领土和近海区域内发生的排放和清除"，即核算内容包括区域领土范围内的本地生产和居民活动导致的碳排放，具体包括能源活动、工业生产、农业、土地利用和林业、废弃物处理等各个领域的排放，但是不包括国际交通排放，如国际航班、邮轮、旅游等。基于领土边界的碳排放核算方法运用极为广泛①、最为成熟，是生产侧和消费侧核算方法的基础。具体核算过程中一般用到排放因子法、物料平衡法和实测法这三种具体的核算方法，其中，排放因子法因其简单便捷得到最广泛的运用。

1. 排放因子法

排放因子法（Emission-Factor Approach）又称作排放系数法，是 IPCC提出的第一种温室气体排放估算方法，目前应用极为广泛，也是国内外清单编制的主要依据。其基本思路是依照温室气体排放清单，针对每一种排放源构造其活动水平数据（activity data）与排放因子（emission factor），以活动水平数据和排放因子的乘积作为该排放项目的温室气体排放量估算值。其中，活动水平数据是指与温室气体排放直接相关的单个排放源的具体使用和投入数量，如某种化石燃料燃烧量、工业产品生产量等；排放因子是指某排放源单位使用量所释放的温室气体排放量。全球变暖潜势值是某种温室气体与二氧化碳相比而得到的相对辐射影响值，可以将该种温室气体排放量换算成碳排放当量。具体计算如公式（3-1）至公式（3-3）所示。公式（3-1）核算了温室气体的排放量，公式（3-2）通过全球变暖潜势将温室气体排放量转换为二氧化碳当量（Carbon Dioxide Equivalent，CO_2-eq），公式（3-3）是将公式（3-1）代入公式（3-2）得到。

$$E_{GHG_i} = AD_i \times EF_i \qquad (3-1)$$

$$E_{CO_2} = E_{GHG_i} \times w_i \qquad (3-2)$$

$$E_{CO_2} = \sum_i (AD_i \times EF_i \times w_i) \qquad (3-3)$$

式中：i 为温室气体，包括二氧化碳、甲烷、氧化亚氮、含氟气体等；E_{GHG_i} 表示第 i 种温室气体的排放量；E_{CO_2} 为二氧化碳排放量；AD 为活

---

① IPCC 开发该方法主要是为了核算国家温室气体排放清单，随着该方法的普及，该方法被普遍应用到省域、城市、产业园甚至企业等不同层级的排放核算。

动水平数据；EF 为排放因子；w 为全球变暖潜势值。其中，活动水平数据主要来自国家相关统计数据、排放源普查和调查资料、监测数据等；排放因子可以采用 IPCC 报告中给出的缺省值（即依照全球平均水平给出的参考值），也可以根据研究成果自行选择，获取途径见附录一中的表 2。

公式（3-2）和公式（3-3）中的 w 是全球变暖潜势值（Global-Warming Potential，GWP），该指标是指某一给定物质在一定时间积分范围内与二氧化碳相比而得到的相对辐射影响值，用于评价各种温室气体对气候变化影响的相对能力。也就是说，大多数相对温室气体排放指标如全球变暖潜势值[①]使用二氧化碳（CO_2）作为基准气体。对于非二氧化碳温室气体的排放，当使用这些指标换算表示时，通常被称为"二氧化碳当量"或"碳当量"排放。因此，我们也经常用全球变暖潜势值将排放的温室气体换算成碳排放。此后相关章节的核算结果，有不少是温室气体排放量，均可运用公式（3-2）换算成碳排放量。考虑到二氧化碳在全球变暖潜势的表达中起到基准作用（即所有温室气体都可以利用全球变暖潜势指标换算成二氧化碳排放），且碳排放仍然是温室气体排放中占比最高的，所以一直是政策关注的重点。为简便起见，尽管本书中不少核算方法是用于核算温室气体排放，但我们仍然简称为碳排放。

政府间气候变化专门委员会评估报告给出的全球变暖潜势值如表3-4 所示。

表 3-4　全球变暖潜势值

温室气体		IPCC 第二次评估报告值	IPCC 第六次评估报告值
二氧化碳（CO_2）		1	1
甲烷（CH_4）	CH_4-fossil	21	29.8 ± 11
	CH_4-non fossil		27 ± 11
氧化亚氮（N_2O）		310	273 ± 130
氢氟碳化物（HFCs）	HFC-23	11700	
	HFC-32	650	771 ± 293
	HFC-125	2800	
	HFC-134a	1300	1526 ± 577

---

① 类似的指标还有全球温度变化潜势和全球破坏潜势等。

续表

温室气体		IPCC 第二次评估报告值	IPCC 第六次评估报告值
氢氟碳化物（HFCs）	HFC-143a	3800	
	HFC-152a	140	
	HFC-227ea	2900	
	HFC-236fa	6300	
	HFC-245fa		
全氟化碳（PFCs）	CF_4	6500	7380±2430
	C_2F_6	9200	
六氟化硫（SF_6）		23900	
一氟三氯甲烷（CFC-11）			6226±2297

资料来源：IPCC 第二次评估报告值取自《省级温室气体清单编制指南（试行）》，该取值已经被《联合国气候变化框架公约》附属机构接受，应用较广；IPCC 第六次评估报告值取自 IPCC 第六次评估报告（通常基于 100 年计算 GWP 值，即所有取值为 GWP-100）。

2. 物料平衡法

物料平衡法（Mass-Balance Approach）也称作物料衡算法，因其方法简单、适用范围较广而得到学者们的广泛使用。物料平衡法是基于能量守恒定律，根据原料和产成品之间的定量转换关系进行核算。比如投入品中含有 n 个碳分子，而产成品中只含有 m 个碳分子（$m<n$），那么至少从理论上看，有 $n-m$ 个碳分子可能转换成二氧化碳排出。在进行碳排放量的核算时，可以根据一定时期内燃料的平均碳含量和灰烬中的平均碳含量的差值来计算。

全球环境战略研究所（IGES）于 2006 年就提出了质量平衡法，其作为估算化石能源排放的参考方法和部门方法，较为简便实用，也能在一定程度上降低数据的不确定性。该方法的优势是可以反映温室气体排放发生地的实际排放量，不仅能够区分各类设施之间的差异，还能够分辨单个和部分设备之间的区别，尤其在当年设备不断更新的情况下，该种方法更为简便。

3. 实测法

实测法（Experiment Approach）基于排放源的现场实测得到基础数据，进行汇总后得到相关温室气体排放量，也可通俗地理解为实地测量法，是通过连续计量设施测量二氧化碳排放的浓度、流速以及流量，从而得到二氧化碳排放量的方法。经济合作与发展组织（OECD）早在1997年就指出该方法所得结果精确、中间环节少，但数据获取相对困难，成本较高。

为了保证数据的真实性，现实中一般是将现场采集的样品送到第三方检测部门，通过指定检测设备进行定量分析后加以确认。其中，样品的选取很关键，要能够综合反映监测环境要素，若采集的样品缺乏代表性，那么即使测试分析准确也毫无意义。

三种方法的对比归纳请查阅附录一中的表3。

（二）基于生产的碳排放核算方法

生产侧碳排放是指一个地区或国家进行生产活动所排放的二氧化碳总和，包含本地区消费和出口两部分。该方法比基于领土边界的核算方法范围更广，包括国际交通运输以及国际旅游中的碳排放。该方法的核算边界和国民账户体系（System of National Accounts，SNA）的边界一致，也就是说，和GDP的计算口径一致。温室气体排放清单有时被称为包含环境账户的国民经济核算矩阵（National Accounting Matrices including Environmental Accounts，NAMEAs）。欧盟各国会向欧盟统计局报告NAMEAs，而其他发达国家虽然也会建立NAMEAs，但是并不对国际社会公开。NAMEAs就是生产侧碳排放统计核算体系的代表。

由于国际交通运输中能源消耗和碳排放责任分配尚无公认的统一认定标准，地域数据的获取也存在困难，尤其是公海等地属于"公共池塘"部分，各国碳排放量和责任分担存在争议。根据SNA体系，国际交通运输中的碳排放按运营者所属国家核算，国际旅游中的碳排放按居民地址核算，而不是按旅游目的地核算。

国际交通运输方式主要包括航空和航海两部分，其碳排放的核算方法因交通方式的差异而不同。

1. 航空碳排放的核算方法

欧盟碳排放权交易体系（EU ETS）中，利用排放因子法计算国际交通舱载燃料碳排放，其中每个航班和每种燃料都需要单独计算，燃料消耗量必须包括辅助动力装置的燃料消耗。

航空经营者可以根据每个飞机类型从以下两种计算方法中任选其一

计算燃料消耗量。

$$方法 1: M = M_a - M_b + F_a \tag{3-4}$$

式中: M 是每次飞行的燃料消耗量, M_a 是完成一次飞行的燃料完全消耗量, M_b 是下次飞行的燃料完全消耗量, F_a 是下次飞行的燃料量。

$$方法 2: M = R_c + F_b - R_d \tag{3-5}$$

式中: M 是每次飞行的燃料消耗量, R_c 是上次飞行后的燃料剩余量, F_b 是本次飞行的燃料量, R_d 是本次飞行结束后的燃料剩余量。

需要注意的是, 每次飞行的碳排放量的计算公式必须是航班的燃料消耗量乘以标准航空燃料监测和报告准则确定的排放因子 (单位质量燃油排放二氧化碳的量, 为 3.15), 替代燃料的排放因子必须按照程序的规定确定; 飞行燃料的数据由燃料供应商提供或者根据飞机机载测量系统确定, 燃料罐中的燃料剩余量则由飞机机载测量系统确定。数据可能来源于燃料供应商, 飞机运营商通过大众和文档或电子传输方式获得数据。如果飞行燃料 (或在容器里的剩余燃料量) 的数量是由单位体积 (L 或 m^3) 确定的, 飞机运营商应当将其转换为大众使用的实际密度值, 这项工作由机载测量系统完成。实际密度值由燃料在使用过程中温度的标准密度来确定, 当无法获取实际密度值时采用标准密度系数 0.8kg/L (但此系数的应用需经过主管机关的协商)。

2. 航海碳排放的核算方法

参考 Fitzgerald 等的研究[①], 一次航海旅程中的碳排放计算公式为:

$$E_{\mathrm{CO}_2} = P \times \frac{D}{v} \times R \times S_{FOC} \times \frac{M_i}{M_t \times U} \times F_{\mathrm{CO}_2} \tag{3-6}$$

式中: E_{CO_2} 代表一次航海旅程中产生的二氧化碳排放总量 (g); P 是主要或者辅助发动机的额定功率的最大值 (kW); D 是航行的总距离 (km); v 是船航行的平均速度 (km/h); R 是主要或辅助引擎的平均负荷; S_{FOC} 是具体使用的燃油发动机油消耗率 (kW·h); M_i 是船所载的从

①　Fitzgerald, W. B., Howitt, O. J. A., Smith, I. J. 2011. Greenhouse gas emissions from the international maritime transport of New Zealand's imports and exports [J]. Energy Policy, 39 (3): 1521-1531.

某个国家或地区进出口商品的质量（t）；M_t 是船所拥有的最大承载量（t）；U 是船载货能力的平均利用分数；F_{CO_2} 是主要或辅助发动机使用燃料的碳排放因子，即单位燃料燃烧排放的二氧化碳量（g）。

此外，国际航海组织采取自上而下排放的计算方法，主要通过消费石油数量来计算排放总量，这种方法需要精确并且相对完整的石油部门统计数据以及比较标准的航运业排放率估算。

（三）基于消费的碳排放核算方法

在实际核算中，生产侧碳排放核算具有统计制度较完备、基础数据可获得性强的优点，但随着"生产者负责"观念向"消费者负责"观念的转变，碳泄漏等问题也日益受到重视，生产侧碳排放核算方法的不足之处逐渐凸显。在传统生产侧碳排放核算的模式下，一个国家或者区域受其内部严格的减排政策影响，可能转移甚至放弃其高碳产业和碳密集型产品的生产，转而通过国际贸易和区域贸易来满足其消费需求，即发生"碳泄漏"现象。因此，生产侧碳排放核算方法对净碳出口国家、区域不公平。消费侧碳排放核算方法在对碳排放量的测算和对归属地的判定过程中不仅考虑产品的生产国，而且考虑产品的最终消费国，更好地解决了碳泄漏问题，更具有公平性。

消费侧碳排放核算方法是指从消费角度对一个国家或区域的二氧化碳排放量进行核算，是用一个国家、区域的经济贸易去取代地域限制，从而解决国际贸易、区域贸易的碳排放分配问题。该方法将沿着生产链和分销链发生的所有排放均分配给最终产品消费者，也就是说，该方法是计算一个国家/区域消费了多少碳排放，而不是生产了多少碳排放；谁从过程中受益，谁就应当承担与之相关的排放责任。一个国家的消费侧排放清单，扣除了出口所体现的排放量，包括进口所体现的排放量。这意味着一个国家/区域的出口产品所产生的温室气体排放量须分配给进口这个产品的国家/区域，每个国家/区域都应为进口产品所产生的排放量负责。

消费侧的碳排放核算有多种计算方法，简言之，即"消费侧碳排放量＝生产侧碳排放＋进口产品的隐含碳－出口产品的隐含碳"。具体核算过程可以基于国际贸易数据和投入产出数据，运用诸如投入产出法等经济学方法来计算。投入产出法（Input-Output，I-O）是华西里·列昂惕夫创建的研究经济体系中各部分之间投入与产出相互依存关系的数量分析方法，由于其直观、简明，被广泛应用于各产业的碳排放量估算，也是目前测算隐含碳的主流方法。

（四）三种方法的对比

方法一即基于领土边界的碳排放核算方法主要用于计算当前领土边界范围内的碳排放情况，方法二即基于生产的碳排放核算方法，方法三即基于消费的碳排放核算方法。方法三可以用于评估国际碳泄漏潜力、排放增长的隐藏驱动力来源等，日益受到重视。

根据《公约》，只有附件Ⅰ国家需要实行强制减排，因此附件Ⅰ国家大都实施了严格的减排政策，比如碳税、碳排放权交易等。这些减排政策增加了企业的碳减排成本，加速了企业尤其是高耗能制造业和服务业企业向非附件Ⅰ国家转移，这就是所谓的"碳泄漏"。从全球角度来看，这种"碳泄漏"并未实质减少碳排放，甚至可能因发展中国家技术较为落后、能源利用效率较低而导致实际排放增加。对发展中国家来说，不考虑国内消费和出口贸易的差异，仅仅按照生产发生的地理边界来承担实际大量出口的贸易隐含碳，会导致发展中国家的排放量虚高，进而在国际社会承担不必要的减排压力。基于"污染者负责"原则的方法一和方法二来计算碳排放，很可能会对全球气候变化协议的执行效力产生负面影响。因此，基于"消费者负责"原则的方法三，成为当前国际碳排放核算最热门的方法。

四　碳排放核算数据统计方法

国内外现有的碳排放核算标准、指南、规范等都涵盖了全球、大陆、国家等宏观层次碳排放核算，城市、产业园、社区等中观层次碳排放核算，企业、项目、建筑物、家庭、产品等微观层次碳排放核算。在碳排放核算过程中，有效的基础数据是至关重要的一环。从数据统计和数据收集的角度来说，一般可以分为自上而下和自下而上两种数据统计方法，用以支撑各种用途的碳排放核算。

（一）自上而下数据统计方法

自上而下数据统计方法以 IPCC 的《国家温室气体清单指南》为代

表，它通过自上而下层层分解来进行核算，具体做法是首先识别国家主要的碳排放源并进行分类，然后在部门分类下构建子目录，直到将所有排放源都包括进来。这种自上而下的层层分解具有广泛的一致性，且不易遗漏重要的排放源，并在获取国家温室气体排放信息方面具有明显的优势。目前，我国的区域、省级及城市的碳排放核算一般也采用自上而下的数据统计方法。

（二）自下而上数据统计方法

自下而上的数据统计方法适用于企业、产品和项目的碳排放核算。在对企业和产品碳足迹核算的基础上，按照自下而上的方法来考察各类微观主体包括企业、组织和消费者在生产或消费过程中的碳排放情况，并将一定区域内的碳排放量进行汇总。但目前微观主体的碳排放核算还不够丰富，无法通过自下而上的核算实践汇总得到区域层面的碳排放情况。同时，现有的各类标准、指南也还是处于探索阶段，在核算范围、生命周期、核算环节、处理碳抵消活动、信息报告要求等方面尚未达成共识，也尚未形成国际社会普遍认可的规范标准或者指南。

总体来说，自上而下方法适用于国家或者区域等宏观层次的碳排放核算，而自下而上方法适用于家庭、项目等微观层次的碳排放核算。中观层次的碳排放核算可以采用自上而下、自下而上相结合的形式进行。

第4章 中国碳排放二维统计核算体系

碳排放统计核算方法学体系为进一步构建符合中国国情的碳排放统计核算体系提供了方法学基础。本章将在前文分析的基础上，构建中国碳排放二维统计核算体系，并详细阐述企业维度碳排放统计核算体系。

4.1 中国碳排放二维统计核算体系构建

一 中国碳排放统计核算的基础统计现状

碳排放最重要的两类基础指标是活动水平和排放因子。其中，活动水平指标是指在特定时期（通常为一年）、特定区域增加或减少温室气体排放的人为活动量，如化石能源燃烧量、水稻种植面积、森林变化情况及家畜动物数量等。由于排放因子指标更多依靠实验室及技术测算等方法获得，所以温室气体排放统计核算的重点是收集反映活动水平的统计指标。中国在温室气体排放统计核算涉及的五大领域的基础统计现状如下。

（一）能源活动方面

1. 现有主要报表

能源领域与温室气体排放统计核算相关的基础统计体系由政府统计和部门统计两部分组成。政府统计体系在国家统计局统一部署下，分别采用全面调查、抽样调查与重点调查等方式，对全社会能源生产、流通以及消费情况进行较为全面的统计，包括地区能源平衡表，能源购进、消费与库存表及附表，能源生产、销售与库存表，非工业重点耗能单位能源消费情况调查表，农林牧渔业生产经营单位能源消费表，成品油批发零售报表等（见表4-1）。

表 4-1　政府统计部门现有能源统计资料情况

报表名称	统计内容	报表类型	负责部门
地区能源平衡表	全社会能源供应、加工转换及终端消费情况	综合表	统计局能源统计处
能源购进、消费与库存表及附表	规模以上工业能源加工转换及终端消费情况	基层表	统计局能源统计处
能源生产、销售与库存表	规模以上工业能源生产、销售与库存情况	基层表	统计局能源统计处
非工业重点耗能单位能源消费情况调查表	辖区内年能源消费在 1 万吨标准煤及以上的建筑业和第三产业能源消费情况	基层表	统计局能源统计处
农林牧渔业生产经营单位能源消费表	农林牧渔业能源消费情况	基层表	地方调查局一产统计处
成品油批发零售报表	辖区内成品油批发零售情况	基层表	统计局服务业统计处

除政府统计外，部门统计也是全社会能源统计体系的一个重要组成部分，是清单编制基础数据的重要来源。有关部门现有能源统计报表包括全社会电力统计表、农村生物质能源消费表、主要能源品种进出口情况表、航空煤油消费表等（见表 4-2）。

表 4-2　有关部门现有能源统计资料情况

报表名称	统计内容	报表类型	负责部门
全社会电力统计表	全社会电力生产、供应及消费情况	综合表	电力公司
农村生物质能源消费表	农村生物质能源消费情况	综合表	农村能源办公室
主要能源品种进出口情况表	主要能源品种进出口情况	综合表	海关
航空煤油消费表	航空煤油消费情况	综合表	中国航油

在现有能源统计体系中，部分报表直接为全社会各行业温室气体排放统计核算体系提供基础数据，如地区能源平衡表；另一部分报表则为某一行业温室气体排放统计核算提供基础数据，如能源购进、消费与库存表及附表是核算工业领域能源消费温室气体排放的重要依据；还有一部分报表间接为温室气体排放统计核算提供基础数据，如成品油批发零售报表从供应角度为核算地区成品油消费提供重要依据，是测算成品油

消费温室气体排放的重要统计资料。

2. 各种现有资料与温室气体排放统计核算需求之间的对应关系

在能源统计体系众多报表中，能源平衡表是一张综合性报表，其数据通过对各部门、各行业的能源生产、消费情况的调查取得。因此，各行业均有反映行业能源生产、消费情况的相应调查表，其既是能源平衡表的数据来源，也是各行业能源活动温室气体排放基础数据的最终来源。各能源统计报表之间的相互关系及其与温室气体排放统计核算所需基础统计指标之间的关系如图 4-1 所示。

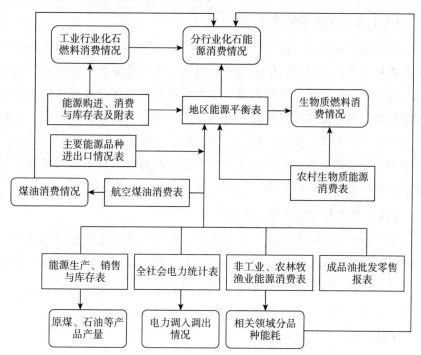

图 4-1　能源统计报表之间及其与温室气体排放统计核算所需基础统计指标间的关系

注：◯代表温室气体排放统计核算需求；□代表基础统计表；→代表数据流向或数据依据。

（二）工业生产活动方面

工业生产过程中与温室气体排放相关的基础统计报表较为简单，主要为由国家统计局统一实施的工业产品产量统计表，该表对规模以上工业 400 多种产品的产量进行全面调查，是工业生产活动清单编制的基础数据来源。工业产品产量统计表可以提供分地区水泥熟料、电石、硝酸、钢材等主要产品产量数据，但有部分产品未被纳入工业产品统计目录。除工业产品产量统计表外，部分行业协会也对主要产品产量进行相应调查，可以作为工业清单基础数据来源的有益补充，如中国水泥协会编制的《中国水泥年鉴》等资料。工业清单编制还涉及部分资源的消耗表，我国资源消耗的统计尚处于起步阶段，2012 年资源统计试点工作对部分资源消耗情况进行重点调查，但涉及资源品种不多，其中与核算体系相关的资源品种为生铁以及用于生产铸件的生铁。

（三）农业生产活动方面

在农业相关领域，稻田甲烷排放测算的主要活动水平指标为分类型稻田播种面积；农用地氧化亚氮排放测算的主要活动水平指标包括化肥氮、粪肥氮和秸秆还田氮输入量；动物肠道发酵甲烷排放、动物粪便管理甲烷和氧化亚氮排放测算的主要活动水平指标为各类畜禽存栏量。农业领域部分基础统计数据可从《中国农村统计年鉴》《中国畜牧业年鉴》中取得，另有部分数据如粪肥氮与秸秆还田氮总量虽然不能直接取自年鉴，但也可通过上述年鉴及《中国统计年鉴》中相关数据进行估算。

（四）林业及土地利用变化方面

林业温室气体排放和碳汇涉及主要树种的面积和蓄积量等活动水平指标。根据国家林业局统一部署，2014 年我国启动第九次全国森林资源清查工作，森林资源清查基本能够满足林业清单编制需要，但是这一部分数据并未公开。

（五）废弃物处理方面

废弃物处理中固体废弃物填埋的测度主要包括固体废弃物填埋量及废弃物物理成分等指标，固体废弃物焚烧处理涉及各类型（城市固体废弃物、危险废弃物、污水污泥）废弃物焚烧量等指标。可参考《中国城市建设年鉴》《中国环境统计年报》《湖北统计年鉴》。

二　中国现行统计体系支持碳排放统计核算时存在的主要问题

（一）目前中国开展碳排放统计核算工作的主要渠道及存在的问题

由于中国还没有建立官方的碳排放统计核算体系，除了按照《公约》要求定期提交中国的排放清单外，目前碳排放统计核算主要通过两个渠道推进。[①]

渠道一：部分地方政府出资委托科研机构逐年编制各个地区的温室气体排放清单。2010 年，辽宁、云南、浙江、陕西、天津、广东和湖北等 7 个省市被选为省级温室气体清单编制试点地区，在中央单位专家指导下依托地方研究力量全面开展省级温室气体排放的摸底估算工作。随后陆续也有其他地方政府出资编制本区域的排放清单，但是目前基本上已经停止。

渠道二：2012 年启动的中国碳排放权交易试点市场（包括 2021 年正式启动的中国碳市场）聘请了独立第三方机构上门核算重点企业的碳排放情况。从 2012 年开始，北京、天津、上海、重庆、湖北、广东和深圳等 7 个省市先后开展碳排放权交易试点，探索不同特点地区碳市场建设途径。这 7 个省市试点碳市场覆盖 7 种温室气体、十余个行业，为探索企业层面的碳排放核算方法积累了丰富的经验，夯实了数据基础。

这两个渠道各自独立存在、各自运行，共同推进了中国的碳排放统计核算工作。但是仍然存在如下三个突出问题。

第一，渠道一的数据来源不稳定，数据质量难以保证。因为传统统计任务并不包括碳排放，统计调研对象也没有特别保存记录相关数据，所以数据渠道不稳定，来源复杂分散，无法保证数据质量。再加上研究机构的研究人员时有流失的现象，加剧了整个核算工作的不稳定性。

第二，统计系统的工作机制导致地方和企业的碳排放统计核算结果难以保持一致，无法交叉验证。天津、广东和湖北是同时开展排放清单编制试点和碳排放权交易试点的省市，它们本应该在碳排放统计核算方面有非常成熟的经验和做法且核算结果准确性较高，但是事实上，这三个省市同样存在地方和企业的碳排放统计核算结果无法保持一致的问题，更不用说其他未参加试点的地方了。究其原因，主要是中国现行的统计系统运转机制的特殊性。根据中国现行统计系统，"四上"企业[②]的碳排

[①]　当然还存在大量研究机构和学者的独立研究，这里不计入中国开展碳排放统计核算工作的主要渠道。

[②]　"四上"企业是统计工作中对达到一定规模或资质的单位的总称，包括四类：①规模以上工业企业；②有资质的建筑业企业、房地产开发经营企业；③限额以上批发零售住宿餐饮单位（含个体户）；④规模以上服务业企业。其中，规模以上工业企业的标准是年主营业务收入在 2000 万元及以上的工业法人单位。

放统计核算实行联网直报国家统计局的方式（而不需要经过地方统计局上报）。地方政府推进地方清单编制的时候，需要这些企业的部分明细数据，只能额外请企业协助提供，无法保证企业额外提供的这些明细数据和上报中央的数据的一致性，导致地方政府据此核算出来的碳排放结果和 MRV 核查结果以及国家统计局的数据相比，存在大量的重复和遗漏支出。

第三，经费压力较大，地方财政无力长期负担，目前几乎所有地方政府都已经停止了地方排放清单编制工作，也就是说，目前只存在渠道二。

（二）现行碳排放统计状况的差距及其原因

碳排放不仅仅存在于工业部门和能源消费过程，而是涉及经济社会的方方面面，很有必要借助统计系统的力量来收集各个领域的基础数据。然而，现行的碳排放统计状况难以完全满足地区温室气体排放统计核算的需要。其差距及原因主要表现在以下几个方面。

一是温室气体统计核算在全球都是一项全新的工作，缺乏完整、系统的统计体系支撑，也缺乏成熟的经验和做法可供借鉴。政府间气候变化专门委员会自 1988 年成立后便开始研究温室气体的统计、核算工作，并逐步推出国家温室气体清单指南。我国于 2009 年 11 月 25 日才首次较为正式地提出建立全国的温室气体排放统计核算体系。目前，对于如何建立完整、系统的温室气体排放统计核算体系，尚处于研究探索阶段。

二是温室气体排放统计核算体系与现行国民经济核算体系难以兼容。我国政府统计体系以国民经济核算为核心，各种专业的统计指标体系与统计制度，以及农业普查、经济普查等大规模的普查，都是依据国民经济核算的需要建立和开展的。该体系的重点包括投入产出、资金流量、国际收支和资产负债等经济指标，与温室气体排放统计核算要求的能源、物资消耗、畜禽粪便管理及废弃物处理等相关实物类指标存在较大的差异，既有的国民经济核算体系难以直接应用于排放统计核算。以农业领域为例，该领域存在土壤气体排放和畜禽粪便排放，从碳排放核算的需求来看，需要补充土壤类型、畜禽粪便管理等相关指标并获取数据，而国民经济核算并不需要，所以这些指标并未被纳入传统国民经济核算体系。

在工业统计方面，规模以上工业统计报表制度相对完善，能够提供部分活动水平基础数据，比如能源消费数据相对完整；产品产量调查表也包含了核算工业生产过程中温室气体排放的部分产品产量，比如水泥，但大量产品产量的统计仍然缺失，如石灰、电石、己二酸和镁等产品并未被列入工业产品统计目录。

此外，工业活动温室气体排放统计核算还需要部分资源消耗量数据，但资源消耗统计尚处于起步阶段，国家统计局和国家发改委就此项工作开展多次试点，至全面铺开尚需一段时间。工业活动温室气体排放统计核算还需要较为深入地理解各个工业行业的工序甚至设备运转情况，统计部门显然难以达到要求。

在农业统计方面，《中国农村统计年鉴》《中国统计年鉴》中相关报表为农业温室气体排放测算提供部分活动水平数据，但其统计范围及品种设置尚不能完全符合碳排放核算的要求。以畜牧相关排放为例，排放核算需要不同养殖模式下各种牲畜的存栏量、体重、平均日增重、成年体重、采食量、饲料消化率、平均日产奶量、奶脂肪含量、一年中怀孕的母畜占比、每只羊年产毛量、每日劳动时间等指标，而现行农业统计只有出栏量（非存栏量）一个指标。

在林业统计方面，《农林牧渔业统计报表制度》、国家森林资源连续清查可以提供部分基础活动水平数据，从而计算相关林业数据。但林业森林资源普查每五年进行一次，各年度森林资源数据只能估算，且不少指标同样存在缺失的问题。不管是统计内容还是统计频率，其与温室气体排放统计核算的需求还存在不小的差距。

在废弃物统计方面，《中国城市建设统计年鉴》《中国环境统计年报》等环境综合统计报表制度中的相关统计表能够为核算废弃物处理产生的温室气体排放量提供部分基础活动水平数据，但其统计范围及品种还不能完全满足需求，如缺少农村废弃物统计数据。废弃物物理成分统计较为薄弱，需要进一步改进与完善。

三是温室气体排放统计能力不强，专业人才缺乏。温室气体排放的主要领域为能源消费，现阶段其基础统计体系建设的大部分工作需要依靠能源统计系统来承担，完成原有全社会能源统计及核算工作都已经捉襟见肘，难以承担温室气体排放测算涉及的数据收集、审核及汇总等工作。另外，不同领域的排放机理也非常复杂，人们至今尚未完全认识清楚。部分统计数据专业性要求较高，不仅需要多个政府统计部门的协同配合，还需要林业、农业、环保、城市管理等多个部门及相关研究所、协会的配合，专业人才不足的问题也很突出。

四是各领域的统计尚有诸多不足之处。在能源统计方面，根据现有能源统计报表制度，省级能源平衡表能够为温室气体排放核算提供省级分产业、分能源品种的加工转换、终端消费等活动水平数据，但由于目前能源品种分类并不能完全满足温室气体排放统计核算的要求，故而需要进一步调整和细化。由于能源数据统计及管理体系与温室气体排放统计核算所要求的数据体系并非完全一致，部分指标的统计重点与温室气体排放统计核算需要尚存在差距，市、县能源平衡表编制工作尚未起步，仅能提供规模以上工业较详细的分行业、分能源品种消费数据，第一、第三产业及生活领域分能源品种消费情况调查还有待加强。

五是斥巨资核算的本地排放数据无法与位于本地、经第三方核查机构实地核查的重点企业的排放数据相匹配。一方面，碳排放权交易试点中，各试点市场均借鉴了欧盟的经验，聘请了独立第三方核查机构赴重点企业核查其排放数据，从 2013 年第一个试点市场启动至今已经十余年，重点企业排放数据的可信度仍然存疑，其与地方统计数据也无法得到交叉验证。另一方面，各地方政府迫切需要了解自身的碳排放情况，然而实际获取基础数据困难重重，核算结果非常粗糙且不可持续。就某省来说，它连续几年每年耗资 300 万元核算本省的碳排放，终因财政无力长期支持而中断。即便如此，斥巨资核算的本地排放数据也无法与位于本地、经第三方核查机构实地核查的重点企业的排放数据相匹配。

以上事实暴露出如下问题。第一，中国现有统计体系无法承担碳排放核算任务；第二，每年利用专项资金核算本地的碳排放，成本过于高昂，导致碳排放核算工作难以保持稳定和长期有效，客观上需要统计体系的介入；第三，MRV 实地核查结果与统计系统的能源排放数据不一致，显然存在大量的"重复计算"和"遗漏核算"。但是，该情况也是正常的，原因如下：①能源排放是碳排放重要而非唯一的部分，中国的统计系统只统计了能源消费数据，其他产生碳排放的相关活动因其不直接产生 GDP 而未被纳入统计范围；②统计系统的统计原则是属地原则，而碳市场的机制设定遵循的是法人原则，这也导致了核查工作是按照法人原则来划分边界。正是因为当前主流碳排放统计核算体系主要服务于区域清单编制或企业碳核查，功能单一且并不适应中国现行的统计体系现状，因此亟须建立一套适合中国国情的碳排放统计核算体系。这也是本书的目标——希望构建一套统计体系与具体核算方法有机结合的统计核算方法学体系，能够"不重不漏"地统计核算中国碳排放；而且该体系应该符合中国的统计现实，不仅能在理论上提供方法学指导，还能在现实中具备可操作性。

三 构建中国碳排放统计核算体系的要求和原则

本书参考了国内外相关技术标准、指南和文献资料，听取了相关行业协会及国内外专家意见，通过对碳市场及各行业企业的大量调研，并根据中国《统计法》的相关要求，充分考虑了当前我国统计系统的实际情况，构建了中国碳排放二维统计核算体系。

（一）要求

1. 全面核算中国温室气体排放

统计核算体系对能源活动、工业生产过程、农业活动、土地利用变化和林业以及废弃物处理所引起的温室气体排放进行全面核算，达到"不重不漏"的要求。

2. 同时满足企业和区域的统计核算需求

考虑到我国现行统计体系的现状是规模以上工业企业无须上报地方统计部门而是直报国家统计局，企业的统计核算边界、内容等与区域统计核算工作有根本性的不同，因此中国碳排放统计核算体系应该分别从企业和区域不同的视角构建各自的统计核算体系，同时满足企业和区域的统计核算需求。

3. 额外关注重点排放领域

统计核算体系在设计数据收集类别、详细程度和核算结果展示时，重点关注交通、建筑、服务业、公共机构的城市温室气体排放。其中，"建筑"区别于中国统计体系中的"建筑业"，涵盖建筑物使用过程中产生的排放。[①]"交通"区别于中国统计体系中的"交通运输业"，包括运

---

① 建筑（buildings）：统计核算体系中的"建筑"涉及建筑物使用过程中的能耗和排放。建筑分为工业建筑和民用建筑两类。由于工业建筑的能耗在很大程度上与生产要求相关，并且一般统计在生产用能中，统计核算体系中的建筑仅指民用建筑。

营交通和非运营交通两部分。①

4. 一套体系多种用途

利用统计核算体系不仅可以对中国温室气体排放进行统计核算，还可以在一定基础上生成"省级清单"报告模式、"重点领域排放"报告模式（工业、建筑、交通和废弃物处理）、"产业排放"报告模式、"排放强度"报告模式和"信息项"报告模式，方便使用者进行统计核算和数据上报，或进行国内比较。

（二）遵循的核算与报告原则

中国碳排放统计核算体系在核算和报告中国碳排放时应遵循相关性、完整性、一致性、透明性、准确性和可行性六项原则。

相关性：报告的温室气体排放应恰当反映城市相关活动引起的排放情况。核算结果应当为当地政府的决策需要服务，同时考虑国家和地方相关政策。例如，根据温室气体核算目的决定重点核算的温室气体排放源和需要重点收集的数据等。

完整性：全面覆盖温室气体排放源/吸收汇。披露没有纳入的排放源/吸收汇并说明原因。例如，尽量全面核算城市活动相关的所有排放源/吸收汇和温室气体种类。

一致性：在核算各个环节保持边界、方法学等的一致性，从而保证排放趋势分析、减排效果以及城市间的可比性。例如，同一城市核算不同年份排放以及不同城市核算排放时应遵循统一的核算标准和方法。

透明性：核算各个环节应清晰透明，排放源/吸收汇、活动水平数据、排放因子和计算方法都应明确说明来源和依据，保证数据的可核实性和核算的可重复性。例如，准确记录活动水平数据来源和排放因子数据来源并归档妥善保存。

准确性：尽可能减小温室气体核算结果与实际情况的偏差。例如，根据数据可获得性和数据质量情况选择最佳的核算方法和数据来源。

---

① 根据《国民经济行业分类》（GB/T 4754—2011），"交通运输业"包括"铁路运输业""道路运输业""水上运输业""航空运输业""管道运输业""装卸搬运和运输代理业"。在中国的统计体系中，"交通运输业"仅包含运营交通，私家车、机构用车等非运营交通未包含在内。统计核算体系中的交通（transport）：区别于"交通运输业"，是指"大交通"概念，包括运营交通和非运营交通。

可行性：数据最好是既有的，或在一定时间和花费代价的情况下可以获得。例如，充分利用已有的统计数据和部门数据，在数据缺失或无法满足需求时可采用调研等方式收集数据。

四　中国碳排放二维统计核算体系的构建

根据碳排放统计核算方法学体系，同时针对中国的统计体系现状，本书设计出企业、区域二维统计核算体系，能够有效地帮助数据收集，能够帮助更有针对性的碳减排政策制定和执行，更加符合中国的实际情况，能够较为准确地核算中国碳排放。在核算方法方面，本书沿用的是基于领土边界的核算方法，核算范围一和范围二，即系统边界 2。

（一）企业维度碳排放

企业维度碳排放是二维统计核算框架的重要组成部分。企业开展碳排放统计核算，可以增进企业对其排放状况和潜在的温室气体负担或风险的了解。

在中国的统计体系中，包括规模以上工业企业在内的四类企业是直接向国家统计局报送各种数据，所以企业维度碳排放主要是针对规模以上工业企业排放。企业维度只针对规模以上工业企业是基于以下几点考虑。第一，工业企业不但是排放大户，而且是化石能源排放大户，而其他三类企业向中央直报的企业能源消费虽然也不低，但大多是以电力为主的间接能源消费。电力属于"二次能源"，由煤炭、石油、天然气、水力等一次能源转换而来。虽然近年来中国的清洁能源发展迅速，但目前电力仍然以火力发电为主。也就是说，电力在生产过程中使用最多的一次能源是煤炭，而煤炭在发电过程中产生大量碳排放，转换成电力之后按照电力的排放因子计算碳排放，显然会导致"重复计算"，事实上，这本身就是导致当前碳排放核算精确度不高的重要原因之一。所以，企业维度碳排放只针对规模以上工业企业，能够最大限度地捕捉原始碳排放，更具根本性。[①]第二，有助于识别"点源排放"和"面源排放"。正

---

① 本部分涉及的"一次能源"和"二次能源"更加详尽的内容，可以在本书第 5 章 5.1 中进一步查阅。

如"点源污染"和"面源污染"[①]，规模以上工业企业排放量大，排放口固定且相对容易识别，其他排放比如农业排放、居民生活排放等表现出单个排放源的排放量较小且较为分散但污染源众多的特点，与"面源污染"非常相似。碳排放是否也会表现出"点源排放"和"面源排放"？将企业维度碳排放限定在规模以上工业企业排放，有助于识别"点源排放"和"面源排放"的存在及其特征，这对今后制定减排政策、实施综合排放治理意义重大。

调研发现，因为中国的环保规制，规模以上工业企业都严格执行了废水处理标准，并且对相关指标有较为详细的记录，因此，只要提出要求，企业就有能力上报包括废水处理在内的碳排放情况。

综上所述，企业维度针对规模以上工业企业的碳排放统计核算由企业能源消费碳排放、工业生产过程碳排放、污水处理碳排放三个部分组成。公式如下：

$$E_{enterprise} = E_{enterpriseenergy} + E_{Industrialprocess} + E_{wastewatertreatment} \tag{4-1}$$

其中：$E_{enterprise}$ 为企业二氧化碳排放总量，单位为吨；$E_{enterpriseenergy}$ 是企业能源消费碳排放量，$E_{Industrialprocess}$ 是工业生产过程碳排放量，$E_{wastewatertreatment}$ 是污水处理碳排放量。

（二）区域维度碳排放

区域维度碳排放是碳排放二维统计核算体系的另外一个重要维度，其目的是准确核算区域碳排放。在中国的统计体系中，该部分由地方统计部门工作人员负责数据的收集与填报。区域维度碳排放针对本区域除规模以上工业企业之外的所有排放。具体来说，其碳排放统计核算由规模以下工业企业碳排放、居民生活能源消费碳排放、农业碳排放、林业碳排放、垃圾处理碳排放以及电力的净调入碳排放（范围二）等构成。公式如下：

$$E_{region} = E_{Sub-scale\ Enterprise} + E_{household\ Energy} + E_{Agriculture} + E_{Forestry} +$$
$$E_{Garbage\ disposal} + E_{electricityimport\ and\ export} \tag{4-2}$$

---

① 点源污染是指有固定排放点的污染源；面源污染是指没有固定排污口的环境污染，表现出随机性、广泛性、滞后性、模糊性、潜伏性等特点。因为点源污染具有污染量大、更容易识别、便于集中治理等特点，所以其更早得到重视和治理。后来研究发现，面源污染虽然单个污染量小但是由于排污口多，总体污染程度更严重且极难全面治理。

其中，E_{region} 为区域二氧化碳排放总量。$E_{Sub-scale\ Enterprises}$ 为规模以下工业企业碳排放，$E_{household\ Energy}$ 为居民生活能源消费碳排放。两者之和即区域能源消费碳排放（$E_{region\ Energy}$）。$E_{Agriculture}$ 为农业碳排放（当量），农业温室气体主要包括农田、动物粪便管理，管理土壤中的 N_2O 排放和化肥使用过程中 CO_2 的排放三大类。$E_{Forestry}$ 为林业碳排放，包括土地利用变化、森林及其他木质生物质的碳贮量变化和森林转化温室气体排放两个方面。$E_{Garbage\ disposal}$ 为垃圾处理碳排放，固体废弃物处理产生的温室气体主要为 CH_4 和 CO_2，污废水处理产生的温室气体主要为 CH_4 和 N_2O。$E_{electricity\ import\ and\ export}$ 为净调入的电力隐含的二氧化碳排放量。

（三）二维边界的协调

为进一步准确核算企业和区域的碳排放，需要对二维统计核算体系的边界进一步厘清与协调。

1. 企业维度碳排放统计核算体系中应按微观排放主体的实际排放地分区域统计核算

污染物排放包括碳排放，应该采用属地原则，即所有排放应纳入实际排放地统计体系汇总，而中国的企业统计数据采用法人原则，即企业的所有数据均纳入企业法人注册地统计体系汇总。规模以上工业企业往往有众多分公司、子公司等分支机构且分布在多个行政区域，这些不同地区的分支机构在生产经营活动中产生的经济数据（包括污染物数据）会由集团或总公司汇总上报给国家统计局，因此所有数据都会被纳入企业法人注册地的统计体系。举例来说，规模以上工业企业 A，其法人注册地在湖北省武汉市，而分支机构分布在湖北省黄石市（A1）和河南省开封市（A2），因此，企业 A 的所有碳排放（A1+A2）都计入湖北省武汉市的排放。这显然是不准确的，A1 的排放应该计入湖北省黄石市排放，A2 的排放应该计入河南省开封市排放。因此，在企业维度的碳排放统计核算体系中，规模以上工业企业在填报其污染排放（包括碳排放）数据时，应该注明微观排放主体（如分公司、子公司等）的实际排放地信息或按行政区划分别制表并上报，由国家统计局统一调整到实际排放地统计数据。

2. 区域维度碳排放统计核算体系中应纳入规模以上工业企业分支机构的属地排放量

根据中国现行的统计体系，除规模以上工业企业以外的所有数据由地方统计部门负责。如前所述,由于规模以上工业企业往往有众多分公司、子公司等分支机构且分布在多个行政区域,地方统计部门难以准确获取这些分支机构的各种数据包括排放数据,只能请这些分支机构另外单独提供基础数据,这时往往就出现了同一个分支机构向总公司和地方统计部门报送的数据不一致的现象。究其原因:①因报送时间不一致导致截取的数据节点不一致;②碳排放核算方法不统一,因此不同核算主体确定的核算范围以及需要的基础指标不完全一致;③分支机构刻意假报数据。按照碳排放二维统计核算体系,当规模以上工业企业将这些分支机构的排放数据按实际排放区域单独统计核算后,核算区域维度碳排放时,就能直接获取这些分支机构的排放数据,从而确保区域维度排放数据的核算结果能够与企业维度排放数据的核算结果保持一致,同时堵上了各分支机构主观故意瞒报、假报数据的漏洞。

综上所述,规模以上工业企业内部按照各分支机构实际所处的行政区域分别统计核算并上报碳排放情况,这样虽然不如欧盟按照设施层级核算和统计那么精细,但是这一方面能够汇总统计企业总体排放数据,另一方面分支机构的排放数据能够按行政区域得到核算并计入各区域排放统计,从而避免了企业排放数据和区域排放数据"打架"的问题。而且,企业、区域二维统计核算体系高度符合中国当前的统计体系现实,在实际工作中比较容易开展,可操作性强。

另外,正如环境污染存在点源污染和面源污染,企业、区域二维统计核算体系的构建,也能验证碳排放是否存在点源排放和面源排放,这也是构建碳排放二维统计核算体系的重要理论贡献。本书将在第14章的实证分析部分再次运用案例分析来论证点源排放和面源排放的存在。

综上,企业、区域碳排放二维统计核算体系如图4-2所示。在企业维度,这些规模以上工业企业的各个分支机构将分别按照实际排放地单独统计核算。在进行区域维度统计核算时,应计入这些规模以上工业企业位于本区域分支机构的排放,同时应该计算电力调入调出导致的碳排放转移。

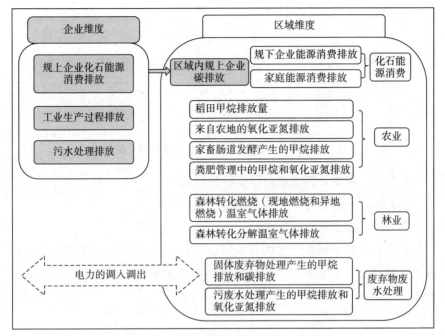

图 4-2 企业、区域碳排放二维统计核算体系

（四）碳排放二维统计核算体系的基本工作流程

根据我国现行统计体系，规模以上工业企业所有统计数据无须经过地方政府而直接上报国家统计局，地方统计局负责其他统计数据的收集和上报。目前的统计现实使地方统计局难以准确掌握本地的排放，除了当前统计局并无统计温室气体排放的职能这个重要原因，还存在一个现实问题，即规模以上工业企业往往跨越多个行政区域，而这些跨行政区域企业的排放数据总体直接上报国家统计局、国资委或经信委等部门，并未区分不同行政区域的排放。

根据碳排放二维统计核算体系，本节对传统的统计核算流程做适当调整（见图 4-3）。

第一步：确定核算边界（包括地理边界和温室气体种类，以及由地理边界引申出对"直接排放"和"间接排放"的定义）和基准年。如果是做企业核算，需要首先确定组织边界，然后确认运营边界；

第二步：确定核算和报告的排放源/吸收汇；

第三步：确定方法学；

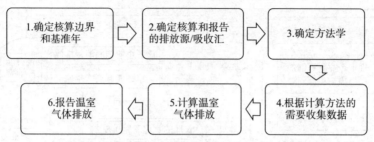

图4-3　中国温室气体排放统计核算的基本流程

第四步：根据计算方法的需要收集数据；

第五步：计算温室气体排放；

第六步：报告温室气体排放。

其中，第四步需要注意的是，对于大型跨区域企业在填报其污染排放（包括碳排放）数据时，应该注明实际排放地信息或按行政区划分别制表。

4.2　企业维度碳排放统计核算体系

企业维度碳排放统计核算是统计生产过程的温室气体排放量，是考察资源或能源利用率对环境造成影响的重要指标。碳排放统计核算可帮助判别企业产品制造过程在能源利用和环境保护上的薄弱环节，促使企业采取技术措施或改进管理，增强企业竞争力。企业维度碳排放统计核算内容主要包括能源消费、工业生产过程和废弃物处理三类温室气体排放核算。同时，本节还探讨了交通运输业和服务业等重点行业的温室气体核算体系。本节首先简单概述了企业维度碳排放统计核算意义及气候变化适应与减缓；其次，基于工业能源消费、工业生产过程、工业废水处理、交通运输业和服务业等构建企业维度碳排放统计核算体系的基本框架；再次，介绍了企业维度碳排放统计核算的基本方法（股权比例法和控制权法）和原则；最后，界定了企业维度碳排放统计核算的边界。

一　企业维度碳排放统计核算意义及气候变化适应与减缓

（一）企业维度碳排放统计核算的意义

随着我国经济社会的快速发展，能源消费总量和温室气体排放量迅速增长，国际上对我国控制温室气体排放的要求、承担更大国际责任的期待不断上升。国家"十二五"规划首次对温室气体排放提出了约束性指标，"单位国内生产总值二氧化碳排放降低 17%"的目标已经分解到全国各地，各个地方企业在未来发展进程中肩负着重要使命。应对气候变化的出口核算可以排除国际碳排放交易的潜在障碍。从长期来看，减少温室气体排放、减缓气候变化和发展低碳经济是全球经济发展的必然趋势，也符合国际发展企业必须承担的社会责任。而且，中国在未来也将专门承担减少碳排放的任务。碳排放的统计核算是国家、地区、行业、公司和产品不可避免的要求。

然而，如何科学有效地衡量温室气体减排的实际效果，即如何制定减排目标，如何实现可测量、可报告、可验证（MRV）的减排效果，是一个技术和管理难题。企业进行全面的碳排放统计核算，可以增进企业对其排放状况和潜在的温室气体负担或风险的了解。在目前的形势下，企业股东对造成气候变化的温室气体排放的关注日益提升，旨在减少温室气体排放的环境法规和政策也不断出台，因此，企业的温室气体风险正上升为一个管理问题，企业碳排放统计核算具有重大的现实意义。

在未来的温室气体监管下，即使一家企业自身并不直接受到这些法规的管制，企业价值链中的显著温室气体排放也可能导致（上游）成本增加，或（下游）销售额减少。这样，投资者可能会把企业上游或下游运营中显著的间接排放视为需要减轻的潜在负担。仅关注企业自身运营的直接排放，可能会漏掉重大的温室气体风险和机会，同时对企业的实际温室气体风险形成错误认识。

从更积极的角度讲，可以测量的东西才可以管理。应对气候变化温室气体排放核算，有助于识别最有效的减排机会，从而提高原材料和能源利用效率，提高企业应对气候变化的能力，并开发新产品和服务，以减小客户或供货商受温室气体的影响。这些行动会相应地降低生产成本，有利于降低企业在生产过程中产生的温室气体排放，并有助于在重视环境保护的市场展示企业特点。构建企业应对气候变化温室气体统计核算体系，也是设定内部或公开的温室气体减排目标，以及此后适应气候变化和加快温室气体排放监测与报告进展的前提。

（二）企业应对气候变化适应与减缓

气候是地球环境系统中的重要因素，适宜稳定的气候是人类在地球环境中得以出现、生存和发展的必要条件。气候一直都在发生不同程度的变化。IPCC 第五次评估报告对气候变化进行了定义，即气候变化是指气候平均值或异常的显著变化，而气候平均值的上升和下降表明气候平均状态的变化。气候异常值的增加表明气候状态的不稳定性增加，气候异常更加明显。当前国际社会最关注的是 10~100 年的气候变化。近百年来，在自然条件变化和人类社会活动的共同影响下，全球气候正在经历一场以变暖为主要特征的显著变化。IPCC 第五次评估报告指出，自 20 世纪中叶以来，人类活动极有可能是全球变暖的主要原因，与过去 130 年的 $0.85°C$ 相比，这种可能性超过 95%。与 1986~2005 年相比，2016~2035 年全球平均地表温度预计将上升 $0.3~0.7°C$，到 21 世纪末将上升 $0.3~4.8°C$。全球气候变化已经对自然和人类社会产生了一系列全方位、多层次、多尺度的影响，有正面影响也有负面影响，但以负面影响为主。全球气候变暖对世界的自然生态系统和社会经济已经产生并将继续产生重大的影响，已经成为影响 21 世纪全球发展的一个重大国际问题。

为控制全球变暖，实现"比工业化前升温不超过 $2°C$ 的目标"，需要全球共同努力，大幅度减少温室气体排放。当前，适应和减缓是国际社会有效应对气候变化的必然选择。企业减缓是从产生气候变化的直接原因方面考虑，如何通过改变现有的生产生活方式来减轻气候变化的程度。包括温室气体减排和增汇在内的减缓措施是应对气候变化的根本性对策。企业适应是从气候变化的影响结果方面考虑，如何采取措施来尽量减小气候变化带来的不良影响。

企业减缓气候变化是指通过减少人为温室气体排放或增加对温室气体的吸收，以稳定大气中温室气体浓度，进而降低气候变暖幅度。

企业适应能力（adaptive capacity）通常指企业在未来自然和人类系统为应对气候变化而做出调整的能力。有三个途径来降低其脆弱性：一是降低暴露程度；二是降低敏感程度；三是增强灾后康复的能力。适应气候变化的短期目标是降低气候风险和增强抗灾能力，而长期目标应与可持续发展保持一致。适应和可持续发展与气候变化的挑战以及现状和发展道路所造成的社会经济风险不可分割地联系在一起。可持续发展可以降低脆弱性，而适应只能在可持续发展框架内成功。以下是与适应性相关的概念。

预防性（主动）适应（anticipatory adaptation）：在气候变异所引起的影响显现之前启动的对气候变化带来的负面影响采取的反应。

自主性（自发）适应（autonomous adaptation）：由自然系统中的生态应激或人类系统中的市场机制和社会福利变化所启动的反应。

规划适应（planned adaptation）：针对未来可能发生的气候风险预先制定政策、规划以进行防范。这是政府决策的结果，建立在意识到环境已经发生改变或即将发生变化的基础上，采取一系列管理措施使其恢复，保持或达到理想的状态。

二　企业维度碳排放统计核算体系的基本框架

气候变化是一个长期的全球性问题，目前的国际气候政策是保持在世界平均温度上升在 2℃ 以内，并为把升温幅度控制在 15℃ 之内而努力。企业生产作为最大的碳排放源，在应对气候变化方面发挥着不可忽视的作用，气候政策对企业的影响也是尤为明显的。因此，基于碳排放企业建立一个统计核算系统，可以从战略角度为企业管理层提供更科学的适应性策略，并可评估节能方案对企业效益的长期和短期影响。

企业维度碳排放统计核算涉及企业生产过程的方方面面，不同行业应对气候变化都有各自的特征。本节介绍企业维度应对气候变化时主要从工业能源消费排放、工业生产过程排放、工业废水处理排放、交通运输业排放和服务业排放角度构建企业维度碳排放统计核算体系的基本框架。

（一）　工业能源消费碳排放统计核算

根据《联合国气候变化框架公约》的要求，温室气体是指二氧化碳（CO_2）、甲烷（CH_4）、氧化亚氮（N_2O）、含氟气体（氢氟碳化物、全氟化碳、六氟化硫）等六种气体。能源生产和消费活动是我国温室气体的重要排放源。工业能源消费温室气体排放统计核算总体上遵循《IPCC 国家温室气体清单指南》的基本方法，采用了我国 1994 年和 2005 年能源活动温室气体清单的基本框架。工业能源消费温室气体排放统计核算的范围主要包括：化石燃料燃烧活动产生的二氧化碳（CO_2）、甲烷（CH_4）和氧化亚氮（N_2O）排放；生物质燃料燃烧活动产生的 CH_4 和 N_2O 排放；煤矿和矿后活动产生的 CH_4 逃逸排放以及石油和天然气系统产生的 CH_4 逃逸排放。[①] 注意煤炭的消费分为燃烧性消费和原料煤消费，工业能源消费温室气体排放特指燃烧性排放，在工业生产过程中，有一部分煤是作为原料煤参加工业生产，这部分煤产生的排放应作为工业生产过程排放而非燃烧性排放。

（二）工业生产过程碳排放统计核算

工业生产过程温室气体排放是工业生产中能源活动温室气体排放之外的其他化学反应过程或物理变化过程的温室气体排放。例如，石灰工业中石灰石分解产生的排放属于工业过程排放，而石灰窑中燃料燃烧产生的排放则不是。

工业生产过程温室气体清单范围包括：水泥生产过程 CO_2 排放，石灰生产过程 CO_2 排放，钢铁生产过程 CO_2 排放，电石生产过程 CO_2 排放，己二酸生产过程 N_2O 排放，硝酸生产过程 N_2O 排放，一氯二氟甲烷（HCFC-22）生产过程三氟甲烷（HFC-23）排放，铝生产过程全氟化碳（CF_4）排放，镁生产过程六氟化硫（SF_6）排放，电力设备生产过程 SF_6 排放，半导体生产过程氢氟烃（HFC）、CF_4 和 SF_6 排放，以及 HFC 生产过程的 HFC 排放。其他生产过程或其他温室气体暂不报告。

（三）工业废水处理碳排放统计核算

随着我国经济的不断发展，工业企业发展也迎来了新的历史机遇。然而，工业污水的排放量不断增加，工业污水处理厂的数量和处理能力也在逐年上升。逐年增加的污水处理厂在运行过程中不可避免地会排放大量的温室气体。在此过程中，废水的厌氧处理会产生 CH_4，废水中氮的去除会产生 N_2O。

而 CH_4 和 N_2O 的化学性质稳定，并在大气中长期存在，百年全球增温潜势分别为 25 和 298（CO_2 为 1），全球变暖趋势是以 CO_2 辐射强迫为依据的通用换算方法表示这些变暖影响的程度，而辐射强迫是由于气候

---

① 《省级温室气体清单编制指南（试行）》。

变化外部驱动因子的变化，如二氧化碳浓度或太阳辐射量的变化会引起对流层顶净辐照度的变化，所以它们的排放会对气候产生长期影响。污水处理中的 CO_2 排放是生物成因。因此，为了更好地控制温室气体的排放，需要对工业废水处理厂的排放量进行核算。

（四）交通运输业碳排放统计核算

改革开放以来，我国交通运输业取得了举世瞩目的进步。交通运输业已成为中国能源消费规模最大、增长最快的行业之一。2008 年，交通运输能源消耗是 1978 年的 8 倍多。其石油消费总量占全社会石油消费总量的 30% 以上，约占全社会能源消费总量的 1.5%，且占比逐年提高。[①]

交通运输业排放的 CO_2 在发达国家占 CO_2 排放总量的 20% ~ 30%，在我国约占 CO_2 排放总量的 8%。近年来，交通运输业成为全球和我国温室气体排放增长最快的部门之一。其产生的温室气体排放主要来源于使用化石燃料汽油和柴油产生的 CO_2 排放。从全球看，交通运输业成为温室气体排放最重要和增长最快的领域之一。

中国正处于快速工业化、城市化阶段，大规模的交通基础设施建设还将持续一段时间。可以预见，交通运输业的能源消耗和温室气体排放在很长一段时间内仍将保持快速增长。从国际气候变化博弈的发展来看，减排压力越来越大。因此，建立可操作的交通运输业温室气体排放统计核算体系，寻求交通运输业温室气体减排对策，对于交通运输业的可持续发展具有重要意义。

（五）服务业碳排放统计核算

第一、第二产业节能减排潜力的快速释放和节能减排边际效应的递减趋势日益明显。服务业已成为需要大力发展节能减排的新领域。当前，我国正处于发展转型的关键时期，随着经济结构调整步伐的加快，产业结构重心由制造业向服务业转移，服务业在经济快速发展中的地位和作用将更加突出，服务业增长带来的资源环境问题也将更加突出。随着我国工农业节能减排潜力的快速释放，节能减排的边际效应递减趋势日益明显，需要

---

①　陆东福：中国交通运输业面临节能减排严峻形势 [EB/OL]. [2009-11-17]. 新浪财经网. https://finance.sina.com.cn/hy/20091117/15236976759.shtml.

开发新的节能减排领域。因此，不断对我国服务业温室气体排放的总体趋势和结构特征、主要影响因素及其作用机制等进行量化分析，加强我国服务业应对气候变化温室气体统计核算工作，对于识别中国服务业节能减排潜力、明确服务业减排目标、制定有效的减排措施具有重要的理论和现实意义。

三 企业维度碳排放统计核算方法和原则

现代企业的产权结构非常复杂，相互参股的情况非常普遍。在进行企业维度碳排放统计核算时，有两种不同的温室气体排放量合并方法可供选择：一是股权比例法；二是控制权法。[①] 企业须按照股权比例法或控制权法核算温室气体排放数据。如果企业拥有其业务[②]的全部所有权，那么不论采用哪种方法，它的组织边界都是相同的。对合营企业而言，组织边界和相应的排放量结果可能因使用的方法不同而有所不同。

（一）股权比例法

在使用股权比例法的情况下，公司根据其业务份额计算温室气体排放。股权比例可以反映企业的经济利益，即企业对经营风险和收益的权利。通常情况下，一项业务的经济风险及回报的比例与这家企业在经营中所占的所有权比例是一致的，股权比例一般等同于所有权比例。如果情况不是这样，企业与业务之间的经济实质关系始终优先于法律上的所有权形式，以确保股权比例反映经济利益的比例。经济实质优先于法律形式的原则与国际财务报告准则一致。因此，温室气体统计核算人员可能需要询问本企业的会计或法律人员，确保对每一家合营企业都采用适当的股权比例（财务核算类别的定义见表4-3）。

（二）控制权法

在使用控制权法的情况下，企业对其控制的业务范围内的温室气体排放总量进行核算，对其有利害关系但不掌握控制权的业务产生的温室气体排放不进行核算。所谓控制与否，可以从财务或运营的角度来定义。当采用控制权法对温室气体排放量进行合并时，企业必须在运营控制和

---

① 《温室气体核算体系：企业核算与报告标准》（修订版）。
② "业务"一词泛指任何种类的商业活动，不考虑其组织、管理及法律结构。

财务控制这两种标准中做出选择。

在多数情况下,对财务控制或运营控制标准的选择并不影响判断一项业务是否受企业控制。但有一个值得注意的例外,在石油和天然气行业,其所有权/经营权结构往往很复杂。这样一来,石油和天然气行业选择何种控制权标准核算企业的温室气体排放有重大的影响。企业在做出选择时应考虑:如何使温室气体排放核算最好地适应排放报告和排放交易体系的要求;如何与财务报告、环境报告相一致;哪些标准最能反映企业的实际控制能力。

1. 财务控制权

如果一家企业对其业务有财务控制权,那么这家企业能够直接影响其财务和运营政策,并从活动中获取经济利益。例如,如果企业享有对大多数运营利益的权利,通常它就享有财务控制权,而无论这些权利是如何实现转让的。同样,如果一家企业持有对经营资产所有权的大多数风险和回报,这家企业便被视为享有财务控制权。

按照这一标准,企业和业务的经济实质关系优先于法律上的所有权形式,因此即使持有该企业的股权不足50%,也有可能享有对经营的财务控制权。在评价经济实质时,也需要考虑潜在表决权的影响,包括企业持有的表决权和其他人持有的表决权。这项标准与国际财务报告准则一致。因此,如果某项业务活动因财务合并的需要被视为一家集团公司或子公司,例如,如果该项业务在财务账目中被完全并入,那么企业在进行温室气体核算时便对其享有财务控制权。如果采用此标准确定控制权,对享有共同财务控制权的合资企业的排放量应按股权比例核算(财务核算类别见表4-3)。

2. 运营控制权

如果一家企业或其子公司(财务核算类别见表4-3)有提出和执行一项业务的运营政策的完全权力,这家企业便对这项业务享有运营控制权。这一标准与许多报告运营设施(比如机构持有营业执照的设施)排放量的企业的现行核算惯例一致。这意味着,如果这家企业或其子公司是某一个设施的运营商,它就享有提出和执行运营政策的完全权力,并因而享有运营控制权。极少数情况例外。

在采用运营控制权法的情况下,企业对其自身或其子公司持有运营控制权的业务产生的100%排放量进行核算。应当强调的是，一家企业享有运营控制权并不意味着它一定对其所有决策做出决定。例如，大额资本投资很可能需要征得享有共同财务控制权的所有合作方的批准。运营控制权意味着企业有权提出和执行运营政策。

　　有时一家企业能够对一项业务享有共同财务控制权，但不享有运营控制权。在这种情况下，企业要根据合同确定合作的一方是否有权就这项业务提出和执行运营政策，从而决定是否有责任根据运营控制权报告排放量。如果这项业务的执行方自行提出并执行自己的运营政策，对这项业务享有共同财务控制权的合作方不必根据运营控制权报告其任何排放量。

表4-3　企业财务核算类别

核算类别	财务核算定义	统计核算温室气体排放量	
		股权比例法	财务控制权法
集团公司/子公司	母公司能够直接对这家公司的财务与运营政策做出决定，并从其经营活动中获取经济利益。一般情况下，这一类型也包括母公司享有财务控制权的法人合资企业和非法人合资企业及合伙企业。集团公司/子公司实行完全合并，意味着将子公司的收入、费用、资产与负债分别100%纳入母公司的损益账户和资产负债表。当母公司的权益不等于100%时，合并后的损益账户和资产负债表要扣除少数所有者的利润和净资产	股权比例的温室气体排放	100%的温室气体排放
关联公司	母公司对公司的运营与财务政策有重大影响，但对公司没有财务控制权。通常情况下，这一类型也包括母公司有重大影响但没有财务控制权的法人合资企业、非法人合资企业及合伙企业。财务核算时采用股权比例法确认母公司持有的关联公司的利润和净资产份额	股权比例的温室气体排放	0%的温室气体排放
固定资产投资	母公司既没有重大影响也没有财务控制权，这一类型也包括上述情况的法人合资企业、非法人合资企业和合伙企业。财务核算时对固定资产投资采用成本/分红法。这意味着只有收取的红利被认定为收入，投资作为成本处理	0%的温室气体排放	0%的温室气体排放

续表

核算类别	财务核算定义	统计核算温室气体排放量	
		股权比例法	财务控制权法
合作方享有财务控制权的非法人合资企业、合伙企业/业务	按比例对合资企业、合伙企业/业务进行合并，各合作方对合资企业的收入、支出、资产与负债享有相应比例的利益	股权比例的温室气体排放	股权比例的温室气体排放
特许	特许机构是独立的法律实体。大多数情况下，特许经营的授权人对特许业务没有股权或控制权。因此，合并的温室气体排放数据不应当包括特许业务。但是，如果特许权授予人享有股权/财务控制权，那么按照权益或控制权法进行合并时适用同样的规则	股权比例的温室气体排放	100%的温室气体排放

注：表 4-3 是以对英国、美国、荷兰和国际财务报告标准的比较为基础。

（三）跨区域企业碳排放统计核算原则

大型企业往往跨越好几个行政区域，这给统计当地的碳排放带来了困难。当统计跨区域企业排放的时候，需要协调好法人原则和属地原则的运用。另外，企业应该只算直接排放，间接排放不计入（或计算出来后单列），以规避重复计算问题。

1. 法人原则

作为已经通过主管机关批准、通过登记方式取得法人资格的社会经济组织，企业法人具有国家法律规定的资本数额、企业名称、章程、组织机构、住所等法定条件，能独立承担民事责任。跨区域企业碳排放统计核算法人原则是指该企业本身及其所有子公司所排放的温室气体都归属于该法人集团，确定温室气体排放统计核算范围的一项原则。法人原则不仅仅要对企业总部进行统计核算，同时要对在其他地区属于该企业法人名下的子公司所排放的温室气体进行统计核算。统计核算跨区域企业温室气体排放总量之前，要弄清该企业的经营性质和产权结构。根据企业性质和企业的发展现状，基于跨区域企业碳排放统计核算法人原则进行统计核算。

我国碳排放权交易从试点市场到如今的全国市场，一直遵循的是法人原则。无论是交易账户，还是核查单位，都是以法人为单位参与。

2. 属地原则

不同于法人原则，属地原则是以温室气体的实际排放来源地为标准来确定温室气体排放统计核算范围的一项原则。根据这一原则，企业排放温室气体的总量是由企业所在的地域范围（包括陆地、水域和天空等）来统计核算的。统计核算只包括企业来源于本地域内的 CO_2 排放和其他温室气体排放，而对企业来自区域外的分支机构、子公司甚至母公司的温室气体排放量则不计入。按照属地原则的要求，任何温室气体的统计核算不能核算该企业其他地域子公司或母公司的温室气体排放量，即不能将发生于区域外的温室气体排放纳入本企业的排放总量中。

依据属地原则能够更加清晰地核算各个区域的碳排放，但是对于企业自身而言，无论排放源处在哪个行政区域，企业更加关心的是总体排放情况。

3. 法人原则和属地原则的协调

现实中，大型企业要应对来自国资委、经信委等部门的考核，需要按照法人原则统计核算碳排放。同时，地方政府也需要统计核算本区域的排放情况，而包括温室气体在内的污染物排放统计应该遵循属地原则。因此，由于不同的考核要求，当统计跨区域企业排放的时候，需要协调好法人原则和属地原则的运用。大型跨区域企业在统计碳排放的时候，应该按行政区域分别统计，也就是说，不同行政区域的排放应该单独制表，这样就能同时满足企业总体排放统计和区域排放统计的需要。

（四）工业企业碳排放统计核算方法

排放因子法是通过活动水平数据和相关参数来计算排放。目前，不少工业企业的温室气体核算工作采用了排放因子法。碳排放统计核算排放因子法的基本原理是：温室气体排放量等于活动水平数据乘以排放因子。活动水平数据能量化区域温室气体排放，如锅炉燃烧的煤耗量、居民用电等。排放因子是指每单位活动水平（如1吨煤或1千瓦时电）的温室气体排放量，如"吨 CO_2/吨原煤""吨 CO_2/兆瓦时电"。

除了排放因子法，工业企业碳排放统计核算中还会用到的方法是物料平衡法。

四　企业维度碳排放统计核算边界

企业开展业务活动的法律和组织结构差异很大，包括全资企业、法人合资企业与非法人合资企业、子公司和其他各种形式。开展应对气候变化温室气体统计核算的时候，需要考虑组织结构以及各方面之间的关系，按照既定的规则进行处理。企业在确定核算边界时，应首先选定方法对这家企业的业务活动和运营范围加以界定，然后选择一种合并温室气体排放量的方法，从而实现对温室气体排放量的核算。

（一）企业碳排放统计核算范围

企业温室气体排放主要包括直接温室气体排放和间接温室气体排放：直接温室气体排放是指企业拥有或控制的排放源的排放，如企业锅炉、燃气炉等；间接温室气体排放是指由企业活动产生，但实际发生在其他企业拥有或控制的排放源的排放，如企业外购电力产生的排放。企业温室气体排放包括能源温室气体排放、工艺过程温室气体排放和污水处理过程温室气体排放。其中，能源温室气体排放包括能源直接温室气体排放（如天然气、液化气）和能源间接温室气体排放（如外购电力、蒸汽等）。

直接排放与间接排放的划分，取决于设定温室气体统计核算边界的方法（股权比例法或控制权法）。图 4-4 说明了一家企业组织边界与运营边界之间的关系。

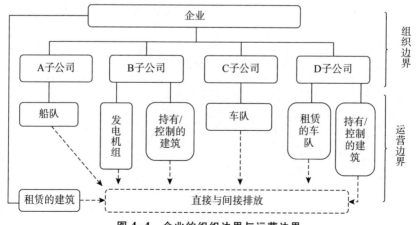

图 4-4　企业的组织边界与运营边界

　　为便于描述直接与间接排放源、提高透明度，以及为不同类型的机构和不同类型的气候政策与商业目标服务，本节针对企业温室气体统计核算设定了三个范围（范围一、范围二和范围三），同时也详细定义了范围一和范围二，以确保两家或更多企业在同一范围内不会重复核算排放量。对于重复计算会产生重大影响的温室气体计划，这些范围划分尤其有帮助。各企业须至少分别核算并报告范围一和范围二的排放信息。企业温室气体统计核算范围如表4-4所示，核算的三个范围为管理和减少直接与间接排放提供了全面的核算框架。图4-5指出了核算范围与企业价值链上产生直接和间接排放的活动之间的总体关系。

表4-4　企业温室气体统计核算范围

排放类型	范围	定义	例子
直接排放	范围一	由企业所有或直接控制的排放源所产生的温室气体排放	企业所有或直接控制的窑炉等设备的燃烧性排放、各种工艺过程排放、移动源（各种车辆）的燃油排放
间接排放	范围二	也叫能源间接排放，企业净外购的电力、蒸汽等产生的间接排放	净外购的电力、热力、蒸汽等能源
间接排放	范围三	企业除范围二之外的所有间接排放，包括围绕价值链上游和下游产生的排放	范围广泛，如购买的原材料在生产过程中产生的排放、售出的产品在使用过程中产生的排放等

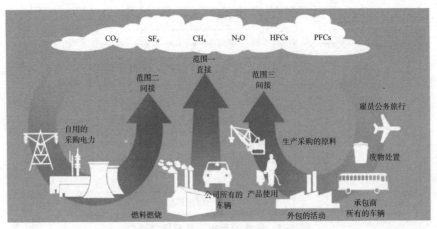

图4-5　企业价值链上的范围与排放概览

1. 直接温室气体排放

直接温室气体排放是指企业所有或实际控制的排放源产生的燃烧排放，包括企业所有或控制的锅炉、熔炉等设备以及移动源（即各种车辆）的排放；所有或控制的工艺设备在生产过程中因产生了化学反应而导致的温室气体排放。值得注意的是，生物质燃烧产生的直接 CO_2 排放不应计入范围一，须单独核算。《京都议定书》没有规定的温室气体排放，如氟氯碳化物、氮氧化物等不应该计入范围一，但可以单独核算。

2. 电力产生的间接温室气体排放

范围二核算一家企业所消耗的外购电力产生的温室气体排放。外购电力是指通过采购或其他方式进入该企业组织边界内的电力。范围二的排放实际上产生于电力生产设施。

3. 其他间接温室气体排放

范围三最为广泛，考虑了所有其他间接排放，是一家企业活动的结果，也被俗称为"从摇篮到坟墓"。比如，购买的原材料在生产过程中产生的排放、销售出去的产品在使用过程中产生的排放等。

企业应分别核算范围一和范围二的排放情况。为了提高透明度或比较不同时期的排放情况，企业还可以进一步细分排放数据。例如，企业可以按照业务单元/设施、国家、排放源类型（固定燃烧源、工艺排放、临时排放等）和活动类型（电力生产、电力消耗、出售给最终用户的外购电力的生产等）进行细分。

除六种《京都议定书》规定的气体外，各企业也可提供其他温室气体（如《蒙特利尔议定书》规定的气体）的排放数据，从而为《京都议定书》规定的温室气体排放水平的变化提供充分的说明。例如，从一种氟氯碳化物（CFC）改为一种氢氟碳化物（HFC），会导致《京都议定书》中规定的气体排放量增加。《京都议定书》规定的六种气体以外的温室气体排放信息，可在温室气体公开报告中独立于各范围单独报告。

（二）企业温室气体主要排放源

在企业碳排放统计核算过程中，由于行业差异、企业性质差异，企业温室气体排放源不尽相同。本书将着重介绍能源，金属，化工，非金属，纸浆和造纸，生产 HFC、全氟碳化物（PFCs）、SF_6 和 HCFC-22，生产半导体，废弃物，其他行业企业温室气体主要排放源（见附录二中的表 1）。

第5章 工业能源消费碳排放统计核算体系

我国经济持续增长与快速工业化引发的能源消费急剧增长，导致温室气体尤其是能源消费性温室气体的排放问题日趋严重。本章将首先阐述企业能源消费温室气体排放基本概况，在此基础上设计工业能源消费温室气体排放统计指标体系，最后研究与探讨新能源温室气体排放统计核算方法，为将来能够真正厘清我国温室气体排放情况奠定坚实基础。值得注意的是，能源消费包括燃烧煤和原料煤，本部分只算燃烧煤，原料煤应该作为工艺过程计算。工业温室气体排放分为工业能源消费温室气体排放和工业生产过程温室气体排放，本章主要论及有关工业能源消费温室气体排放的核算，关于工业生产过程温室气体排放将在第6章完成。

5.1 工业能源消费碳排放概述

本节将从三个方面，即工业能源消费相关概念的界定、能源及能源消费的种类、工业能源消费的温室气体排放状况，对工业能源消费温室气体排放基本概况进行阐述。

一 工业能源消费相关概念的界定

（一）能源的概念

关于能源的概念，各国界定的角度并不完全相同。比如，《科学技术百科全书》认为，"能源是可从其获得热、光和动力之类能量的资源"；《大英百科全书》认为，"能源是一个包括所有燃料、流水、阳光和风的术语，人类用适当的转换手段便可让它为自己提供所需的能量"；《日本大百科全书》认为，"在各种生产活动中，我们可利用热能、机械能、光能、电能等来做功，可利用来作为这些能量源泉的自然界中的各种载体，称为能源"；中国的《能源百科全书》则认为，"能源是可以直接或经转换提供人类所需的光、热、动力等任何一种形式能量的载能体资源"。尽管各方见解有所不同，但能取得一致的观点是：能量包括了多种形式的能量来源，各种形式的能量之间可以相互转化。简言之，能源（energy source），也就是能量资源或能源资源，是自然界中能为人类的生产和生活提供诸如热量、电能、光能和机械能等形式能量的物质的统称。能源是一个国家国民经济的重要物质基础，决定了这个国家的经济命脉。世界各国无不为了保障能源安全竭尽全力甚至多次发动战争。能源的开发和利用程度以及人均消费量是衡量人类生产技术、生活水平以及科技革新的重要指标。

（二）能源消费及工业能源消费

所谓"能源消费"，是指一定时期（如年度或者若干年累计）和一定范围（如一国或全世界）内，物质生产部门、非物质生产部门和居民生活对各种能源的耗用。工业能源消费指工业生产企业的能源消费。一个国家和地区的能源消费与发展水平、经济结构、经济体制、技术水平、能源结构、人口、气候条件等因素紧密相关。总体而言，经济越发达，人均能源消费水平越高。

从能源系统的角度看，能源消费是与能源开发、加工、转换、输送、储存等概念并列的终端消费，是能源系统中与生产活动和生活活动结合最紧密、覆盖面最大的重要领域。能源消费一般是指最终用能设备的消费，即终端能源消费。

二　能源及能源消费的种类

（一）能源的种类

根据形态特征或转换和应用水平对能源进行分类，世界能源理事会（WEC）将能源划分为固体燃料、液体燃料、气体燃料、太阳能、水能、风能、电力、生物质能、核能、海洋能和地热能等。其中，前三个类型即固体燃料、液体燃料和气体燃料统称为化石燃料或化石能源，其余类型被称为非化石燃料或非化石能源。上述已被人类认识的各种能量，在一定条件下可以根据人们的需求在各种形式之间相互转换。比如，薪柴和煤炭加热到足够的温度后就可以与空气中的氧气结合，释放出或者说转换成大量的热能。人类可以继续用热能来加热从而产生蒸汽（这也是一种热能），蒸汽可以驱动蒸汽轮机，进而将热能转化为机械能；也可以用蒸汽轮机带动发电机，使机械能继续转变成电能；如果将电力输送到工厂、企业、政府机关、农牧林区和家庭，则可转换为机械能、光能或热能。经过人类的不断开发与研究，更多形式的新能源类型不断产生，以满足人类日益增长的能源需求。

除了上述世界能源理事会按能源形态特征对能源的分类，还可以根据其他不同的划分方式，将能源分为不同的类型。

1. 根据能源产生方式分为一次能源和二次能源

一次能源是指从自然界直接取得、未经改变或转变而直接为人类所利用的能源，因此也被称为天然能源。一次能源很多，如原煤、原油、天然气、水能、风能、太阳能、海洋能、潮汐能、地热能、天然铀矿等都属于一次能源。

根据短期内的可再生情况，一次能源又可进一步分为可再生能源和不可再生能源。凡是在自然界中可以不断得到补充或能在较短周期内循环产生的能源就是可再生能源，反之则被称为不可再生能源。太阳能、风能、水能、海洋能、潮汐能及生物质能等是可再生能源；煤、石油和天然气等是不可再生能源。通常，我们认为地热能属于不可再生能源，但从地球内部巨大的蕴藏量来看，其又具有再生的性质。

在一次能源中，煤、石油和天然气这三种能源是一次能源的核心，也被称为化石能源，是全球能源的基础。核能的新发展将使核燃料循环而具有增殖的性质。核聚变的能量比核裂变的能量高出 5~10 倍，核聚变最合适的燃料重氢（氘）又大量存在于海水中，可谓"取之不尽，用之不竭"。核能将是未来能源系统的支柱之一。

二次能源是指由一次能源经过加工转换以后得到的能源，包括电能、汽油、柴油、液化石油气和氢能等。二次能源又可以分为"过程性能源"和"含能体能源"，电能就是应用最广的过程性能源，而汽油和柴油是目前应用最广的含能体能源。

2. 根据能源性质分为燃料型能源和非燃料型能源

燃料型能源是指煤炭、石油、天然气、泥炭、木材等。人类对能量而非体力的利用始于火，人类找到的第一种燃料是木材，后来开发利用了诸如煤炭、石油、天然气、泥炭等各种化石燃料。非燃料型能源包括水能、风能、地热能、海洋能等不能燃烧的能源。人类现在正研究如何更好地利用太阳能、地热能、风能、潮汐能、核能等新型能源。

3. 根据能源使用类型分为常规能源和新型能源

技术成熟、使用普遍的能源被称为常规能源或传统能源，包括一次能源中的可再生的水和不可再生的煤、石油、天然气等资源。

新型能源是指除传统能源以外的各种非常规能源，往往处于新近利用或正在着手开发中。常见的新型能源包括太阳能、风能、地热能、海洋能、生物能、氢能以及用于核能发电的核燃料等能源。由于新型能源的能量密度较小，或品位较低、稳定性不够以及转化利用的经济性仍较差等原因，大部分新型能源还处于研发攻坚阶段，尚未成为主流能源。但新型能源最大的优势在于其可再生性（大部分新型能源是可再生能源），其资源丰富、分布广泛，发展前景良好。

4. 根据能源消费后是否造成环境污染分为污染型能源和清洁型能源

污染型能源包括煤、石油等，清洁型能源包括水能、太阳能、风能、电能和核能等。天然气被认为是从化石能源到可再生能源的"桥梁能源"，属于清洁型能源范畴。

5. 根据是否进入能源市场作为商品销售分为商品能源和非商品能源

凡是能够进入能源市场作为商品销售的能源就是商品能源，包括煤、石油、天然气和电等大部分常见的能源品种。非商品能源主要指薪柴和农作物残余（秸秆等）。国际上的统计数字均限于商品能源（非商品能源过于分散，难以统计）。

（二）　能源消费的种类

能源消费可以按不同的分类标准来界定。

按用途属性划分，能源消费可以分为生产消费和生活消费，推动我国能源消费革命研究的广义的能源生产消费包括第一、第二、第三产业耗用的全部能源；狭义的能源生产消费只包括第一、第二产业和生产性服务业耗用的能源。广义的能源生活消费包括生活性服务业和居民生活耗用的能源，狭义的能源生活消费限定为居民生活用能。

按部门划分，能源消费可以分为工业能源消费、建筑能源消费、交通运输能源消费等。其中，工业能源消费指工业生产企业的能源消费；

建筑能源消费指与宾馆、餐厅、体育场馆、政府办公楼、住宅等建筑物使用相关的照明、采暖、空调等能源消费；交通运输能源消费指公路、铁路、民航、水运、管道运输等部门的能源消费。

按消耗的能源品种划分，能源消费可以分为煤炭消费、石油消费、天然气消费、电力消费、热力消费等。

三　工业能源消费的温室气体排放

大量研究表明，全球气候变化的主要原因是人类活动带来的温室气体排放特别是 CO_2 排放急剧增加。中国正处在工业化和城市化进程快速推进的阶段，工业生产中大量的能源消费所引致的温室气体排放将持续增加。

据国家统计局统计，2021 年我国全年能源消费总量达到 52.4 亿吨标准煤，是名副其实的排放大户。我国在《强化应对气候变化行动——中国国家自主贡献》中提出，到 2030 年，我国非化石能源占能源消费总量的比重将提高到 25% 左右，该目标可谓任重而道远。可喜的是，近年来我国新能源无论是技术突破还是投资，都有了长足的进步。2022 年，生态环境部发布的《中国应对气候变化的政策与行动 2022 年度报告》显示，经初步核算，2021 年，中国非化石能源占一次能源消费的比重达到 16.6%，风电、太阳能发电总装机容量达到 6.35 亿千瓦。为实现"双碳"目标，有效应对气候变化，迫切需要开展包括新能源在内的工业能源消费及其温室气体排放数据的统计核算。

能源生产和消费活动是温室气体的重要排放源，因为能源活动并不涉及含氟气体排放，仅涉及 CO_2 排放、CH_4 排放以及 N_2O 排放。以下仅从工业行业层面来探讨能源消费的三种温室气体排放。

（一）工业能源消费的 CO_2 排放

CO_2 排放主要集中在能源活动和工业生产过程中，其中能源活动 CO_2 的主要排放源为化石燃料燃烧。根据有关清单的统计数据，能源消费 CO_2 排放中，工业、建筑业的化石燃料燃烧排放最多，其次是交通运输业和服务业的化石燃料燃烧排放，居民生活和农业的化石燃料燃烧的 CO_2 排放比重较小。因此，工业能源消费的 CO_2 排放以工业化石能源消费排放为主。

（二）工业能源消费的 CH_4 排放

CH_4 排放主要集中在能源活动、农业活动及废弃物处理领域，其中能源活动 CH_4 的主要排放源为交通运输业化石燃料燃烧以及生物质燃烧。根据有关清单关于 CH_4 排放的统计数据，能源消费 CH_4 排放以生物质燃烧排放占绝大部分，交通运输业化石燃料燃烧的 CH_4 排放比重较小。在工业能源消费中，化石燃料燃烧未涉及 CH_4 排放。因此工业能源消费的 CH_4 排放以生物质燃烧排放为主。

（三）工业能源消费的 N_2O 排放

N_2O 排放主要集中在能源活动和农业活动领域，其中能源活动 N_2O 的主要排放源为交通运输业化石燃料燃烧以及生物质燃烧。根据有关清单关于 N_2O 排放的统计数据，交通运输业化石燃料燃烧和生物质燃烧排放各占一半左右。交通运输业能源消费的 N_2O 排放不在本章讨论范围。在工业能源消费中，化石燃料燃烧同样未涉及 N_2O 排放。因此，工业能源消费的 N_2O 排放以生物质燃烧排放为主。

综上所述，工业能源消费的温室气体排放以 CO_2 排放为主，而工业能源消费 CO_2 排放又以工业化石能源消费排放为主。此外，由于在工业能源消费中化石燃料燃烧不涉及 CH_4 和 N_2O 排放，因此工业能源消费的 CH_4 排放以及 N_2O 排放均以非化石能源生物质燃烧排放为主。

5.2　工业能源消费碳排放统计边界及量化方法[①]

工业能源消费温室气体排放统计的边界包括被统计的工业企业的组织边界和运行边界，本节关于统计边界的界定也是围绕这两个部分展开的。考虑到工业能源消费的温室气体排放以 CO_2 排放为主，本节将主要介绍 CO_2 排放的量化方法。

一　被统计企业的组织边界和运行边界

（一）组织边界

本节讨论的组织边界针对的是规模以上工业企业（规模以下工业企

①　本节内容的撰写参考《工业企业温室气体排放量化通用指南》。

业排放属于区域维度排放）。

（二）运行边界

工业能源消费温室气体排放包括直接温室气体排放和间接温室气体排放。其中，工业能源消费直接温室气体排放包括固定燃烧设施（如锅炉、工业窑炉等）和服务于生产的移动排放设施（如采矿车等）运行过程中产生的燃烧排放。工业能源消费间接温室气体排放仅包括外购电力消耗产生的温室气体排放。

二 工业能源消费温室气体排放量化方法

考虑到工业能源消费的温室气体排放以 CO_2 排放为主，此处工业能源消费温室气体排放量化方法以 CO_2 排放为例，CH_4 和 N_2O 排放量化方法与此相同，不另列举。

（一）工业能源消费温室气体 CO_2 排放总量量化

工业企业温室气体 CO_2 排放总量 E_{CO_2} 的计算公式为：

$$E_{CO_2} = E_{CO_2,能源直接排放} + E_{CO_2,能源间接排放} \qquad (5-1)$$

（二）直接温室气体 CO_2 排放量化

温室气体 CO_2 直接排放计算公式为：

$$E_{CO_2,能源直接排放} = E_{CO_2,固定燃烧源} + E_{CO_2,移动源} \qquad (5-2)$$

1. 固定设施温室气体 CO_2 排放

一般采用排放因子法来量化核算固定设施的化石燃料燃烧带来的直接温室气体 CO_2 排放，具体公式为：

$$E_{CO_2,固定燃烧源} = \sum (AD_{燃料,i} \times EF_i \times \eta_i) \qquad (5-3)$$

其中：

$E_{CO_2,固定燃烧源}$ ——固定设施中化石燃料燃烧产生的 CO_2 排放（t）；

$AD_{燃料,i}$ ——固定设施中燃料 i 的活动水平数据（TJ），活动水平数据=消耗化石燃料量（t 或 Nm^3）× 低位发热值（TJ/t 或 TJ/Nm^3）；

EF_i ——固定设施中化石燃料 i 燃烧的排放因子（t-CO_2/TJ）；

η_i ——燃料 i 燃烧的氧化因子。

相关燃料低位发热值、固定设施 CO_2 排放因子及其碳氧化率见下一节。

2. 移动源温室气体 CO_2 排放

移动源温室气体 CO_2 排放计算公式为：

$$E_{CO_2,移动源} = Q_{燃料,i} \times EF_{移动源,i} \tag{5-4}$$

其中：

$E_{CO_2,移动源}$——用于生产的移动排放设施运行产生的 CO_2 温室气体排放；

$Q_{燃料,i}$——移动源消耗燃料 i 的活动水平数据（TJ），活动水平数据＝消耗燃料量（t 或 Nm^3）×低位发热值（TJ/t 或 TJ/Nm^3），燃料热值参见下一节；

$EF_{移动源,i}$——移动源排放因子（t-CO_2/TJ），移动源排放因子见下一节。

（三）间接温室气体 CO_2 排放量化

此部分指由于净外购电力等产生的温室气体 CO_2 排放，计算公式为：

$$E_{CO_2,能源间接排放} = EG_{电量} \times EF_{电网因子} \tag{5-5}$$

其中：

$E_{CO_2,能源间接排放}$——外购电力产生的 CO_2 排放量（t）；

$EG_{电量}$——报告期内外购电量（MW·h）；

$EF_{电网因子}$——电网排放因子 OM 值（t-CO_2/MW·h），OM 指电量边际排放因子，参见国家发改委发布的《中国区域电网基准线排放因子》中的华中区域电网的 OM 值。

5.3　工业能源消费碳排放统计指标体系

在实践中，基于能源表观消费量计算的排放数据可能会有重复计算的问题。统计不同工业行业不同类型的能源消费，可以较大程度地避免由能源非燃料用途造成的重复计算。

一　工业能源消费直接排放指标

工业能源直接温室气体排放覆盖企业生产中各种化石燃料燃烧设施及活动，如电力企业锅炉燃烧排放、水泥行业窑炉燃烧排放等，以及用于生产的移动排放设施如采矿车等的移动燃烧排放；能源包括燃煤、天然气、石油和焦炭等。因此，工业能源消费直接排放指标主要如下。

（一）能源消费量

能源消费量主要是指工业生产中消耗各种能源的数量，涵盖工业生产中固定设施能源消费量和移动源能源消费量。企业需要填报的能源品种及其计量单位、换算系数等详见表5-1。

表5-1　工业企业能源品种填报目录

能源名称	计量单位	代码	液体比重与重量换算	参考折标系数	参考发热值
原煤	吨	01	—	—	—
1. 无烟煤	吨	02	—	0.9428	6000 千卡/千克以上
2. 炼焦烟煤	吨	03	—	0.9	6000 千卡/千克以上
3. 一般烟煤	吨	04	—	0.7143	4500~5500 千卡/千克
4. 褐煤	吨	05	—	0.4286	2500~3500 千卡/千克
洗精煤	吨	06	—	0.9	6000 千卡/千克以上
其他洗煤	吨	07	—	0.5	2500~4000 千卡/千克
煤制品	吨	08	—	0.5286	3000~5000 千卡/千克
焦炭	吨	09	—	0.9714	约 6800 千卡/千克
其他焦化产品	吨	10	—	1.1~1.5	7700~10500 千卡/千克
焦炉煤气	万立方米	11	—	5.714~6.143	4000~4300 千卡/米^3
高炉煤气	万立方米	12	—	1.286	约 900 千卡/米^3
转炉煤气	万立方米	13	—	2.714	约 1900 千卡/米^3

续表

能源名称	计量单位	代码	液体比重与重量换算	参考折标系数	参考发热值
发生炉煤气	万立方米	14	—	1.786~5.4286	1250~3800 千卡/米³
天然气（气态）	万立方米	15	—	12.9971	约 9300 千卡/米³
液化天然气（液态）	吨	16	—	1.7572	约 12300 千卡/米³
煤层气（煤田）	万立方米	17		11	约 7700 千卡/米³
原油	吨	18	0.86 千克/升	1.4286	约 10000 千卡/千克
汽油	吨	19	0.73 千克/升	1.4714	约 10300 千卡/千克
煤油	吨	20	0.82 千克/升	1.4714	约 10300 千卡/千克
柴油	吨	21	0.86 千克/升（轻）0.92 千克/升（重）	1.4571	约 10200 千卡/千克
燃料油	吨	22	0.91 千克/升	1.4286	约 10000 千卡/千克
液化石油气	吨	23	—	1.7143	约 12000 千卡/千克
炼厂干气	吨	24	—	1.5714	约 11000 千卡/千克
其他石油制品	吨	50	—	—	—
1. 石脑油	吨	25		1.5	约 10500 千卡/千克
2. 润滑油	吨	26		1.4143	约 10030 千卡/千克
3. 石蜡	吨	27		1.3648	约 9550 千卡/千克
4. 溶剂油	吨	28		1.4672	约 10270 千卡/千克
5. 石油焦	吨	29		1.0918	约 7640 千卡/千克
6. 石油沥青	吨	30		1.3307	约 9310 千卡/千克
7. 其他	吨	31	—	1.4	约 9800 千卡/千克
热力	百万千焦	32	—	0.0341	—
电力	万千瓦时	33	—	1.229（当量）3.0（等价）	860 千卡/千瓦时

续表

能源名称	计量单位	代码	液体比重与重量换算	参考折标系数	参考发热值
其他燃料	吨标准煤	60	—	—	—
1. 煤矸石用于燃料	吨	34	—	0.1786	约 2000 千卡/千克
2. 城市生活垃圾用于燃料	吨	35	—	0.2714	约 1900 千卡/千克
3. 生物质废料用于燃料	吨	36	—	0.5~1.5	1900~10500 千卡/千克
4. 其他工业废料用于燃料	吨	38	—	0.4285	约 3000 千卡/千克
5. 其他	吨标准煤	39	—	1	7000 千卡/吨标准煤
沼气	—	—	—	0.7857~0.8286	5500~5800 千卡/米^3
蔗渣（干）	—	—	—	0.5	约 3500 千卡/千克
树皮	—	—	—	0.3857	约 2700 千卡/千克
玉米棒	—	—	—	0.6571	约 4600 千卡/千克
薪柴（干）	—	—	—	0.4286	约 3000 千卡/千克
稻壳	—	—	—	0.4571	约 3200 千卡/千克
锯末刨花	—	—	—	0.3857	约 2700 千卡/千克
余热余压	百万千焦	37	—	0.0341	—

资料来源：参考《省级温室气体清单编制指南（试行）》。

（二）低位发热值

燃料的低位发热值优先采用经主管机构认可的检验机构测定值或企业实测值，如无法获得可采用附录三表 1 中的推荐值。

（三）排放因子

工业中的固定设施通常有锅炉、窑炉等。固定设施燃料由于在燃烧过程中并非所有的碳都会转化为二氧化碳，一些碳可能会留在灰烬中，因此核算固定设施 CO_2 排放量时不仅要填报其排放因子，还要填报其碳氧化率。

1. 固定设施 CO_2 排放因子

固定设施 CO_2 排放因子优先采用经主管机构认可的检验机构测定值或企业实测值，如无法获得可采用附录三表 1 中的推荐值。

2. 固定设施碳氧化率

固定设施碳氧化率优先采用经主管机构认可的检验机构测定值或企业实测值，如无法获得可采用附录三表 2 中的推荐值。

3. 移动源 CO_2 排放因子

移动源 CO_2 排放差异较小，其 CO_2 排放因子可采用附录三表 3 中的推荐值。

考虑到生物质燃料燃烧的 CH_4 和 N_2O 排放与燃料种类、燃烧技术和设备类型等因素紧密相关，此处生物质燃料燃烧的 CH_4 和 N_2O 排放依旧采用设备法核算，由企业填报相关排放因子。

4. CH_4 排放因子和 N_2O 排放因子

受地理环境、气候条件、生物质储存量的影响，生物质燃料 CH_4 的排放因子和 N_2O 的排放因子都存在非常明显的差异，建议优先采用当地的实测因子。如实测有困难，可参考国内相关研究的结论，如附录三中的表 4 所示，也可以采用《2006 年 IPCC 国家温室气体清单指南》推荐的缺省值。

二　工业能源消费间接排放指标

工业能源间接温室气体排放是指外购电力消费造成的温室气体排放。尽管火力发电企业燃烧化石燃料直接产生的 CO_2 排放与电力产品调入调出隐含的 CO_2 排放（也就是能源间接排放）有着本质的区别，但考虑到电力产品的特殊性以及科学评估非化石燃料电力对减少 CO_2 排放的贡献，需要核算由电力调入带来的二氧化碳间接排放量。工业能源消费间接排放指标主要如下。

（一）外购电力量

外购电力量数据可以从各省能源平衡表或电力平衡表中获得，并以千瓦时为单位。微观企业层面也都有较为清晰的记录。

（二）电网排放因子

我国电网运行遵循的是统一调度、分级管理的原则，为了既能反映不同地区电源结构特点，又便于确定区域电网的供电平均排放因子，可以按区域电网边界划分（分为东北、华北、华东、华中、西北和南方电网），区域电网供电平均排放因子可由上述电网内各省份发电厂的化石燃料 CO_2 排放量除以电网总供电量获得，并以千克 CO_2/千瓦时为单位。具体可参见国家发改委发布的《中国区域电网基准线排放因子》中的华中区域电网的 OM 值，或参见附录三中的表 5。

5.4　新能源二氧化碳减排统计核算

一　新能源概念解析

新能源是与传统能源相对的概念，目前尚未形成统一的认识，有代表性的概念解析如下。按照 1978 年第 33 届联合国大会决议，新能源和可再生能源包括 14 种：太阳能、地热能、风能、潮汐能、海水温差能、波浪能、木柴、木炭、泥炭、生物质转化、蓄力、油页岩、焦油砂及水能。[①] 2009 年，《新兴能源产业发展规划》指出，新能源主要包括风能、太阳能、生物质能等。根据《现代汉语词典》，新能源即"非常规能源"，指刚开发利用，但限于当前技术、经济水平尚未广泛推广的能源，如太阳能、地热能、风能、海洋能、核能等。

在不同的历史阶段，由于科学技术水平的不断提高，新能源的内涵不断拓展和改变，结合我国能源开发利用水平，"中国新能源网"[②] 指出，新能源包括太阳能（太阳能集热、太阳能热发电、光伏发电）、生物质能（生物质发电，包括生活垃圾发电和农林残留物发电；生物燃料，包括生物质乙醇和生物质柴油、沼气、秸秆致密等）、风电、地热能、海洋能、核能等。

---

① 王春梅，刘才章，周仕强. 节能减排对策略论 [J]. 绿色科技，2011 (5)：199-200.
② http://www.china-nengyuan.com/.

二　国内外新能源发展概况

（一）太阳能发展现状

在全球范围内，随着可持续发展、循环发展和低碳发展观念不断深入人心，全球太阳能开发利用规模快速扩大，技术推陈出新，成本显著下降，发展前景乐观。目前，光伏发电处于规模化发展阶段，太阳能已成为许多国家的重要新兴产业，欧美、日本、中国等传统光伏电力市场持续高速增长，东南亚、拉美、非洲等光伏电力市场快速启动。就太阳能热发电行业的发展而言，商业太阳能热发电项目已在多个国家完成。太阳能热发电可调节电源的潜在优势已被开发出来。在太阳能热利用方面，应用领域不断刷新，普及的领域包括生活热水、工农业生产和供暖制冷。

2012 年，美国和欧盟先后对中国的光伏产业发起了"反倾销""反补贴"调查，并裁定加征高额关税，国内光伏产业一度经营困难。2013年，国务院出台《关于促进光伏产业健康发展的若干意见》，推动完善光伏产业政策体系，光伏技术取得显著进步，中国太阳能光热发电技术和设备实现了历史性突破，市场占有率明显提高。名为中控德令哈的 50兆瓦塔式光热电站已投入运营，相应产业链已初具雏形。太阳能热利用继续稳步发展，并且正在向采暖、制冷、工农业供热等领域拓展。2021年，工信部修订完善了《光伏制造行业规范条件（2021 年本）》和《光伏制造行业规范公告管理暂行办法（2021 年本）》，进一步推动光伏行业整体更加规范化发展。

（二）生物质能发展现状

生物质能以其成熟可推广的技术，在应对全球变暖、能源供需不平衡、人与自然和谐发展等方面作用显著，是全球继石油、煤炭、天然气之后的第四大能源，是世界上应用广泛的重要新能源，已成为国际能源转型的中坚力量。

生物质能是可再生能源当中唯一具备多元化利用可能的能源品类，可转化为固体燃料（直接燃烧）、液体燃料（生物乙醇、生物柴油和生物航煤等）和气体燃料（沼气、生物天然气、一氧化碳和氢气等），通常主要用于发电、供热（制冷）、交通燃料和工业原料等。我国生物质资源丰富但开发严重不足，未来能源利用和发展潜力巨大。农作物秸秆及农产品加工残渣、林业秸秆及能源作物、生活垃圾及有机废弃物等可作为能源利用的生物质资源总量每年约为 4.6 亿吨标准煤，而当前利用量仅实现了 0.6 亿吨标准煤。

（三）风电发展现状[①]

从全球来看，作为发展最快的新能源发电技术，风电已处在规模化应用阶段，得到广泛应用与推广。2015 年，全球电力系统建设发生结构性转变，可再生能源发电新增装机容量首次超过常规能源发电新增装机容量，其中风能行业进入快速发展期，全球风电新增装机容量快速上升。2015 年，西班牙、丹麦和德国用电量的 19%、42% 和 13% 集中在风电。目前，部分国家的新增电力供应主要集中在风电。2021 年全球新增风电装机容量为 93.6GW，其中陆上风电新增装机容量为 72.5GW，海上风电新增装机容量为 21.1GW。截至 2021 年末，世界范围内风电累计装机容量达到 837GW，较上一年增长 12%。随着低碳循环发展共识被越来越多的国家认可，以欧美为代表的国家不断提升未来风电占用电量的比例。丹麦、德国等发达国家在远期发展规划中，提出到 2050 年实现高比例可再生能源发展目标，并把风电能源设为开发的重中之重。美国在远期发展规划中，提出到 2030 年用电量的 20% 由风电供应。全球范围内，风电开发的经济效益显著增加，巴西、埃及、南非等国家的风电招标电价甚至低于该国的传统化石能源上网电价。

我国新增电力装机的重要组成部分是风电。2011~2015 年，我国风电新增装机容量连续五年排世界第一。2021 年，全国风电并网装机容量突破 3 亿 kW，占全国总装机量的 13.9%，风电利用率达 96.9%，产业技术水平在全球居领先地位。风电全产业链实现国产化，产业集中度持续提高。风电设备具有世界先进技术和高可靠性能，其发电量不但能满足国内市场的用电需求，还能出口到 28 个国家或地区。我国风电机组高海拔、低温等特殊环境的适应性以及并网友好性大幅提高，低风速风电开发的技术经济成效显著。

---

① 注：本部分数据来自《全球电力发展指数研究报告（2022）》。

（四）地热能发展现状

相比风能、太阳能等可再生能源，地热发电不仅利用效率高，且不易受到天气、光照、季节影响，可连续稳定地输出电能。2020 年《中国城市能源周刊》指出，从国际经验看，地热发电量平均年可利用可达 6300 小时，先进机组可达 8000 小时。可见，地热发电拥有良好的发展前景。2017 年，国家发改委、国家能源局和国土资源部发布了《地热能开发利用"十三五"规划》，这是我国第一份地热能开发利用的专项规划。根据该规划，到 2020 年我国地热发电装机容量将达到约 530 兆瓦。虽然该目标并未实现，但是地热能开发走上了"快车道"。浅层和水热型地热能供暖（制冷）技术已基本成熟。浅层地热能应用主要使用热泵技术，2004 年以来，热泵技术年增长率超过 30%，在全国范围内应用推广；在区域分布方面，主要集中在北京、天津、河北等华北和东北南部，占比高达 80%。截至 2020 年底，我国地热能供暖（制冷）面积累计高达 13.9 亿平方米，在全球遥遥领先。2021 年，国家能源局发布了《关于促进地热能开发利用的若干意见》，规划 2025 年全国地热能供暖（制冷）面积比 2020 年还要增加 50%，全国地热能发电装机容量比 2020 年翻一番；到 2035 年，地热能供暖（制冷）面积及地热能发电装机容量力争比 2025 年翻一番。地热能的发展潜力可见一斑。

（五）海洋能发展现状

海洋能是一种依附在海水中的可再生能源，通过各种物理过程接收、储存和散发能量，无须人力就可以循环再生。常见的海洋能以潮汐能、波浪能、温差能、盐差能、海流能等形式存在于海洋之中。由于海洋能具有可再生性和不污染环境等优点，因此它是一种亟待开发的具有战略意义的新能源。海洋能的利用是指利用一定的方法、设备把各种海洋能转换成电能或其他可利用形式的能。在各种形式的海洋能中，潮汐能和波浪能的发电潜力最大，分别占比 58% 和 39%。根据国际可再生能源署（IRENA）的数据，所有海洋能源技术的发电潜力总和为 45000～130000 太瓦时（TW·h），这意味着海洋能源可以满足目前全球电力需求的 2 倍以上。到目前为止，海洋能还在研发的初期，全球海洋能发电装机容量仅有 530 兆瓦。目前正在建设的潮汐流和波浪项目可能在未来 5 年内再增加 3 吉瓦的装机容量，其中大部分在欧洲（55%）、亚太地区（28%）以及中东和非洲（13%）。在激励措施适当和监管框架到位的情况下，IRENA 预计到 2030 年全球海洋能源装机容量将达到 10 吉瓦。我国大陆海岸线长 1.8 万多千米，大陆沿岸和海岛附近蕴藏着较为丰富的海洋能资源，但目前尚未得到充分开发。2016 年，《海洋可再生能源发展"十三五"规划》是我国首部海洋能发展转型规划，为我国海洋能的未来发展指明了方向。2017~2020 年，全球海洋能市场融资规模逐年扩大，其中 2020 年全球海洋能市场的融资金额达到 3.6 亿美元，相较 2019 年增长 9%。[①] 我国潮汐能装机规模也不断扩大，截至 2019 年底，全国潮汐能电站总装机达 4350 千瓦，累计发电量超 2.38 亿千瓦时。此外，我国波浪能应用领域不断扩展，已处于国际先进水平。[②]

（六）核能发展现状

受日本福岛核电站事故的负面影响，全球核电发展处在徘徊犹豫状态。各国纷纷调整了原有的核能发展政策和发展规划，例如，比较极端的负面影响为德国核电业的发展，德国计划截至 2022 年将国内所有的核电站关闭；事故发生国日本也在事故后，迅速将国内 43 座在营核电机组予以关停。同时，鉴于核能的良好经济和环境生态效益，还有部分核电大国和新兴国家仍坚持将核电作为低碳能源发展的方向。

近年来，我国驶入核电发展的"快车道"。2022 年第二十九届国际核工程大会披露，截至 2022 年 6 月，我国在运核电机组 54 台，总装机容量达到 5560 万千瓦，在建核电机组 23 台，在运在建核电机组总数居全球第二（在建机组装机容量为 2419 万千瓦，连续多年保持全球第一）。核电在优化我国能源结构、保障能源安全、促进减排、应对气候变化等方面发挥着重要作用。党的二十大报告提出，要积极安全有序发展核电。

三　主要新能源二氧化碳减排统计核算

（一）碳减排统计核算方法

目前，二氧化碳减排量的主要计算方法包括生命周期评价法（Life Cy-

---

① 数据来源于《2021—2026 年海洋能源发电行业深度分析及投资战略研究咨询报告》。
② 数据来源于《中国海洋能行业"十四五"发展趋势与投资机会研究报告》。

cle Assessment，LCA）和 清洁发展机制（Clean Development Mechanism，CDM）方法学。

1. 生命周期评价法

生命周期评价法的首次应用是 1969 年美国中西部研究所受可口可乐委托对其饮料容器进行追踪。美国中西部研究所从最初的原材料采掘开始，一路跟踪到废弃物处理的全过程，根据采集到的数据开展了定量分析。至此，生命周期评价法作为一种新的环境管理工具和预防性环境保护手段进入人们的视野。生命周期评价法是一种主要通过确定和定量化研究能量和物质利用及废弃物的环境排放来评估产品、工序和生产活动造成的环境负载，评价能源材料利用和废弃物排放的影响以及评价环境改善的方法。尽管其方法学和基准体系仍处于不断的发展之中，尚未形成统一的、得到普遍接受的标准，但这并不妨碍其成为温室气体减排量估算中的重要方法。LCA 的研究边界最为广泛，着眼于产品的整个生命周期，包括原料的开采、运输、加工、使用，以及产品的循环利用或者废弃等全过程，在传统经济中被称为"从摇篮到坟墓"（from cradle to grave），在现代循环低碳经济中被称为"从摇篮到摇篮"（from cradle to cradle）。

LCA 的基本步骤包括。

第一步：追踪并且量化研究对象整个生命周期的各个阶段耗费的能量和物质，以及产品的环境排放。

第二步：逐步记录并细致核算研究对象整个生命周期的各个阶段的能源消耗量和产品环境排放量，制作相关数据清单和核算表格，这一步是生命周期评价法成功与否的关键步骤。

第三步：运用环境卫生学，根据核算结果分析研究对象整个生命周期过程中对环境产生的生态影响和经济影响，并提出减小该环境影响的建议。

18 世纪 60 年代以来，随着工业化进程的加快，社会经济快速发展，环境污染问题和生态退化问题也越来越突出，人类排入自然生态系统的污染物越来越多，甚至超出了自然生态系统的承载力。全球气候变暖、生物多样性减少以及频繁发生的自然灾害让我们意识到我们在不断地蚕食自己的生命，这时，人们需要利用评价方法对其所从事的社会活动进行评价，减小对环境的影响。生命周期评价法应运而生，基于全生命周期的产品/服务碳排放核算标准如下。

（1）《商品和服务在生命周期内的温室气体排放评价规范》

该规范是全球第一个基于生命周期评价法制定的产品碳足迹标准，也是目前应用最为广泛的碳足迹标准，由英国标准协会（BSI）于2008年发布，又称《PAS 2050规范》（2008版）。为了完善碳足迹信息交流和传递机制，英国补充制定了以规范产品温室气体评价为目的的《商品温室气体排放和减排声明的践行条例》，并同时建立了由英国碳信托有限公司的全资子公司碳标识公司负责提供碳足迹标识管理服务的碳标识管理制度，为帮助参与碳足迹项目的企业在其商品包装上标注企业温室气体减排量等数据。在世界各国同类型碳足迹标签评价标准中，有超过1/3的企业选择使用《PAS 2050规范》，ISO 14067标准的编制也是以《PAS 2050规范》为基础，可见《PAS 2050规范》已经逐步走向成熟。

（2）《环境管理生命周期评价原则与框架》与《环境管理生命周期评价要求与指南》

ISO于2006年公布的《环境管理生命周期评价原则与框架》（ISO 14040）和《环境管理生命周期评价要求与指南》（ISO 14044），规定了产品生命周期碳排放核算的范围、功能边界以及基准流程等。目前，中国采用的GB/T 24040—2008和GB/T 24044—2008生命周期评价标准就是从这两项国际标准等同转化而来的。

（3）《产品碳足迹标准》

该标准包括量化/计算（ISO 14067-1）和沟通/标识（ISO 14067-2）两部分。

2. CDM方法学

《京都议定书》规定了减少温室气体排放的三个国际合作机制：清洁发展机制、排放权交易机制和联合履约机制。根据《京都议定书》规定，清洁发展机制是唯一一个发达国家与发展中国家合作的机制，这种合作发生在项目层级。无强制减排义务的发展中国家由于普遍技术落后，减排成本较低，而需要承担强制减排义务的发达国家的减排成本高昂，因此发达国家可以提供资金和技术，帮助发展中国家在一个个具体的"CDM项目"上实施减排。获取的"经核证的减排量"（CERs），可以帮助发达国家缔约方完成其强制性减排承诺。清洁发展机制的核心是由于发展中国家的减排成本比发达国家的减排成本低，允许发达国家和发展中国家进行项目层级的减排量抵销额的转让与获得。简言之，就是用"资金+技术"换取温室气体的"排放权"（指标）。

在 CDM 合作中，履约发达国家通过低碳技术转让帮助发展中国家企业减少温室气体排放即 CERs，然后通过资金购买 CERs，用于实现在《京都议定书》下承诺的减排义务。根据《京都议定书》，CDM 项目被批准的必要条件是，温室气体减排量可以实现长期的、可监测的、额外的统计测算。CDM 方法学包括基准线方法学、确定项目边界和泄漏估算的方法学、减排量和减排成本效益计算的方法学以及监测方法学等，核心步骤如下。

第一步：适用范围和条件，确定减排项目的适用范围和适用条件。

第二步：项目边界，明确项目活动的地点，包括空间边界和时间边界。

第三步：基准线情景识别及额外性论证过程，采用基准线情景识别和额外性论证联合工具予以处理。

第四步：基准线排放，根据基准线方法学确定。

第五步：项目排放，根据监测方法学计算项目排放量、泄漏量和额外性，确定不需要监测的数据和参数以及需要监测的数据和参数。

（二）太阳能和风电碳减排统计核算

1. 太阳能碳减排统计核算

根据国家统计局发布的数据，2021 年 12 月，我国规模以上太阳能发电量为 142 亿千瓦时，同比增长 18.8%。根据 IPCC 2006 年碳排放系数的核算要求，结合电力—标煤—碳排放之间的换算公式，即：

节约 1 千克标准煤 = 减排 2.493 千克二氧化碳 = 减排 0.68 千克碳

可知，到 2020 年，太阳能二氧化碳减排统计量为：

1400 亿千克标准煤 ×2.493 千克二氧化碳 = 减排 3490.2 亿千克二氧化碳

1400 亿千克标准煤 ×0.68 千克碳 = 减排 952 亿千克二氧化碳

可见，将太阳能作为新能源予以开发利用，碳减排量大，环境效益显著。

2. 风电碳减排统计核算

根据国家能源局印发的《风电发展"十三五"规划》，规划到 2020 年底，预计全国风电年发电量达到 4200 亿千瓦时，相当于每年节约 1.5 亿吨标准煤，约占全国总发电量的 6%，为实现非化石能源占一次能源消费比重达到 15% 的目标提供强有力的支撑。[①] 根据 IPCC 2006 年碳排放系数的核算要求，结合电力—标煤—碳排放之间的换算公式，即：

1500 亿千克标准煤 ×2. 493 千克二氧化碳 = 减排 3739. 5 亿千克二氧化碳

1500 亿千克标准煤 ×0. 68 千克碳 = 减排 1020 亿千克二氧化碳

因此，将风电作为新能源予以开发利用，对控制温室气体排放和减轻大气污染意义重大，环境效益显著。

（三）生物质能碳减排统计核算——以垃圾焚烧发电项目为例

生物质能产业的环境效益显著。2016 年，国务院印发的《"十三五"生态环境保护规划》显示，"十三五"大中型城市将重点发展生活垃圾焚烧发电技术，鼓励区域共建共享焚烧处理设施。[②] 鉴于垃圾焚烧发电将是未来发展的重点，结合我国生物质能的发展现状，本章将以垃圾焚烧发电项目为例介绍生物质能项目碳减排统计核算方法及其应用。

1. 基于生命周期评价法的碳减排统计核算

垃圾焚烧发电项目中垃圾焚烧发电替代部分燃煤发电，根据 LCA 法，垃圾焚烧发电引起的碳减排量（$C_{reduction}$）[③] 主要指垃圾填埋产生的排放量（C_{stack}）+同等电量标准煤生命周期碳排放量（C_{coal}）-垃圾焚烧发电产生的排放量（C_{waste}），即：

$$C_{reduction} = C_{stack} + C_{coal} - C_{waste} \tag{5-6}$$

其中，$C_{reduction}$、C_{stack}、C_{coal} 和 C_{waste} 的单位为 tCO_2e。

2. 垃圾填埋产生的排放量

垃圾填埋产生的排放量计算公式为：

---

① http://www.nea.gov.cn/2016-11/29/c_135867633.htm.

② http://www.gov.cn/zhengce/content/2016-12/05/content_5143290.htm.

③ 赵磊，陈德珍，刘光宇，等. 垃圾热化学转化利用过程中碳排放的两种计算方法 [J]. 环境科学学报，2010，30（8）：1634-1641.

$$C_{stack} = GWP_{CH_4} \times MSN \times \rho_{CH_4} \times \sum_{i=1}^{n} C_{CH_4,i} m_i \times (1 - w_i) \times (1 - a_i) \qquad (5-7)$$

其中：

C_{stack}——垃圾填埋产生的排放量（tCO_2e）；

GWP_{CH_4}——根据 IPCC 第二次评估报告，CH_4 全球变暖潜势值的规定值为 21；

MSN——处理垃圾的总质量（t，以湿重计）；

ρ_{CH_4}——CH_4 的密度，取值为 0.717kg/m³；

$C_{CH_4,i}$——各种垃圾组分的 LCA 产 CH_4 潜力（m³/t）；

m_i——垃圾中各组分含量（%）；

w_i——垃圾含水率（%）；

a_i——垃圾灰分占比（%），本章设定为 45%。

举例来说，某垃圾焚烧发电项目年处理垃圾 33 万吨，垃圾含水率为 50%，其他数据见附录三中的表 6。根据公式（5-7）可得，垃圾填埋产生的排放量为 85548 tCO_2e。

3. 同等电量标准煤生命周期碳排放量

同等电量标准煤生命周期碳排放量计算如下：若垃圾焚烧发电项目年发电量为 116280MW·h，煤发电生命周期的排放因子[①]为 234.019gCO_2/kW·h，则 C_{coal}=116280×234.019×10^{-3}=27212 tCO_2e。

4. 垃圾焚烧发电产生的排放量

垃圾焚烧发电产生的碳排放来自两部分：①垃圾焚烧时释放的 CO_2；②垃圾焚烧发电运行过程中的电耗和飞灰、底渣及烟气处理工艺的 CO_2 排放。垃圾焚烧发电的 CO_2 排放量计算公式为：

$$C_{waste} = C_{burn} + C_{dispose} \qquad (5-8)$$

$$C_{burn} = MSN \times (1 - w_i) \times \sum_{i=1}^{n} C_i \times m_i \times (44/12) \qquad (5-9)$$

其中：

C_{waste}——垃圾焚烧 CO_2 排放量（tCO_2e）；

---

① 夏德建，任玉珑，史乐峰. 中国煤电能源链的生命周期碳排放系数计量［J］. 统计研究，2010，27（8）：82-89.

C_{burn}——垃圾焚烧时释放的 CO_2 量（tCO_2e）；

$C_{dispose}$——垃圾焚烧发电运行过程中的电耗和飞灰、底渣及烟气处理工艺的 CO_2 排放量（tCO_2e）；

MSN——垃圾总质量（t，以湿重计）；

C_i——垃圾各组分 LCA 湿基化石碳含碳量（%）；

m_i——各组分的含量（%）；

w_i——垃圾含水率（%）。

运用该工艺处理 1t 垃圾产生的烟气、飞灰、底渣等的 CO_2 排放为：①选用喷雾干燥法进行烟气净化，烟气、飞灰、底渣等带来的碳排放为 18.73 tCO_2e；②选用绿矾稳定化方法进行飞灰稳定化，烟气、飞灰、底渣等带来的碳排放为 1.28 tCO_2e；③选用磁力分选+破碎+分选进行低渣处置，烟气、飞灰、底渣等带来的碳排放为 0.29 tCO_2e。

运行过程的电耗计入自耗电部分，则垃圾焚烧发电运行过程中的电耗和飞灰、底渣及烟气处理工艺的 CO_2 排放量 $C_{dispose} = 6699\ tCO_2e$。根据式（5-9）可得，垃圾焚烧时释放的 CO_2 量为：

$$C_{burn} = MSN \times (1 - w_i) \times \sum_{i=1}^{n} C_i \times m_i \times (44/12) = 37096 tCO_2e$$

垃圾焚烧发电产生的排放量为：

$$C_{waste} = C_{burn} + C_{dispose} = 43795 tCO_2e$$

因此，根据 LCA 法，垃圾焚烧发电引起的 CO_2 减排量 $C_{reduction} = 68965\ tCO_2e$。

（四）基于 CDM 法的碳减排统计核算

1. 处理方法的依据

垃圾焚烧发电项目温室气体减排计算适用的 CDM 方法学是 ACM0022：通过可选择的垃圾处理方法避免温室气体排放。该方法学是在 CDM 执行理事会的第六十九次会议上批准的。

2. 适用边界

新鲜垃圾处理项目活动使用垃圾处理工艺的选择范围包括堆肥或联合堆肥、厌氧消化、热处理、机械处理、气化和焚烧等，具体见表 5-2。

表 5-2　不同垃圾处理方法的适用条件

项目活动的垃圾处理工艺	被处理垃圾的适用类型	适用范围	适用的垃圾副产品	处理工艺特定的适用条件
堆肥或联合堆肥	• "堆肥的项目和泄漏排放"方法学工具中制定的范围和适用性部分的垃圾类型 • 径流废水 • 不包括医疗和工业废弃物	堆肥，都适用	• 垃圾分类阶段的玻璃、铝、黑色金属和塑料 • 径流废水	"堆肥的项目和泄漏排放"方法学工具中规定的任何适用性条件
厌氧消化	• 废水 • 新垃圾，不包括医疗和工业废弃物	可能产生的沼气，用于发电或产热，也可以并到天然气分布网络	• 垃圾分类阶段的玻璃、铝、黑色金属和塑料 • 径流废水 • 沼渣	"厌氧消化的项目和泄漏排放"方法学工具中规定的任何适用性条件
热处理	新垃圾，不包括医疗和工业废弃物	垃圾衍生燃料/稳定生物质，都适用	• 垃圾分类阶段的玻璃、铝、黑色金属和塑料	
机械处理	新垃圾，不包括医疗和工业废弃物	垃圾衍生燃料/稳定生物质，都适用	• 垃圾分类阶段的玻璃、铝、黑色金属和塑料 • 径流废水	
气化	新垃圾	可能用于发电和/或产热的合成气体	• 气化的副产品（如惰性材料） • 垃圾分类阶段的垃圾、铝、黑色金属和塑料 • 径流废水	
焚烧	新垃圾	电力和/或热能	• 气化的副产品（如惰性材料） • 垃圾分类阶段的玻璃、铝、黑色金属和塑料 • 径流废水	回转窑焚烧技术，旋转流化床，循环流化床，膛式炉和炉排炉；焚烧过程中辅助化石燃料产生的能量不能超过总能量的 50%

3. 项目边界

项目边界是项目活动的场地，即废物处理场地。空间范围包括废物处理设备、现场发电和/或用电设备、燃料消耗设备、产热设备、污水处理厂及填埋场，但不包括废物收集、分类及运输至项目场地。如果将产生的沼气添加到配气系统中，那么配气系统也包括在项目边界内。

4. 碳减排统计核算

根据方法学 ACM0022，项目碳减排量通过如下步骤计算：

第一步：计算项目排放量；

第二步：计算基准线排放量；

第三步：计算泄漏量；

第四步：计算碳减排量。

基于方法学的描述，在第 y 年项目的减排量可表示为：

$$ER_y = BE_y - PE_y - L_y \qquad\qquad (5-10)$$

其中：

ER_y ——第 y 年项目的减排量（tCO_2e）；

BE_y ——第 y 年基准线排放量（tCO_2e）；

PE_y ——第 y 年项目排放量（tCO_2e）；

L_y ——第 y 年泄漏量（tCO_2e）。

第 y 年项目的减排量、基准线排放量、项目排放量和泄漏量的具体确定，详见方法学 ACM0022。

第6章 工艺过程碳排放统计核算体系

6.1 工艺过程碳排放概述

一 工艺过程排放的基本含义

工艺过程是指在工业企业的生产过程中，改变生产对象的形状、大小、位置和性质，将产品加工为成品或半成品的过程，除此之外的其他过程称为辅助过程。工艺过程包括铸造、锻造、冲压、焊接、机械加工、热处理、装配等。

工艺过程排放是指工业企业在进行原料的生产加工过程中，由于燃料燃烧以外的物理或化学变化而产生的温室气体排放，包括水泥生产过程中产生的 CO_2、炼铝产生的 CF_4、化工企业生产过程中产生的 N_2O 等。

二 工业企业工艺过程温室气体排放的计算原则

工业企业温室气体排放与 IPCC 的计算原理和方法是一致的。根据公司的统计报告或者通过分析计算得到的数据来计算排放，鼓励逐步过渡到实际测量值更准确的数据。在没有准确测量资料的情况下，不同燃料的排放因子或相关参数可参考国家统一的规定。温室气体计算应满足"相关性""完整性""一致性""透明性""准确性"的要求，以促进温室气体的量化、监测、报告和验证，减少温室气体（GHG）的排放，促进碳排放贸易，促进温室气体限额或信用贸易。

相关性是指温室气体的计算清单恰当地反映了企业实际温室气体排放情况，满足了统计、管理、报告以及制定节能减排计划等方面的不同需要。完整性是指覆盖整个企业运营范围，有专门的生产工艺和流程。一致性是指用统一的方法，进行运营边界的设定，数据的采集统计、计算和报告，以及对相关因素进行说明。透明性是指有收集资料、计算程序、说明资料的出处，适当地说明所引用的会计计算方法，以及公布相关假设。准确性是指尽量保证在当前已知的范围内，尽可能减少计算过程中各种误差和不确定因素。

三　工艺过程温室气体排放统计核算涉及的行业

根据 IPCC 清单编写指南和 IPCC 清单编制中的良好做法和不确定性管理指南，以及国家发改委三批次共 24 个行业的企业温室气体排放核算方法与报告指南①，依据国民经济行业分类②，运用决策树程序等方法，选择确定采矿业，石油加工、炼焦和核燃料加工业，化学原料和化学制品制造业，非金属矿物制品业，黑色金属冶炼和压延加工业，有色金属冶炼和压延加工业，汽车制造业，造纸和纸制品业，电力、热力生产和供应业 9 个行业的企业，通过资料收集、咨询、调研和抽样调查等方式分析和确定工业企业工艺过程的活动水平数据。

6.2　工艺过程碳排放统计指标体系

一　有关活动水平数据的统计指标

（一）煤炭开采和洗选企业

火炬燃烧量，即煤层气（煤矿瓦斯）的火炬燃烧量（混量），单位为万 Nm^3，可根据煤层气（煤矿瓦斯）输送管路、泵站的记录数据或火炬塔监测的数据获得；CH_4 风排量，即井工开采时各矿井通风系统的 CH_4 风排量，单位为万 Nm^3；CH_4 抽放量，即井工开采时各矿井抽放系统的 CH_4 抽放量，单位为万 Nm^3；CH_4 的火炬销毁量，即井工开采时

---

① 国家发改委办公厅《关于印发首批 10 个行业企业温室气体排放核算方法与报告指南（试行）的通知》《关于印发第二批 4 个行业企业温室气体排放核算方法与报告指南（试行）的通知》《关于印发第三批 10 个行业企业温室气体排放核算方法与报告指南（试行）的通知》。

② 行业划分参照国家质检总局、国家标准化管理委员会《国民经济行业分类》（GB/T 4754—2017）。

CH_4 的火炬销毁量，单位为万 Nm^3；露天煤矿煤产量，即露天煤矿的原煤产量，单位为吨；企业原煤产量，即企业的原煤总产量，单位为吨原煤。

（二）石油加工企业

催化剂结焦量，即对于石油加工企业催化剂烧焦时发生结焦反应后附着在催化剂上的石油焦，单位为吨；制氢煤气/天然气/焦粉消耗量，即石油加工企业统计期内制氢装置燃（原）料消耗量，单位为吨或 Nm^3；灰渣/废气量，即原料发生化学反应后产生的灰渣（废气）量，单位为吨。

（三）化工生产企业

石灰石/白云石量，即碳酸盐（如石灰石、白云石）等用作原材料、助熔剂或脱硫剂的使用量，单位为吨；硝酸产量，即生产硝酸的化工生产企业的硝酸产量，单位为吨；乙二酸产量，即生产乙二酸的化工生产企业的乙二酸产量，单位为吨。特别地，对于合成氨生产企业[①]，有关指标包括原料煤使用量，即在合成氨生产过程中作为原料参与化学反应的用煤量，单位为吨；炉渣量、灰量，指合成氨工艺中产生的未被其他锅炉回收利用的炉渣量、灰量，单位为吨；折纯含碳产品产量、折纯含碳副产品产量，单位为吨；乙炔消耗量，即化工生产企业使用乙炔焊过程中乙炔消耗量，单位为吨。

（四）非金属矿物制造企业

1. 水泥生产企业

石灰石/白云石耗量，即窑炉内生料煅烧过程中石灰石、白云石的消耗量，单位为吨；水泥窑粉尘量，即窑尾除尘器处理后收集下来的粉尘，源于企业自测，单位为吨。

2. 石灰生产企业

石灰石/白云石耗量，即石灰煅烧过程中碳酸盐（石灰石、白云石）的耗用量，单位为吨。

---

① 注：因为合成氨是化工生产过程中重要的中间转换产品，所以笔者特别将"合成氨生产企业"作为单独一部分来讲。

3. 电石生产企业

石灰石/白云石耗量，即电石行业石灰煅烧过程中碳酸盐（石灰石、白云石）的耗用量，单位为吨；电石产量，即电石生产企业的电石产量，单位为吨。

4. 陶瓷生产企业

石灰石/白云石耗量，即陶瓷煅烧过程中碳酸盐（石灰石、白云石）的耗用量，单位为吨。

5. 玻璃生产企业

石灰石/白云石耗量，即玻璃生产企业熔铸过程中碳酸盐（石灰石、白云石）的耗用量，单位为吨；纯碱耗用量，即玻璃生产企业熔铸过程中 Na_2CO_3（纯碱）的耗用量，单位为吨。

（五）黑色金属冶炼和压延企业

1. 钢铁制造企业

煤气、焦粉、煤粉耗用量，即钢铁制造企业炼钢降碳过程中作为添加剂的含碳物质耗用量，单位为吨；白云石、石灰石耗量，即钢铁制造企业石灰生产过程中碳酸盐（石灰石、白云石）的耗用量，单位为吨；高炉、转炉煤气量，即高炉、转炉中产生的煤气量，单位为吨；生铁/废钢铁量，即转炉、电炉中投入的生铁或废钢铁量，单位为吨；粗钢产量，即电炉中生产的粗钢量，单位为吨；石墨电极消耗量，即电炉中石墨电极的消耗量，单位为吨。

2. 高纯硅铁生产企业

煤/焦炭/石油焦消耗量，即矿热炉内还原剂煤、焦炭、石油焦的消耗量，单位为吨；电极糊消耗量，即矿热炉内电极糊的消耗量，单位为吨。

（六）有色金属冶炼和压延企业——电解铝生产企业

碳阳极消耗量，即固体氧化铝电解过程中碳阳极消耗量，单位为吨。

（七）汽车制造企业

CO_2 消耗量，即汽车制造企业在焊装等过程中使用 CO_2 保护焊的 CO_2 消耗量，单位为吨；乙炔消耗量，即汽车制造企业在焊装等过程中使用乙炔焊的乙炔消耗量，单位为吨。

（八）造纸企业

造纸企业制浆生产过程中碳酸盐（石灰石、白云石）的耗用量，单位为吨。

（九）电力生产企业

石灰石耗量，即电力生产企业采用钙基脱硫剂过程中石灰石的耗用量，单位为吨；石膏耗量，即电力生产企业采用钙基脱硫剂过程中石膏的耗用量，单位为吨。

二　有关排放因子的统计指标

（一）煤炭开采和洗选企业

火炬燃烧的碳氧化率，单位为%，若企业无实测数据，则采用 98% 作为煤层气（煤矿瓦斯）火炬燃烧的碳氧化率。$GWPCH_4$，即 CH_4 相比 CO_2 的全球变暖潜势值（GWP），根据 IPCC 2006 年评估报告，100 年间 1 吨 CH_4 相当于 21 吨 CO_2 的增温能力，因此 $GWPCH_4$ 等于 21。

（二）石油加工企业

煤气/天然气/焦粉含碳率，即制氢过程中使用的原料（煤气/天然气/焦粉）的含碳率，单位为%，若企业无实测数据，可取 IPCC 缺省值；灰渣/废气含碳率，即原料发生化学反应后产生的灰渣（废气）中的含碳率，单位为%，企业若无实测数据，可取 IPCC 缺省值。

（三）化工生产企业

$GWPN_2O$，即 N_2O 相比 CO_2 的全球变暖潜势值。对于合成氨生产企业有关指标包括原料煤的含碳量，即在合成氨生产过程中作为原料参与化学反应的煤的含碳量，单位为吨 CO_2/吨煤；排放因子，即乙炔的排放因子，单位为吨 CO_2/吨乙炔；折纯含碳产品含碳量，即相关化工折纯含碳产品含碳量，单位为吨 CO_2/吨化工产品。

（四）非金属矿物制造企业

1. 水泥生产企业

有机碳含量，即生料中有机碳含量，单位为%，若企业无实测数据，可采用《水泥行业二氧化碳减排议定书：水泥行业二氧化碳排放统计与报告标准》中的推荐值 0.2%；排放因子，即水泥窑粉尘的排放因子，单位为吨 CO_2/吨水泥窑粉尘。

2. 石灰生产企业

排放因子，即石灰煅烧过程中输入的碳酸盐的排放因子，单位为吨 CO_2/吨碳酸盐。

3. 电石生产企业

排放因子包括电石生产过程中输入的碳酸盐的排放因子，单位为吨 CO_2/吨碳酸盐；电石生产排放因子，单位为吨 CO_2/吨电石。

4. 陶瓷生产企业

陶瓷生产过程中输入的碳酸盐的排放因子，单位为吨 CO_2/吨碳酸盐。

5. 玻璃生产企业

排放因子包括玻璃生产过程中输入的碳酸盐的排放因子，单位为吨 CO_2/吨碳酸盐；纯碱 Na_2CO_3 的排放因子，单位为吨 CO_2/吨 Na_2CO_3。

（五）黑色金属冶炼和压延企业

1. 钢铁制造企业

含碳量，即炼钢降碳过程中作为添加剂的煤气、焦粉、煤粉等的含碳物质耗用量，单位为吨 CO_2/Nm^3；排放因子，即炼钢过程中输入的碳酸盐的排放因子，单位为吨 CO_2/吨碳酸盐；煤气含碳量，即高炉、转炉中产生煤气的含碳量，单位为吨 CO_2/Nm^3，若企业无实测数据，可取 IPCC 缺省值，并说明无法自测原因；生铁/废钢铁含碳量，即转炉、电炉中投入的生铁或废钢铁的含碳量，单位为%；粗钢含碳量，即电炉中生产的粗钢含碳量，单位为%，若企业无实测数据，可取 IPCC 缺省值，并说明无法自测原因。

2. 高纯硅铁生产企业

还原剂的排放因子包括矿热炉内还原剂煤、焦炭、石油焦的排放因子，单位为吨 CO_2/吨还原剂；电极糊的排放因子，单位为吨 CO_2/吨电极糊。

（六）有色金属冶炼和压延企业——电解铝生产企业

排放因子，即电解铝生产过程的排放因子，单位为吨 CO_2/吨 Al。

（七）汽车制造企业

排放因子，即乙炔的排放因子，单位为吨 CO_2/吨 C_2H_2。

（八）造纸企业

造纸企业制浆生产过程中碳酸盐（石灰石、白云石）的排放因子，单位为吨 CO_2/吨碳酸盐。

（九）电力生产企业

电力生产企业采用钙基脱硫剂过程中碳酸盐物质（石灰石、石膏）的排放因子，单位为吨 CO_2/吨石灰石或吨 CO_2/吨石膏。

综上，工艺过程温室气体排放统计指标体系如表 6-1 所示。

表 6-1 工艺过程温室气体排放统计指标体系一览

行业	企业	具体指标	指标定义	统计局归口管理处	数据来源	备注
采矿业	煤炭开采和洗选企业	火炬燃烧量	煤层气（煤矿瓦斯）的火炬燃烧量（混量），单位为万 Nm^3	工业处	企业，可根据煤层气（煤矿瓦斯）输送管路、泵站的记录数据或火炬塔监测的数据获得	
		火炬燃烧的碳氧化率	煤层气（煤矿瓦斯）火炬燃烧的碳氧化率，单位为%	工业处	企业	企业无实测数据，可取98%
		CH_4 风排量	各矿井通风系统的 CH_4 风排量，单位为万 Nm^3	工业处	企业	
		CH_4 抽放量	各矿井抽放系统的 CH_4 抽放量，单位为万 Nm^3	工业处	企业	
		CH_4 的火炬销毁量	CH_4 的火炬销毁量，单位为万 Nm^3	工业处	企业	
		$GWPCH_4$	CH_4 相比 CO_2 的全球变暖潜势值	工业处	IPCC	
		露天煤矿煤产量	露天煤矿的原煤产量，单位为吨	工业处	企业	
		企业原煤产量	企业的原煤总产量，单位为吨原煤	工业处	企业	

行业	企业	具体指标	指标定义	统计局归口管理处	数据来源	备注
石油加工、炼焦和核燃料加工业	石油加工企业	催化剂结焦量	发生结焦反应后附着在催化剂上的石油焦，单位为吨	工业处	企业	
		制氢煤气/天然气/焦粉消耗量	石油加工企业统计期内制氢装置燃（原）料消耗量，单位为吨或 Nm^3	工业处	企业	
		煤气/天然气/焦粉含碳率	制氢过程中使用的原料（煤气/天然气/焦粉）的含碳率，单位为%	工业处	企业	企业无实测数据，可取 IPCC 缺省值
		灰渣/废气量	原料发生化学反应后产生的灰渣（废气）量，单位为吨	工业处	企业	
		灰渣/废气含碳率	原料发生化学反应后产生的灰渣（废气）中的含碳率，单位为%	工业处	企业	企业无实测数据，可取 IPCC 缺省值
化学原料和化学制品制造业	化工生产企业	石灰石/白云石量	碳酸盐（如石灰石、白云石）等用作原材料、助熔剂或脱硫剂的使用量，单位为吨	工业处	企业	
		$GWPN_2O$	N_2O 相比 CO_2 的全球变暖潜势值	工业处	IPCC	
		硝酸产量	生产硝酸的化工生产企业的硝酸产量，单位为吨	工业处	企业	
		乙二酸产量	生产乙二酸的化工生产企业的乙二酸产量，单位为吨	工业处	企业	
	合成氨生产企业	原料煤使用量	在合成氨生产过程中作为原料参与化学反应的用煤量，单位为吨	工业处	企业	
		原料煤的含碳量	在合成氨生产过程中作为原料参与化学反应的煤的含碳量，单位为吨 CO_2/吨煤	工业处	企业	

续表

行业	企业	具体指标	指标定义	统计局归口管理处	数据来源	备注
化学原料和化学制品制造业	合成氨生产企业	炉渣量/灰量	合成氨工艺中产生的未被其他锅炉回收利用的炉渣量、灰量，单位为吨	工业处	企业	
		折纯含碳产品产量	相关化工产品的折纯产量，单位为吨	工业处	企业	
		折纯含碳产品含碳量	相关化工折纯含碳产品含碳量，单位为吨 CO_2/吨化工产品	工业处	IPCC	
		折纯含碳副产品产量	相关化工副产品的折纯产量，单位为吨	工业处	企业	
		乙炔消耗量	乙炔焊过程中乙炔消耗量，单位为吨	工业处	企业	
		排放因子	乙炔的排放因子，单位为吨 CO_2/吨乙炔	工业处	IPCC	
非金属矿物制品业	水泥生产企业	石灰石/白云石耗量	窑炉内生料煅烧过程中石灰石、白云石的消耗量，单位为吨	工业处	企业	
		有机碳含量	生料中有机碳含量，单位为%	工业处	企业	若企业无实测数据，可采用《水泥行业二氧化碳减排议定书：水泥行业二氧化碳排放统计与报告标准》中的推荐值0.2%
		水泥窑粉尘量	窑尾除尘器处理后收集下来的粉尘，单位为吨	工业处	企业	
		排放因子	水泥窑粉尘的排放因子，单位为吨 CO_2/吨水泥窑粉尘	工业处	IPCC	

行业	企业	具体指标	指标定义	统计局归口管理处	数据来源	备注
非金属矿物制品业	石灰生产企业	石灰石/白云石耗量	石灰煅烧过程中碳酸盐（石灰石、白云石）的耗用量，单位为吨	工业处	企业	
		排放因子	碳酸盐的排放因子，单位为吨CO_2/吨碳酸盐	工业处	IPCC	
	电石生产企业	石灰石/白云石耗量	电石行业石灰煅烧过程中碳酸盐（石灰石、白云石）的耗用量，单位为吨	工业处	企业	
		排放因子	碳酸盐的排放因子，单位为吨CO_2/吨碳酸盐	工业处	IPCC	
		电石产量	电石生产企业的电石产量，单位为吨	工业处	企业	
		排放因子	电石生产排放因子，单位为吨CO_2/吨电石	工业处	IPCC	
	陶瓷生产企业	石灰石/白云石耗量	陶瓷煅烧过程中碳酸盐（石灰石、白云石）的耗用量，单位为吨	工业处	企业	
		排放因子	碳酸盐的排放因子，单位为吨CO_2/吨碳酸盐	工业处	IPCC	
	玻璃生产企业	石灰石/白云石耗量	玻璃生产企业熔铸过程中碳酸盐（石灰石、白云石）的耗用量，单位为吨	工业处	企业	
		排放因子	碳酸盐的排放因子，单位为吨CO_2/吨碳酸盐	工业处	IPCC	
		纯碱耗用量	玻璃生产企业熔铸过程中Na_2CO_3（纯碱）的耗用量，单位为吨	工业处	企业	
		排放因子	纯碱Na_2CO_3的排放因子，单位为吨CO_2/吨Na_2CO_3	工业处	IPCC	

续表

行业	企业	具体指标	指标定义	统计局归口管理处	数据来源	备注
黑色金属冶炼和压延加工业	钢铁制造企业	煤气、焦粉、煤粉耗用量	钢铁制造企业炼钢降碳过程中作为添加剂的含碳物质耗用量，单位为吨	工业处	企业	
		含碳量	炼钢降碳过程中作为添加剂的煤气、焦粉、煤粉等的含碳物质耗用量，单位为吨 CO_2/Nm^3	工业处	企业	若企业无实测数据，则采用行业推荐值
		白云石、石灰石耗量	钢铁制造企业石灰生产过程中碳酸盐（石灰石、白云石）的耗用量，单位为吨	工业处	企业	
		排放因子	碳酸盐的排放因子，单位为吨 CO_2/吨碳酸盐	工业处	IPCC	
		高炉、转炉煤气量	高炉、转炉中产生的煤气量，单位为吨	工业处	企业	
		煤气含碳量	高炉、转炉中产生煤气的含碳量，单位为吨 CO_2/Nm^3	工业处	企业	企业无实测数据，可取IPCC缺省值，并说明无法自测原因
		生铁/废钢铁量	转炉、电炉中投入的生铁或废钢铁量，单位为吨	工业处	企业	
		生铁/废钢铁含碳量	转炉、电炉中投入的生铁或废钢铁的含碳量，单位为%	工业处	企业	企业无实测数据，可取IPCC缺省值，并说明无法自测原因
		粗钢产量	电炉中生产的粗钢量，单位为吨	工业处	企业	
		粗钢含碳量	电炉中生产的粗钢含碳量，单位为%	工业处	企业	企业无实测数据，可取IPCC缺省值，并说明无法自测原因

续表

行业	企业	具体指标	指标定义	统计局归口管理处	数据来源	备注
黑色金属冶炼和压延加工业	钢铁制造企业	石墨电极消耗量	电炉中石墨电极的消耗量，单位为吨	工业处	企业	
	高纯硅铁生产企业	煤/焦炭/石油焦消耗量	矿热炉内还原剂煤、焦炭、石油焦的消耗量，单位为吨	工业处	企业	
		还原剂的排放因子	矿热炉内还原剂煤、焦炭、石油焦的排放因子，单位为吨 CO_2/吨还原剂	工业处	企业	企业无实测数据，可取IPCC缺省值
		电极糊消耗量	矿热炉内电极糊的消耗量，单位为吨	工业处	企业	
		电极糊的排放因子	电极糊的排放因子，单位为吨 CO_2/吨电极糊	工业处	企业	企业无实测数据，可取IPCC缺省值
有色金属冶炼和压延加工业	电解铝生产企业	碳阳极消耗量	固体氧化铝电解过程中碳阳极消耗量，单位为吨	工业处	企业	
		排放因子	电解铝生产过程的排放因子，单位为吨 CO_2/吨 Al	工业处	IPCC	
汽车制造业	汽车制造企业	CO_2 消耗量	汽车制造企业在焊装等过程中使用 CO_2 保护焊的 CO_2 消耗量，单位为吨	工业处	企业	
		乙炔消耗量	汽车制造企业在焊装等过程中使用乙炔焊的乙炔消耗量，单位为吨	工业处	企业	
		排放因子	乙炔的排放因子，单位为吨 CO_2/吨 C_2H_2	工业处	IPCC	
造纸和纸制品业	造纸企业	白云石、石灰石耗量	造纸企业制浆生产过程中碳酸盐（石灰石、白云石）的耗用量，单位为吨	工业处	企业	
		排放因子	碳酸盐的排放因子，单位为吨 CO_2/吨碳酸盐	工业处	IPCC	

续表

行业	企业	具体指标	指标定义	统计局归口管理处	数据来源	备注
电力、热力生产和供应业	电力生产企业	石灰石耗量	电力生产企业采用钙基脱硫剂过程中石灰石的耗用量，单位为吨	工业处	企业	
		排放因子	石灰石的排放因子，单位为吨 CO_2/吨石灰石	工业处	IPCC	
		石膏耗量	电力生产企业采用钙基脱硫剂过程中石膏的耗用量，单位为吨	工业处	企业	
		排放因子	石膏的排放因子，单位为吨 CO_2/吨石膏	工业处	IPCC	

6.3　工艺过程碳排放统计指标

基于煤炭开采和洗选、石油加工、化工生产、非金属矿物制造、黑色金属冶炼和压延、有色金属冶炼和压延、汽车制造、造纸、电力生产等企业生产工艺过程活动水平数据及排放因子的收集与率定，本节将介绍这些工业企业工艺过程温室气体排放的统计排放源和核算边界，提出工艺过程温室气体排放统计指标核算的方法。

一　煤炭开采和洗选企业温室气体排放统计指标

对于从事煤炭开采、井工开采、露天开采和洗选活动的企业，我们要重点考虑煤炭生产企业温室气体排放源和核算边界（见图 6-1）。煤炭生产企业工艺过程温室气体排放主要包括以下几类。

1. 火炬燃烧 CO_2 排放

火炬燃烧 CO_2 排放是指出于安全、环保等目的将煤炭开采中涌出的煤层气（煤矿瓦斯）在排放前进行火炬处理而产生的温室气体排放。在计算火炬燃烧的 CO_2 排放量时，可以根据煤层气（煤矿瓦斯）的火炬燃料量、除 CO_2 外其他含碳化合物的总含碳量和火炬燃烧的碳氧化率等参

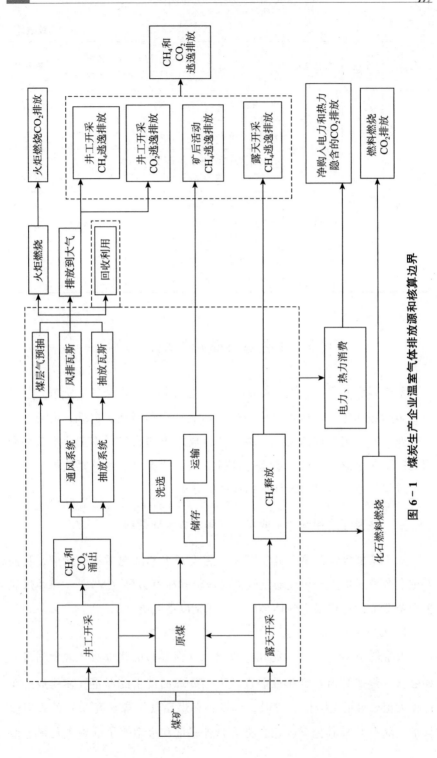

图 6-1 煤炭生产企业温室气体排放源和核算边界

数来计算。本统计中火炬燃烧排放仅考虑 CO_2 排放。

火炬燃烧 CO_2 排放计算公式为：

$$E_{CO_2,火炬} = E_{瓦斯火炬} \times CC_{非CO_2} \times OF_{火炬} \times 44/12 \tag{6-1}$$

其中：

$E_{CO_2,火炬}$ 为煤层气（煤矿瓦斯）火炬燃烧产生的 CO_2 排放量，单位为吨 CO_2；

$E_{瓦斯火炬}$ 为煤层气（煤矿瓦斯）的火炬燃烧量（混量），单位为万 Nm^3，可根据煤层气（煤矿瓦斯）输送管路、泵站的记录数据或火炬塔监测的数据获得；

$CC_{非CO_2}$ 为煤层气（煤矿瓦斯）中除 CO_2 外其他含碳化合物的总含碳量，单位为吨碳/万 Nm^3[①]；

$OF_{火炬}$ 为火炬燃烧的碳氧化率，煤层气（煤矿瓦斯）火炬燃烧的碳氧化率如无实测数据可取 98%。

2. CH_4 和 CO_2 逃逸排放

逃逸排放的概念为煤炭在开采、加工和输送过程中 CH_4 和 CO_2 的有意或无意的释放，主要包括井工开采、露天开采、矿后活动等环节的排放。煤炭生产企业的逃逸排放包括 CH_4 的逃逸排放和 CO_2 的逃逸排放两部分。

CH_4 逃逸排放总量的计算公式为：

$$E_{CH_4,逃逸} = E_{CH_4,井工} + E_{CH_4,露天} + E_{CH_4,矿后} \tag{6-2}$$

其中：

$E_{CH_4,逃逸}$ 是煤炭生产企业的 CH_4 逃逸排放总量，单位为吨 CH_4；

$E_{CH_4,井工}$ 是井工开采的 CH_4 逃逸排放量，单位为吨 CH_4；

$E_{CH_4,露天}$ 是露天开采的 CH_4 逃逸排放量，单位为吨 CH_4；

$E_{CH_4,矿后}$ 是矿后活动的 CH_4 逃逸排放量，单位为吨 CH_4。

---

① 计算煤层气（煤矿瓦斯）中除 CO_2 外其他含碳化合物的总含碳量时，应参考《天然气的组成分析——气相色谱法》（GB/T 13610—2014）或《气体中一氧化碳、二氧化碳和碳氢化合物的测定——气相色谱法》（GB/T 8984—2008）等相关标准，先计算煤层气（煤矿瓦斯）中除 CO_2 外其他含碳化合物的体积浓度，然后按照每一组分化学分子式中碳原子的数目计算总含碳量。

（1）井工开采的排放

井工开采的排放是指煤炭地下开采过程中，由于煤层中的 CH_4、CO_2 不断流入煤矿巷道和开采空间而产生的 CH_4、CO_2，经由通风排水系统排放到大气中。

井工开采所排放的 CH_4 逃逸排放量相当于 CH_4 的风排量，加上 CH_4 的抽放量，减去 CH_4 的火炬销毁量，再减去 CH_4 的回收利用量。

$$E_{CH_4,井工} = \left(E_{CH_4,风排} + E_{CH_4,抽放} - E_{CH_4,火炬} - E_{CH_4,利用}\right) \times 7.17 \qquad (6\text{-}3)$$

其中：

$E_{CH_4,井工}$ 是井工开采的 CH_4 逃逸排放量，单位为吨 CH_4；

$E_{CH_4,风排}$ 是各矿井通风系统的 CH_4 风排量，单位为万 Nm^3；

$E_{CH_4,抽放}$ 是各矿井抽放系统的 CH_4 抽放量，单位为万 Nm^3；

$E_{CH_4,火炬}$ 是 CH_4 的火炬销毁量，单位为万 Nm^3；

$E_{CH_4,利用}$ 是 CH_4 的回收利用量，单位为万 Nm^3；

7.17 是标准状况下 CH_4 的密度，单位为吨 CH_4/万 Nm^3。

（2）露天开采的排放

露天开采的排放指煤矿露天开采和邻近暴露煤（地）层释放的 CH_4。露天开采的 CH_4 逃逸排放量等于露天煤矿的原煤产量与露天开采的 CH_4 排放因子的乘积。

$$E_{CH_4,露天} = AD_{原煤,露天} \times EF_{CH_4,露天} \qquad (6\text{-}4)$$

其中：

$E_{CH_4,露天}$ 是露天开采的 CH_4 逃逸排放量，单位为吨 CH_4；

$AD_{原煤,露天}$ 是露天煤矿的原煤产量，单位为吨；

$EF_{CH_4,露天}$ 是露天开采的 CH_4 排放因子，单位为吨 CH_4/吨原煤。

（3）矿后活动的排放

矿后活动的排放指在煤炭洗选、储存、运输及燃烧前的粉碎等过程中，煤中残存瓦斯缓慢释放产生的 CH_4 排放。计算公式为：

$$E_{CH_4,矿后} = AD_{原煤,矿后} \times EF_{CH_4,矿后} \qquad (6\text{-}5)$$

其中：

$E_{CH_4,矿后}$ 是矿后活动的 CH_4 逃逸排放量，单位为吨 CH_4；

$AD_{原煤,矿后}$ 是企业的原煤产量,单位为吨原煤;

$EF_{CH_4,矿后}$ 是矿后活动的 CH_4 排放因子,单位为吨 CH_4/吨原煤。

综上:

$$E_{工艺过程} = E_{CO_2,火炬} + E_{CH_4,逃逸} \times GWP_{CH_4} + E_{CO_2,逃逸} \qquad (6-6)$$

其中:

$E_{工艺过程}$ 为煤炭生产企业工艺过程温室气体排放总量,单位为吨 CO_2 当量;

$E_{CO_2,火炬}$ 为火炬燃烧的 CO_2 排放量,单位为吨 CO_2;

$E_{CH_4,逃逸}$ 为 CH_4 逃逸排放量,单位为吨 CH_4;

GWP_{CH_4} 为 CH_4 相比 CO_2 的全球变暖潜势值,根据 IPCC 2006 年评估报告,100 年时间尺度内 1 吨 CH_4 相当于 21 吨 CO_2 的增温能力,因此 GWP_{CH_4} 等于 21;

$E_{CO_2,逃逸}$ 为 CO_2 逃逸排放量,单位为吨 CO_2。

二 石油加工企业温室气体排放统计指标

石油加工企业工艺过程是指在石油生产工艺过程中,催化剂烧焦和制氢等装置中的燃(原)料发生化学反应过程中产生的二氧化碳排放。计算公式为:

$$E_{CO_2,工艺} = \sum_{i=1}^{n} E_{CO_2,工艺i} \qquad (6-7)$$

1. 催化剂烧焦

对于石油加工企业催化剂烧焦产生的工艺排放,一般采用发生结焦反应后附着在催化剂上的石油焦进行计算,并假设石油焦完全燃烧为 CO_2,计算公式为:

$$E_{CO_2,烧焦} = Q_c \times C_c \times 44/12 \qquad (6-8)$$

其中:

$E_{CO_2,烧焦}$ 为石油焦燃烧过程中产生的 CO_2 排放量,单位为 t;

Q_c 为石油焦的消耗量,单位为 t;

C_c 为石油焦中碳的平均含量,单位为%。

2. 制氢

对于石油加工企业统计期内制氢装置产生的 CO_2 排放，可采用物料平衡法进行估算。计算公式为：

$$E_{CO_2, 制氢} = \sum (Q_{燃料, i} \times C_{燃料, i} - Q_{灰渣, i} \times C_{灰渣, i} - Q_{废气, i} \times C_{废气, i}) \times 44/12 \qquad (6-9)$$

其中：

$E_{CO_2, 制氢}$——燃（原）料发生化学反应产生的 CO_2 排放，单位为 t；

$Q_{燃料, i}$——燃（原）料消耗量，单位为 t 或 Nm^3；

$C_{燃料, i}$——燃（原）料的含碳率，单位为%；

$Q_{灰渣, i}$——燃（原）料发生化学反应后产生的灰渣量，单位为 t；

$C_{灰渣, i}$——燃（原）料发生化学反应后产生的灰渣中的含碳率，单位为%；

$Q_{废气, i}$——燃（原）料发生化学反应后产生的废气量，单位为 t；

$C_{废气, i}$——燃（原）料发生化学反应后产生的废气中的含碳率，单位为%。

三　化学原料和化学制品制造企业温室气体排放统计指标

（一）化工生产企业温室气体排放统计指标

化工生产企业工业生产过程排放主要指化石燃料和其他碳氢化合物用作原材料产生的 CO_2 排放，其中包括通过火炬处理后的废气排放的 CO_2，以及碳酸盐使用过程（如石灰石、白云石等用作原材料、助熔剂或脱硫剂）中产生的 CO_2 排放。若有硝酸或己二酸的生产工艺，还应包括这些生产工序的 N_2O 排放。工业生产产生的温室气体排放量等于工业生产产生的不同类型温室气体排放量转化为 CO_2 当量后的和，其计算公式为：

$$E_{GHG, 过程} = E_{CO_2, 过程} + E_{N_2O, 过程} \times GWP_{N_2O} \qquad (6-10)$$

$$E_{CO_2, 过程} = E_{CO_2, 原料} + E_{CO_2, 碳酸盐}$$

$$E_{N_2O, 过程} = E_{N_2O, 硝酸} + E_{N_2O, 己二酸}$$

其中：

$E_{CO_2, 原料}$ 为化石燃料和其他碳氢化合物用作原材料产生的 CO_2 排放，单位为 t；

$E_{CO_2, 碳酸盐}$ 为碳酸盐使用过程中产生的 CO_2 排放，单位为 t；

$E_{N_2O, 硝酸}$ 为硝酸生产过程中产生的 N_2O 排放，单位为 t；

$E_{N_2O, 己二酸}$ 为己二酸生产过程中产生的 N_2O 排放，单位为 t；

GWP_{N_2O} 为 N_2O 相比 CO_2 的全球变暖潜势值，根据 IPCC 2006 年评估报告，100 年时间尺度内 1 吨 N_2O 相当于 310 吨 CO_2 的增温能力，因此等于 310。

（二）合成氨生产企业温室气体排放统计指标

合成氨生产企业工艺过程温室气体主要包括两部分。

第一，煤在合成氨生产过程中既作为原料参与化学反应，又作为燃料为生产系统提供热能，通常称之为原料煤。由于在合成氨生产过程中不便于对用于提供热能所耗煤产生的排放量和用于原料参与化学反应所耗煤产生的工艺气体量进行计量，因此将所耗煤中碳的总量扣除与合成氨生产相关且运出厂外的产品及其他物料的总碳量作为该生产过程的碳排放量。第二，合成氨相关化工产品生产厂在进行管道等维修时会使用乙炔焊，这部分排放也属于工艺过程温室气体排放。

1. 合成氨相关化工产品生产过程中的 CO_2 排放

合成氨的工艺过程较复杂，本统计核算中对合成氨生产过程中 CO_2 的排放量采用物料平衡法计算。计算公式为：

$$E_{CO_2, 合成氨} = \left[\sum (M_{原料煤, i} \times C_{原料煤, i}) - \sum (M_i \times C_i) \right] \times 44/12 \qquad (6-11)$$

其中：

$E_{CO_2, 合成氨}$ ——合成氨相关化工产品生产过程产生的 CO_2，单位为 t；

$M_{原料煤, i}$ ——各种原料煤的使用量，单位为 t；

$C_{原料煤, i}$ ——各种原料煤的含碳量，单位为 tCO_2/t 煤；

M_i ——炉渣量和灰量（指合成氨工艺中产生的未被其他锅炉回收利用的炉渣量、灰量）、折纯含碳产品产量、折纯含碳副产品产量，单位为 t；

C_i ——炉渣和灰（指合成氨工艺中产生的未被其他锅炉回收利用的炉渣、灰）、折纯含碳产品、折纯含碳副产品的含碳量，单位为 tCO_2/t 化工产品。

原料煤、炉渣、灰含碳量由企业生产分析化验部门提供，折纯含碳产品含碳量、折纯含碳副产品的含碳量可根据化学分子式计算得出。

2. 乙炔焊过程中的 CO_2 排放

基于所使用乙炔的量采用物料平衡法来计算乙炔焊过程中产生的 CO_2。

乙炔焊使用过程涉及的化学反应式：$2C_2H_2 + 5O_2 = 4CO_2 + 2H_2O$。由化学反应式可知，乙炔的排放因子为 $3.385kgCO_2/kgC_2H_2$。

乙炔焊使用过程中 CO_2 排放量计算公式为：

$$E_{CO_2,乙炔焊} = Q_{C_2H_2} \times EF_{C_2H_2} \tag{6-12}$$

其中：

$E_{CO_2,乙炔焊}$——使用乙炔而排放的二氧化碳，单位为 t；

$Q_{C_2H_2}$——乙炔的使用量，单位为 t；

$EF_{C_2H_2}$——乙炔的排放因子，单位为 tCO_2/tC_2H_2。

综上所述，合成氨生产企业工艺过程温室气体排放量计算公式为：

$$E_{CO_2,工艺排放} = E_{CO_2,合成氨} + E_{CO_2,乙炔焊} \tag{6-13}$$

四　非金属矿物制造企业温室气体排放统计指标

(一) 水泥生产企业温室气体排放统计指标

水泥生产企业进行温室气体排放量计算时，涉及的计算边界包括与生产相关的固定设施能源直接排放源、过程直接排放源（主要生料煅烧工艺）、生产用移动源排放和外购电力产生的能源间接排放源。水泥生产企业工艺过程碳排放具体计算范围如下。

1. 窑炉内生料煅烧过程中碳酸盐分解产生的 CO_2 排放

碳酸盐类原材料煅烧过程产生的排放的量化方法有两种，企业可依实际情况自行选择。

第一，基于生料的计算公式为：

$$E_{Cal,CO_2} = Q_1 \times (1 - k) \times EF_{RM} \tag{6-14}$$

其中：

E_{Cal,CO_2}——煅烧分解过程中 CO_2 排放量，单位为 t；

Q_1——由生料均化库入窑生料量，包含窑灰回收系统收集的窑灰和原始生料两部分，单位为 t；

k ——由生料均化库入窑生料中窑灰占生料量的质量分数，单位为%，根据企业实际监测数据确定 k，如无法获得实际数据，采用 0 以保守计算；

EF_{RM} ——生料 CO_2 排放因子，单位为 tCO_2/t 生料。

$$EF_{RM} = 0.44 \times C_1 + 0.522 \times C_2 + 0.38 \times C_3 + 44/12 \times C_C$$

其中：

C_1——生料中 $CaCO_3$ 的质量百分比，单位为%；

C_2——生料中 $MgCO_3$ 的质量百分比，单位为%；

C_3——生料中 $FeCO_3$ 的质量百分比，单位为%；

C_C——生料中有机碳含量（单位为%），若无自测值可采用《水泥行业二氧化碳减排议定书：水泥行业二氧化碳排放统计与报告标准》中的推荐值 0.2%。

C_1、C_2、C_3 可根据《水泥化学分析方法》（GB/T 176—2008）确定。

第二，基于熟料的计算公式为：

$$E_{Cal,CO_2} = Q_2 \times EF_{Cli} + C_C \times Q_1 \times 44/12 \qquad (6-15)$$

其中：

Q_2——熟料产量，包括窑头除尘器收集的粉尘，不包括用电石渣、钢渣等替代原料生产的熟料量，单位为 t；

EF_{Cli} ——熟料排放因子，单位为 tCO_2/t 熟料。

$$EF_{Cli} = 0.785 \times C_4 + 1.092 \times C_5$$

其中：

C_4——熟料中 CaO 的质量百分比，单位为%；

C_5——熟料中 MgO 的质量百分比，单位为%。

C_4、C_5 可根据《水泥化学分析方法》（GB/T 176—2008）确定。

2. 水泥窑粉尘煅烧产生的 CO_2 排放

水泥窑粉尘煅烧排放计算公式为：

$$E_{粉尘,CO_2} = Q_3 \times EF_{CKD} \qquad (6-16)$$

其中：

$E_{粉尘,CO_2}$——水泥窑粉尘煅烧产生的 CO_2 排放量，单位为 t；

Q_3——水泥窑粉尘量，即窑尾除尘器处理后收集下来的粉尘，源于企业自测，单位为 t；

EF_{CKD}——水泥窑粉尘的排放因子，单位为 tCO_2/t 水泥窑粉尘。

$$EF_{CKD} = \frac{[EF_{Cli}/(1+EF_{Cli})] \times d}{1 - [EF_{Cli}/(1+EF_{Cli})] \times d} \qquad (6-17)$$

其中：

EF_{CKD}——部分煅烧水泥窑粉尘的排放因子，单位为 tCO_2/t 水泥窑粉尘；

EF_{Cli}——熟料排放因子，单位为 tCO_2/t 熟料；

d ——水泥窑粉尘煅烧程度（释放的 CO_2 占原混料中总碳酸盐 CO_2 的百分比），d 应先优先基于工厂数据计算，在没有此类数据的情况下，应使用默认值 1。

3. 旁路粉尘煅烧产生的 CO_2 排放

由于旁路粉尘只存在于湿法生产工艺，且排放占比很小，本统计忽略不计。

（二）石灰生产企业温室气体排放统计指标

石灰是一种以氧化钙为主要成分的气硬性无机胶凝材料，是由石灰石、白云石、白垩、贝壳等 $CaCO_3$ 含量高的原料煅烧而成。石灰有生石灰和熟石灰（即消石灰）之分，根据其 5% 的氧化镁含量又可分为钙质石灰和镁质石灰。

石灰生产企业工艺过程中产生的 CO_2 排放主要来自石灰煅烧工序。凡是以 $CaCO_3$ 为主要成分的天然岩石，如石灰岩、白垩、白云质石灰岩等，都可用来生产石灰。将主要成分为 $CaCO_3$ 的天然岩石，采用机械化、半机械化立窑以及回转窑、沸腾炉或横流式、双斜坡式及烧油环行立窑、带预热器的短回转窑等设备，在适当温度下煅烧，排除分解出的 CO_2 后，所得的以 CaO 为主要成分的产品即为石灰，又称生石灰。

在石灰煅烧工序中，原料中所含 $CaCO_3$ 和 $MgCO_3$ 在高温下分解产生 CO_2，即：

$$CaCO_3 \rightarrow CaO + CO_2 \uparrow$$

$$MgCO_3 \rightarrow MgO + CO_2 \uparrow$$

其排放量计算公式为：

$$E_{CO_2, 工艺排放} = \sum (AD_i \times EF_i \times F_i) \qquad (6-18)$$

其中：

$E_{CO_2, 工艺排放}$ 为核算期内石灰生产企业工艺过程中 CO_2 排放量，单位为 t；

AD_i 为消耗的碳酸盐 i 质量，单位为 t；

EF_i 为特定碳酸盐 i 的排放因子，单位为 tCO_2/t 碳酸盐；

F_i 为碳酸盐 i 的煅烧比例，若无法获得实测值，可取 1。

（三）电石生产企业温室气体排放统计指标

电石行业的基本生产过程包括原料加工、配料、加热反应、冷却、破碎、包装等工序，其工艺过程 CO_2 排放主要包括以下几类。

第一，生石灰生产过程产生的 CO_2 排放，主要源于石灰石等碳酸盐原料的输入。

生石灰生产过程中产生的 CO_2 排放量化方式主要有两种，由各企业自行选择。

方法一：基于原料的计算方法，计算公式为：

$$E_{CO_2, 生石灰生产} = \sum (AD_i \times EF_i \times F_i) \qquad (6-19)$$

其中：

$E_{CO_2, 生石灰生产}$ 为生石灰生产过程中产生的 CO_2 排放，单位为 t；

AD_i 为消耗的碳酸盐 i 质量，单位为 t；

EF_i 为特定碳酸盐 i 的排放因子，单位为 tCO_2/t 碳酸盐；

F_i 为碳酸盐 i 的煅烧比例，若无法获得实测值，可取 1。

方法二：基于石灰产量的计算方法，计算公式为：

$$E_{CO_2, 石灰} = AD_{石灰} \times EF_{石灰} \qquad (6-20)$$

其中：

$E_{CO_2, 石灰}$ ——石灰生产过程中排放的 CO_2，单位为 t；

$AD_{石灰}$——钢铁厂生产的石灰量，单位为 t；

$EF_{石灰}$——石灰生产平均排放因子，单位为 tCO_2/t 石灰。

$EF_{石灰}$ = 石灰中 CaO 含量×44/56 + 石灰中 MgO 含量× 44/40 ，若企业无法提供石灰中 CaO 含量和 MgO 含量，可采用默认排放因子 $0.683tCO_2/t$ 石灰。

第二，电石生产过程中产生的 CO_2 排放，主要源于碳素原料如焦炭、无烟煤、石油焦等的还原反应。

电石，又称碳化钙，分子式为 CaC_2。基本反应式为：

$$CaO + 3C \rightarrow CaC_2 + CO(+\frac{1}{2} O_2 \rightarrow CO_2)$$

电石生产过程 CO_2 排放计算公式为：

$$E_{CO_2,电石生产} = AD_{电石} \times EF_{电石} \tag{6-21}$$

其中：

$E_{CO_2,电石生产}$ 为电石生产过程中 CO_2 排放量，单位为 t；

$AD_{电石}$ 为电石产量，单位为 t；

$EF_{电石}$ 是电石生产排放因子，单位为 tCO_2/t 电石，取值为 1.154 tCO_2/t 电石，参考《省级温室气体清单编制指南（试行）》提供的值。

（四）陶瓷生产企业温室气体排放统计指标

陶瓷生产企业是指从事日用陶瓷、艺术展示陶瓷、建筑卫生陶瓷、化工陶瓷、电工陶瓷、结构陶瓷、功能陶瓷等陶瓷产品的生产加工，并具有法人资格（或视同法人）的一类营利性、独立核算的社会经济生产组织。

陶瓷生产企业工艺过程中产生的 CO_2 排放主要来自陶瓷烧成工序。在陶瓷烧成工序中，原料中所含的 $CaCO_3$ 和 $MgCO_3$ 在高温下分解产生 CO_2，即：

$$CaCO_3 \rightarrow CaO + CO_2 \uparrow$$

$$MgCO_3 \rightarrow MgO + CO_2 \uparrow$$

其排放量计算公式为：

$$E_{CO_2,工艺过程} = \sum (AD_i \times EF_i \times F_i) \tag{6-22}$$

其中：

$E_{CO_2, 工艺过程}$ 为核算期内陶瓷生产企业工艺过程中 CO_2 排放量，单位为 t；

AD_i 为消耗的碳酸盐 i 质量，单位为 t；

EF_i 为特定碳酸盐 i 的排放因子，单位为 tCO_2/t 碳酸盐；

F_i 为碳酸盐 i 的煅烧比例，若无法获得实测值，可取 1。

（五）玻璃生产企业温室气体排放统计指标

玻璃生产企业的基本生产过程包括配料、熔制、成型、退火、切割、包装等工序，其中，化石燃料燃烧、碱及碳酸盐类原料熔化分解及外购电力排放等过程会产生温室气体，玻璃生产企业工艺过程排放主要是碱及碳酸盐类原料熔化分解过程产生的 CO_2 排放，主要源于含碳物质的输入，包括白云石、石灰石、纯碱及其他碳酸盐类原料等。碱及碳酸盐类原料熔化分解过程公式为：

$$E_{CO_2, 工艺排放} = \sum (AD_i \times EF_i \times F_i) \tag{6-23}$$

其中：

$E_{CO_2, 工艺排放}$ ——玻璃生产过程中 CO_2 排放量，单位为 t；

AD_i ——消耗的碳酸盐 i 质量，单位为 t；

EF_i ——特定碳酸盐 i 的排放因子，单位为 tCO_2/t 碳酸盐；

F_i ——碳酸盐 i 的煅烧比例，若无法获得实测值，可取 1。

常见的碳酸盐原材料的排放因子可参考表 6-2。

表 6-2　碳酸盐的排放因子

碳酸盐	排放因子（tCO_2/t 碳酸盐）
$CaCO_3$	0.440
$MgCO_3$	0.522
$FeCO_3$	0.380

五　黑色金属冶炼和压延企业温室气体排放统计指标

（一）钢铁制造企业温室气体排放统计指标

一般钢铁制造企业由矿石采选、烧结、炼焦、炼铁、炼钢、连铸、轧钢等生产环节组成。辅助系统有制氧/制氮、循环水系统、烟气除尘、煤气回收、熔剂焙烧等，鉴于钢铁制造企业的设施和排放源多，能源排放和工艺污染物的定义也不明确，在进行统计时主要以生产工序为单位，将各工序的排放纳入工艺过程排放，并针对每个工序进行排放量的单独计算，企业可依实际情况增减，但要进行说明。

钢铁制造企业工艺过程排放主要包括以下几类。

1. 焦炭生产过程产生的排放

由于钢铁制造企业的焦炉煤气可全部回收，所以 CO_2 的排放主要源于提供能源的煤气的消耗。计算公式为：

$$E_{CO_2,炼焦} = AD_{煤气} \times C_{煤气} \times 44/12 \tag{6-24}$$

其中：

$E_{CO_2,炼焦}$——炼焦过程产生的二氧化碳排放，单位为 t；

$AD_{煤气}$——报告期内炼焦过程中使用的煤气量，单位为 Nm^3；

$C_{煤气}$——煤气含碳量，单位为 t [C] /Nm^3，采用企业自测值。

2. 烧结过程产生的排放

CO_2 的排放主要源于含碳物质的输入，包括焦粉和/或煤粉和/或煤气消耗、熔剂的消耗，计算公式为：

$$E_{CO_2,烧结} = AD_{燃料i} \times C_{燃料i} \times 44/12 \tag{6-25}$$

其中：

$E_{CO_2,烧结}$——烧结过程产生的 CO_2 排放，单位为 t；

$AD_{燃料i}$——报告期内烧结炉中使用的焦粉和/或煤粉和/或煤气的用量，单位为 t 或 Nm^3；

$C_{燃料i}$——各燃料含碳量，单位为%或 t [C] /Nm^3，采用企业自测值；

i——不同燃料种类。

3. 炼铁过程产生的排放

目前，国内主要是用高炉炼铁，CO_2 的排放主要源于焦炭、混合煤气、喷吹煤粉、熔剂的耗用。高炉炼铁排放公式为：

$$E_{CO_2,高炉炼铁} = \left[\sum (AD_{输入} \times C_{输入}) - \sum (AD_{输出} \times C_{输出}) \right] \times 44/12 \tag{6-26}$$

其中：

$E_{CO_2, 高炉炼铁}$——高炉炼铁过程产生的二氧化碳，单位为 t；

$AD_{输入}$——高炉中焦炭、煤粉、混合煤气的使用量和碳酸盐熔剂的消耗量，单位为 t；

$C_{输入}$——高炉中焦炭、煤粉、混合煤气和碳酸盐熔剂的含碳量，单位为%；

$AD_{输出}$——高炉中产生的煤气量（单位为 Nm^3）和生铁产量（单位为 t）；

$C_{输出}$——煤气的含碳量（单位为 t［C］/Nm^3）或生铁含碳量（单位为%）。

含碳量优先采用企业自测值，如无法自测则采用表 6-3 中的缺省值，并说明无法自测原因。

表 6-3　钢铁生产和焦炭生产所用的特定材料含碳量

燃料类型	缺省含碳量（kg C/kg）
煤（假设次沥青煤）	0.67
焦炭	0.83
焦炉煤气	0.47
高炉煤气	0.17
转炉煤气	0.35
天然气	0.73
白云石	0.13
石灰石	0.12
电弧炉石墨电极	0.82
生铁	0.04
废铁	0.04
钢	0.01

资料来源：《2006 年 IPCC 国家温室气体清单指南》。

4. 炼钢过程产生的排放

炼钢过程包括转炉和电炉两种。转炉涉及的 CO_2 排放主要源于投入的生铁或废钢铁，电炉涉及的 CO_2 排放主要源于投入的生铁或废钢铁、石墨电极的消耗等。

第一，转炉炼钢排放公式为：

$$E_{CO_2,转炉炼钢} = \left[\sum (AD_{输入} \times C_{输入}) - \sum (AD_{输出} \times C_{输出}) \right] \times 44/12 \quad (6-27)$$

其中：

$E_{CO_2,转炉炼钢}$——转炉炼钢过程产生的二氧化碳，单位为 t；

$AD_{输入}$——报告期内转炉中生铁水溶液投入量、碳酸盐熔剂消耗量和废钢铁投入量，单位为 t；

$C_{输入}$——转炉中投入的生铁水溶液、碳酸盐熔剂和废钢铁的含碳量，单位为%；

$AD_{输出}$——转炉中生产的粗钢量（单位为 t）和煤气产量（单位为 Nm³）；

$C_{输出}$——煤气的含碳量（单位为 t［C］/Nm³）或粗钢含碳量（单位为%）。

含碳量优先采用企业自测值，如无法自测则采用表 6-3 中的缺省值，并说明无法自测原因。

第二，电炉炼钢排放公式为：

$$E_{CO_2,电炉炼钢} = \left[\sum (AD_{输入} \times C_{输入}) - \sum (AD_{输出} \times C_{输出}) \right] \times 44/12 \quad (6-28)$$

其中：

E_{CO_2}——电炉炼钢过程产生的二氧化碳，单位为 t；

$AD_{输入}$——报告期内电炉中生铁投入量、电极消耗量和废钢铁投入量，单位为 t；

$C_{输入}$——电炉中投入的生铁、消耗电极和废钢铁的含碳量，单位为%；

$AD_{输出}$——电炉中生产的粗钢量，单位为 t；

$C_{输出}$——粗钢含碳量，单位为%。

含碳量优先采用企业自测值，如无法自测则采用表 6-3 中的缺省值，并说明无法自测原因。

5. 熔剂生产过程产生的排放

熔剂生产过程产生的排放是指石灰的生产过程产生的排放，排放主要源于石灰石等碳酸盐的分解。

石灰生产过程产生的 CO_2 排放量化方法有以下两种，企业应优先选取方法一，除非技术上不可行或成本过高，经碳交易主管机构批准同意后可使用方法二。

方法一：基于原料的计算方法，计算公式为：

$$E_{CO_2,石灰} = \sum (AD_i \times R_i \times EF_i \times F_i) \tag{6-29}$$

其中：

$E_{CO_2,石灰}$——石灰生产过程产生的 CO_2 排放，单位为 t；

AD_i——消耗的原料 i 的质量，单位为 t；

R_i——原料中碳酸盐 i 的质量分数，单位为%；

EF_i——特定碳酸盐 i 的排放因子，单位为 tCO_2/t 碳酸盐，可参见表 6-2；

F_i——碳酸盐 i 的煅烧比例，若无法获得实测值，可取 1。

方法二：基于石灰产量的计算方法，计算公式为：

$$E_{CO_2,石灰} = AD_{石灰} \times EF_{石灰} \tag{6-30}$$

其中：

$E_{CO_2,石灰}$——石灰生产过程中产生的 CO_2 排放，单位为 t；

$AD_{石灰}$——钢铁厂生产的石灰量，单位为 t；

$EF_{石灰}$——石灰生产平均排放因子，单位为 t $[CO_2]$ /t 石灰。

$EF_{石灰}$ =石灰中 CaO 含量×44/56 +石灰中 MgO 含量× 44/40 ，若企业无法提供石灰中 CaO 含量和 MgO 含量，可采用默认排放因子 0.683 吨二氧化碳/吨石灰。

综上所述，钢铁制造企业工艺过程排放为：

$$E_{CO_2,工艺排放} = E_{CO_2,炼焦} + E_{CO_2,烧结} + E_{CO_2,高炉炼铁} +$$
$$E_{CO_2,电炉炼钢} + E_{CO_2,石灰} \tag{6-31}$$

（二）高纯硅铁生产企业温室气体排放统计指标

高纯硅铁生产过程主要包括硅石、还原剂、钢屑或硅钢屑的筛选，配料，以及矿热炉内精炼、浇铸、破碎、包装环节。一般硅铁企业排放源及源流示例如图 6-2 所示。

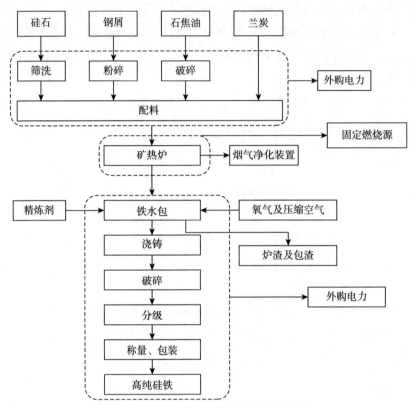

图6-2　一般硅铁企业排放源及源流示例

高纯硅铁生产企业工艺过程排放指矿热炉内还原剂的消耗和电极糊消耗产生的 CO_2 排放，量化方法有两种，精确等级由高到低，企业应首选方法一计算，除非技术上不可行或成本过高，经碳交易主管机构批准同意后可使用方法二。

工艺过程排放主要包括两类。第一，矿热炉内还原过程中 CO_2 的排放，主要源于含碳物质的输入，包括煤、焦炭、石油焦等。第二，电极糊的消耗。

方法一：基于原料和产品特定排放因子的计算方法。

本章统计指标的设计是基于原料和产品特定排放因子的计算方法。

由于硅石、钢屑、硅铁和矿渣的含碳量非常低，所以本章在计算与统计时进行了简化，公式如下：

$$E_{CO_2} = \sum \left(M_{还原剂 i} \times EF_{还原剂 i} \right) + M_{电极糊} \times EF_{电极糊} \tag{6-32}$$

其中：

E_{CO_2}——高纯硅铁合金生产过程产生的 CO_2 排放量，单位为 t；

$M_{还原剂i}$——还原剂 i 的质量，如煤、焦炭、石油焦等，单位为 t；

$EF_{还原剂i}$——还原剂 i 的排放因子，单位为 tCO_2/t 还原剂，企业可自测或参考表 6-2；

$M_{电极糊}$——电极糊的消耗量，单位为 t；

$EF_{电极糊}$——电极糊的排放因子，单位为 tCO_2/t 电极糊。

方法二：基于产量的计算方法，计算公式为：

$$E_{CO_2} = AD_{高纯硅铁} \times EF_{高纯硅铁} \qquad (6-33)$$

其中：

E_{CO_2}——高纯硅铁合金生产过程产生的 CO_2 排放量，单位为 t；

$AD_{高纯硅铁}$——高纯硅铁的产量，单位为 t；

$EF_{高纯硅铁}$——高纯硅铁的一般排放因子，单位为 $t CO_2/t$ 高纯硅铁。

根据 DB42/T 567—2009《高纯硅铁》中对高纯硅铁的定义：硅的含量在 75%～80% 的硅铁合金称为高纯硅铁。因此，$EF_{高纯硅铁}$ 取值参考 IPCC 2006 年评估报告中硅铁 75% Si 对应的排放因子（$4.0tCO_2/t$ 高纯硅铁）。

六　电解铝生产企业温室气体排放统计指标

电解铝工业生产的基本流程包括固体氧化铝溶解、电解、铸造、包装等工序，其中涉及的温室气体 CO_2 的排放是由电解铝反应过程中碳阳极消耗产生的。

调研发现，鉴于某省原铝生产厂全部采用点式下料预焙槽技术（PF-PB），电解铝槽中碳阳极消耗产生的 CO_2 排放计算公式为：

$$E_{CO_2,工艺排放} = AD_{电解铝} \times EF_{电解铝} \qquad (6-34)$$

其中：

$E_{CO_2,工艺排放}$ 为电解铝生产过程产生的 CO_2 排放，单位为 t；

$AD_{电解铝}$ 为电解铝产量，单位为 t；

$EF_{电解铝}$ 为电解铝生产过程的排放因子，单位为 tCO_2/t Al。

电解铝生产过程排放因子可参考表 6-4。

表6-4 电解铝生产过程排放因子

技术	排放因子（t CO$_2$/t Al）
PFPB	1.6

七 汽车制造企业温室气体排放统计指标

汽车整车生产过程工艺主要包括冲压、焊装、涂装、总装等环节，如图6-3所示。

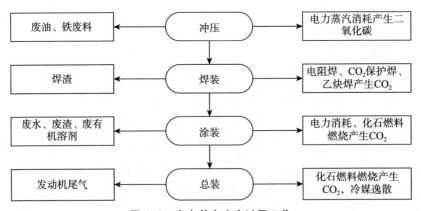

图6-3 汽车整车生产过程工艺

汽车制造企业工艺过程排放主要是在焊装等过程使用 CO$_2$ 保护焊和乙炔焊产生的 CO$_2$ 排放。

1. CO$_2$ 保护焊

采用物料平衡法，基于所使用 CO$_2$ 的量（$E_{CO_2,保护焊}$）。

2. 乙炔焊

采用物料平衡法，基于所使用乙炔的量。

乙炔焊使用过程涉及的化学反应式为 $2C_2H_2 + 5O_2 = 4CO_2 + 2H_2O$。由化学反应式可知，乙炔的排放因子为 3.385kgCO$_2$/kgC$_2$H$_2$。

$$E_{CO_2,乙炔焊} = Q_{C_2H_2} \times EF_{C_2H_2} \tag{6-35}$$

其中：

$E_{CO_2,乙炔焊}$——使用乙炔焊产生的 CO$_2$ 排放，单位为 t；

$Q_{C_2H_2}$——乙炔的使用量；单位为 t；

$EF_{C_2H_2}$——乙炔的排放因子，单位为 tCO_2/tC_2H_2。

综上所述，汽车制造企业工艺过程排放为：

$$E_{CO_2,工艺排放} = E_{CO_2,保护焊} + E_{CO_2,乙炔焊} \qquad (6-36)$$

八　造纸企业温室气体排放统计指标

造纸企业的基本生产过程包括打浆、加添矿物质等辅料、抄纸等工序，其工艺过程 CO_2 排放主要包括以下几类。

1. 生石灰生产过程产生的 CO_2 排放

生石灰生产过程产生的 CO_2 主要源于石灰石等碳酸盐原料的输入。生石灰生产过程产生的 CO_2 排放量化方式主要有两种，由企业自行选择。

方法一：基于原料的计算方法，计算公式为：

$$E_{CO_2,生石灰生产} = \sum (AD_i \times EF_i \times F_i) \qquad (6-37)$$

其中：

$E_{CO_2,生石灰生产}$ 为生石灰生产过程产生的 CO_2 排放，单位为 t；

AD_i 为消耗的碳酸盐 i 的质量，单位为 t；

EF_i 为特定碳酸盐 i 的排放因子，单位为 tCO_2/t 碳酸盐；

F_i 为碳酸盐 i 的煅烧比例，当无法获得实测值时取 1 进行计算。

常见的碳酸盐原材料的排放因子可参考表 6-2。

方法二：基于石灰产量的计算方法，计算公式为：

$$E_{CO_2,石灰} = AD_{石灰} \times EF_{石灰} \qquad (6-38)$$

其中：

$E_{CO_2,石灰}$——石灰生产过程中排放的 CO_2，单位为 t；

$AD_{石灰}$——造纸企业生产的石灰量，单位为 t；

$EF_{石灰}$——石灰生产平均排放因子，单位为 tCO_2/t 石灰。

$EF_{石灰}$ =石灰中 CaO 含量×44/56 +石灰中 MgO 含量× 44/40 ，若企业无法提供石灰中 CaO 含量和 MgO 含量，可采用默认排放因子 0.683 $tCO_2/$ t 石灰。

2. 造纸生产过程产生的 CO_2 排放

制浆过程碳酸盐类辅料反应时产生的二氧化碳排放是造纸生产过程

中的主要温室气体排放。其计算公式为：

$$E_{CO_2,工艺排放} = \sum (AD_i \times EF_i \times F_i) \qquad (6-39)$$

其中：

$E_{CO_2,工艺排放}$ 为制浆过程中碳酸盐类辅料反应产生的 CO_2 排放，单位为 t；

AD_i 为消耗的碳酸盐 i 的质量，单位为 t；

EF_i 为特定碳酸盐 i 的排放因子，单位为 tCO_2/t 碳酸盐；

F_i 为碳酸盐 i 的煅烧比例，若无法获得实测值，可取 1。

常见的碳酸盐原材料的排放因子可参考表 6-2。

九　电力生产企业温室气体排放统计指标

某省电力生产企业工艺过程的温室气体排放量，包括以煤、油、气为原料的电厂，以及以矿物燃料为主要原料的各类电厂和具有自备和余热发电设施的企业工艺过程温室气体排放。电力生产企业工艺过程排放主要是针对采用钙基脱硫剂进行电厂脱硫的企业，在石灰石脱硫时，二氧化硫与石灰石中的碳酸盐物质（主要为 $CaCO_3$ 和 $MgCO_3$）发生化学反应，生成石膏和 CO_2。

脱硫过程排放量的量化方法有两种：基于石灰石的计算方法，基于石膏的计算方法。企业可根据实际运行情况来选取。

方法一：基于石灰石的计算方法，计算公式为：

$$E_{CO_2,脱硫} = E_{CaCO_3} + E_{MgCO_3} = Q_{carb} \times C_{CaCO_3} \times 44/100 +$$
$$Q_{carb} \times C_{MgCO_3} \times 44/84 \qquad (6-40)$$

其中：

$E_{CO_2,脱硫}$ 为碳酸盐脱硫过程产生的 CO_2 排放量，单位为 t；

E_{CaCO_3} 为 $CaCO_3$ 引起的 CO_2 排放量，单位为 t；

E_{MgCO_3} 为 $MgCO_3$ 引起的 CO_2 排放量，单位为 t；

Q_{carb} 为石灰石的消耗量，单位为 t；

C_{CaCO_3} 为石灰石中 $CaCO_3$ 的平均含量，单位为 %；

C_{MgCO_3} 为石灰石中 $MgCO_3$ 的平均含量，单位为 %。

方法二：基于石膏的计算方法，计算公式为：

$$E_{CO_2,脱硫} = Q_{plaster} \times C_{CaSO_4} \times 44/136 \qquad (6-41)$$

其中：

$Q_{plaster}$ 为石膏的消耗量，单位为 t；

C_{CaSO_4} 为石膏中硫酸钙的平均含量，单位为%。

第7章 工业污废水处理碳排放统计核算体系

一般要求大型企业将排出的污废水处理后才能排出，小型企业可以委托污水处理厂来处理。污废水处理碳排放统计核算即统计污废水处理过程中的 CH_4 排放量，这是表征污废水处理对环境影响的重要指标。本章首先简单概述了污废水处理 CH_4 排放机理与排放源的界定；其次，构建了污废水处理 CH_4 排放统计核算体系；再次，重点探讨了工业废水处理过程中 CH_4 排放的统计核算；最后，考虑到专门的污水处理厂除了处理工业污废水，也需要处理生活污水，所以在最后一节简要介绍了生活污水处理过程中 CH_4 排放的统计核算。

7.1 污废水处理碳排放概述

生活污水和工业废水处理是废弃物处理的一部分，主要产生的温室气体为 CH_4 和 N_2O。从计算方法来看，污废水处理过程中的 N_2O 排放量主要取决于区域内的人口总数，故污废水处理过程中的 N_2O 排放统计核算问题在第13章进行讨论，本章只探讨污废水处理过程中的 CH_4 排放统计核算。

中国政府在 2004 年 12 月向联合国提交了以 1994 年为基准年的《中华人民共和国气候变化初始国家信息通报》，其中包含的"第一次国家温室气体清单"包括城市废弃物（固废和废水）处理温室气体排放清单，清单对 1994 年中国城市垃圾和污废水处理系统温室气体排放进行了分区研究，并在分区研究的基础上利用《1996 年 IPCC 国家温室气体清单指南》推荐的计算方法和中国实际的有关参数，计算了中国 1994 年生活污水和工业废水处理系统的 CH_4 排放量：1994 年中国生活污水和工业废水处理 CH_4 排放量为 569 万吨（11949 万吨 CO_2 当量），占当年中国温室气体排放总量（36.5 亿吨 CO_2 当量）的 3.27%。

一　污废水处理 CH_4 排放机理

CH_4 产生量与废水中的可降解有机材料量、温度以及处理系统的类型有关。当温度增加时，CH_4 的产生速率增大，在 15℃ 以下，CH_4 的产生量不大，而在 15℃ 以上，则会继续产生 CH_4。

决定废水中 CH_4 产生潜势的主要因子是废水中可降解有机物的量。用于测量废水有机成分的常见参数有生化需氧量（BOD）和化学需氧量（COD）。同样的条件下，COD（或 BOD）浓度较高的废水产生的 CH_4 量通常会大于 COD（或 BOD）浓度较低的废水产生的 CH_4 量。BOD 浓度仅表示有氧环境下可生物降解的碳量。COD 表征可以化学氧化的所有有机物总量（可生物降解和非生物降解）。BOD 是一个耗氧参数，所以它可能不太适用于确定厌氧环境中的有机成分，而且废水类型和废水中的细菌类型都会影响废水中的 BOD 浓度。

废水厌氧生物处理又称前期厌氧消化和厌氧发酵，是指在厌氧条件和多种（厌氧或兼性）微生物共同作用下，分解有机物并产生 CH_4 和 CO_2 的过程。厌氧消化是一个极其复杂的过程。关于厌氧消化有"两阶段理论"、"三阶段理论"和"四阶段理论"，其中"三阶段理论"被认为是对厌氧生物处理过程更全面、更准确的描述。

二　污废水处理 CH_4 的排放源界定

CH_4 产生于污废水设施中细菌对有机质的厌氧分解，以及食品加工和其他工业设施的废水处理。

厌氧分解是指在无氧条件下有机质分解为气体（CH_4 和 CO_2）的过程。尽管动力学过程和物料平衡都与需氧系统相似，但仍需对一些基本区别加以考虑。有机酸转化为 CH_4 气体会产生少量能量，因此生长速度慢，并且合成的生物质产量低。污泥产生和有机物去除的动力学速度都比活性污泥法慢很多。转化成气体的有机物数量在 80%～90%。厌氧过程中细胞合成较少，所以养料需求量也少于需氧体系。高的操作效率需要高温和使用加热的反应塘，反应产生的 CH_4 可用于反应器加热。低 COD 和 BOD 浓度的废水将不能产生足够的 CH_4。

工业废水包括生产污水、冷却水和生活污水。根据工业废水中的主要污染物的性质，工业废水可分为无机废水和有机废水。例如，矿物加工过程的废水是无机废水，食品加工过程的废水是有机废水。有些工业废水中常常同时有较高的无机物和有机物，如中药制药废水。

7.2　污废水处理碳排放统计核算指标体系

污废水处理 CH_4 排放部分活动水平数据由污水处理厂和自建有污水处理设施的工业企业提供，统计指标包括城镇生活污水排放量、污水处理厂设计处理能力、城镇生活污水处理量、城镇生活污水 COD 产生量、污水处理厂去除生活污水中 COD 量、入环境 COD 量，以及工业废水排放总量（COD 量）、工业废水 COD 入环境量、工业废水 COD 处理量、污泥产生量和处置量等，具体见表 7-1 和表 7-2。

表 7-1　城镇生活污水处理 CH_4 排放统计指标（污水处理厂）

		表　　号：
		制定机关：
		文　　号：
填报地区：		有效期至：
污水处理厂名称：	年	计量单位：万吨

指标名称	代码	本年
甲	乙	1
接收生活污水排放总量（COD 量）	01	
生活污水处理量（COD 量）	02	
集中耗氧处理厂（管理完善）处理量	03	
集中耗氧处理厂（管理不完善）处理量	04	
污泥的厌氧净化槽处理量	05	
厌氧反应堆处理量	06	
浅厌氧化粪池（深度不足 2 米）处理量	07	
深厌氧化粪池（深度超过 2 米）处理量	08	
污泥产生量	09	
污泥处置量	10	
土地利用量	11	

续表

指标名称	代码	本年
甲	乙	1
填埋处置量	12	
建筑材料利用量	13	
焚烧处置量	14	
污泥倾倒丢弃量	15	

单位负责人：　　　　　　填表人：　　　　　　报出日期：

注：1. 本表由污水处理厂负责报送；

　　2. 统计范围是各市（州）、区（县）内城镇污水处理厂；

　　3. 报送时间为每年 7 月 31 日前；

　　4. 审核关系：02＝03＋04＋05＋06＋07＋08，10＝11＋12＋13＋14。

表 7-2　工业废水处理 CH_4 排放统计指标（污水处理厂和自建有污水处理设施的企业）

表　　号：

制定机关：

填报地区：　　　　　　　　　　　　　　　　文　　号：

企业或污水处理厂名称：　　　　　　　　　　有效期至：

所属行业：　　　　　　　　　　　年　　　　计量单位：万吨

指标名称	代码	本年
甲	乙	1
工业废水排放总量（COD 量）	01	
工业废水处理量（COD 量）	02	
污泥产生量	03	
污泥处置量	04	
土地利用量	05	
填埋处置量	06	
建筑材料利用量	07	
焚烧处置量	08	
污泥倾倒丢弃量	09	

单位负责人：　　　　　　填表人：　　　　　　报出日期：

注：1. 本表由污水处理厂和自建有污水处理设施的工业企业负责报送；

　　2. 统计范围是各市（州）、区（县）内污水处理企业和排放企业；

　　3. 报送时间为每年 7 月 31 日前；

　　4. 审核关系：04＝05＋06＋07＋08。

企业填报的污废水处理统计数据可以与环保数据进行交叉验证，故有必要对环保部门的污废水处理统计数据进行调查，相关调查指标如表7-3、表7-4所示。

表7-3 城镇生活污水处理 CH_4 排放统计指标（环保部门）

表　　号：
制定机关：
文　　号：
有效期至：

填报地区：
填报单位：　　环保局 年 计量单位：万吨

指标名称	代码	本年
甲	乙	1
生活污水排放总量（COD量）	01	
生活污水处理量（COD量）	02	
集中耗氧处理厂（管理完善）处理量	03	
集中耗氧处理厂（管理不完善）处理量	04	
污泥的厌氧净化槽处理量	05	
厌氧反应堆处理量	06	
浅厌氧化粪池（深度不足2米）处理量	07	
深厌氧化粪池（深度超过2米）处理量	08	
污泥产生量	09	
污泥处置量	10	
土地利用量	11	
填埋处置量	12	
建筑材料利用量	13	
焚烧处置量	14	
污泥倾倒丢弃量	15	

单位负责人： 填表人： 报出日期：

注：1. 本表由环保部门负责报送；

2. 统计范围是各市（州）、区（县）内城镇污水处理厂和污水处理设施；

3. 报送时间为每年7月31日前；

4. 审核关系：02＝03＋04＋05＋06＋07＋08，10＝11＋12＋13＋14。

表 7-4　工业废水处理 CH_4 排放统计指标（环保部门）

表　　号：
制定机关：
文　　号：

填报地区：　　　　　　　　　　　　　　　　　　　　有效期至：

填报单位：　　　环保局　　　　　　　　　　年　　　　计量单位：万吨

指标名称	代码	本年
甲	乙	1
工业废水排放总量（COD 量）	01	
工业废水处理量（COD 量）	02	
污泥产生量	03	
污泥处置量	04	
土地利用量	05	
填埋处置量	06	
建筑材料利用量	07	
焚烧处置量	08	
污泥倾倒丢弃量	09	

单位负责人：　　　　　　　　　填表人：　　　　　　　　报出日期：

注：1. 本表由环保部门负责报送；

　　2. 统计范围是各市（州）、区（县）内城镇污水处理厂和污水处理设施；

　　3. 报送时间为每年 7 月 31 日前；

　　4. 审核关系：04＝05+06+07+08。

7.3　工业废水处理碳排放

废水产生于各种各样的工业源，其处理方式分为就地处理（未收集），以及通过下水道排放到集中设施（收集）进行处置，工业废水 CH_4 气体的排放源包括工业废水及污泥。有一些工业废水可能与生活污水混合被排放到城市下水道中。下水道可能是露天或封闭的。露天下水道由露天渠道、排水沟和小沟渠构成。据研究，CH_4 并不是主要来源于地下水道中的废水。露天下水道因太阳照射升温，同时污水不流动而形成无氧条件，所以会产生 CH_4。

一　方法介绍

根据《省级温室气体清单编制指南（试行）》提供的算法，工业废水

中的 CH_4 排放量计算公式为：

$$E_{CH_4} = \sum_i \left[(TOW_i - S_i) \times EF_i - R_i \right] \tag{7-1}$$

其中：

E_{CH_4} 指 CH_4 的排放量（千克 CH_4/年）；

i 表示不同的工业行业；

TOW_i 指的是工业废水中可降解有机物的总量（千克 COD/年）；

S_i 指的是以污泥方式清除掉的有机物总量（千克 COD/年）；

EF_i 指的是排放因子（千克 CH_4/千克 COD）；

R_i 指的是 CH_4 回收量（千克 CH_4/年）。

二　活动水平数据选取

工业废水经过专业处理后，一部分流入城市污水管道系统，另一部分直接流入河流、湖泊、海洋等环境系统。为了避免重复计算，将各工业行业的可降解有机物也就是活动水平数据分为两类，分别是从企业统计报表中获得处理系统去除的 COD 和直接排入环境的 COD。

工业废水处理 CH_4 排放活动水平数据可由各污水处理厂和建有污水处理设施的企业填报表 7-2 获得，具体汇总表请查阅附录四中的表 1。

三　排放因子数据

在进行废水处理时，不同工业废水类型 CH_4 的排放量存在差异，不同类型的工业废水具有不同的 CH_4 排放因子，包括 CH_4 最大产生能力和 CH_4 修正因子。不同区域和行业的工业废水具体的 CH_4 修正因子或通过现场实验获取，或通过专家判断等方式获取，附录四中的表 2 给出了各行业工业废水的修正因子（MCF）推荐值。

7.4　生活污水处理碳排放统计核算

本节将从以下三个方面阐述生活污水处理 CH_4 排放核算方法及具体技术。

一　生活污水处理 CH_4 排放核算方法

根据《省级温室气体清单编制指南（试行）》提供的计算方法，生活污水处理 CH_4 排放的估算公式为：

$$E_{CH_4} = (TOW \times EF) - R \tag{7-2}$$

其中：

E_{CH_4} 指清单年份的生活污水处理所含 CH_4 的排放总量（千克 CH_4/年）；

TOW 指清单年份的生活污水中有机物含量（千克 BOD /年）；

EF 指的是排放因子（千克 CH_4/千克 BOD）；

R 指的是清单年份的 CH_4 回收量（千克 CH_4/年）。

其排放因子（EF）的估算公式为：

$$EF = B_o \times MCF \tag{7-3}$$

其中：

B_o 指 CH_4 最大产生能力；

MCF 指 CH_4 修正因子。

二　活动水平数据测算

污水中有机物的总量 TOW 是生活污水处理过程中 CH_4 排放的活动水平数据，其指标为生化需氧量（BOD），按污水处理的方式可分为直接排入环境（海洋、河流或湖泊等）以及经污水处理厂专业处理两大部分。目前，国内仅有化学需氧量（COD）的统计数据，即生活污水中有机物COD总量，通过 BOD 与 COD 的比例关系换算可得到 TOW 值。

生活污水处理 CH_4 排放活动水平数据可由各污水处理厂填报表 7-2 获得，汇总可得表 7-5。

表 7-5　生活污水处理 CH_4 排放活动水平数据汇总

行政区划	城镇生活污水中 COD 产生量（吨）	污水处理厂去除生活污水中 COD 量（吨）	分处理方式处理量	
			集中耗氧处理厂（管理完善）处理量（吨 COD）	

续表

行政区划	城镇生活污水中 COD 产生量（吨）	污水处理厂去除生活污水中 COD 量（吨）	分处理方式处理量	
			集中耗氧处理厂（管理不完善）处理量（吨 COD）	
			污泥的厌氧净化槽处理量（吨 COD）	
			厌氧反应堆处理量（吨 COD）	
			浅厌氧化粪池（深度不足 2 米）处理量（吨 COD）	
			深厌氧化粪池（深度超过 2 米）处理量（吨 COD）	

注：该汇总数据可以和环保统计数据进行交叉验证。

三　排放因子数据确定

1. 生活污水处理 CH_4 修正因子（MCF）

修正因子表示不同污水处理和排放的途径或系统达到的 CH_4 最大产生能力（B_o）的程度，也从侧面反映了系统的厌氧程度。《省级温室气体清单编制指南（试行）》推荐的修正因子可以利用以下公式进行估算：

$$MCF = \sum_i WS_i \times MCF_i \qquad (7\text{-}4)$$

其中：

WS_i 指第 i 类废水处理系统处理生活污水的比例；

MCF_i 指第 i 类处理系统的 CH_4 修正因子。

结合我国实际情况，利用相关数据，得出全国平均的生活污水 MCF 为 0.165，并作为推荐值。具体数据请查阅附录四中的表 3。

2. 生活污水处理 CH_4 最大产生能力（B_o）

CH_4 最大产生能力，指的是污水中有机物能够产生的最大的 CH_4 排放量。

第8章　区域维度碳排放统计核算体系

气候变化正在持续加剧且对人类生产和生活都造成了严重的影响，我们必须尽快实施行动，以减小这种负面影响。面对气候变化问题，中国政府一直以来都坚持大国担当，通过制定一系列具体的量化目标，积极应对与处理，致力于节能减排。例如，在"十二五"期间，中国将能耗强度和二氧化碳排放强度从"十一五"的水平分别降低16%和17%。国家将这个总目标进行了逐级分解，将其落实到子行业和子地区，从而更有利于总目标的成功达成。

要想实现定量化的目标，达到节能减排的效果，必须重视区域减排这个重要模块。在全世界范围内，针对温室气体排放，将区域划分为基础单元已然成为关注点，世界上各个国家都开始从区域层面着手，从而更好地应对气候变化问题和温室气体减排行动。

在区域层面应对气候变化问题上，针对区域整体温室气体排放水平以及排放趋势，温室气体核算能够帮助了解、识别主要的排放来源，有利于帮助相关部门分解和考核温室气体排放目标，以及评估规划区域内的低碳活动。此外，从区域层面应对气候变化温室气体核算还能够帮助加强温室气体核算工作的基础能力建设，有利于国家温室气体统计核算体系的建立，同时温室气体核算结果也可以针对国内外进行横向比较。

区域是一个开放的物质流系统，测量区域温室气体排放不仅需要量化排放的方法，还涉及地理边界、温室气体排放的种类和排放来源、数据收集的方法和核算结果报告格式等一系列内容。本章首先对区域碳排放统计核算的意义进行了简单的概述；其次，基于区域能源活动、区域工业生产过程、农业活动、林业和区域废弃物处理等，构建区域碳排放统计核算体系的基本框架；再次，介绍了区域碳排放统计核算的基本方法，包括基于测量和基于计算两种方法；最后，界定了区域碳排放统计核算的边界。

8.1 区域维度碳排放统计核算体系的基本框架

一 区域内企业

企业维度的碳排放核算主体是规模以上工业企业，因此，区域维度下的"区域内企业"是指除了规模以上工业企业的各类企业。

（一）工业能源消费（CO_2、CH_4、N_2O）

区域层面能源温室气体排放可以根据温室气体的产生原理来划分，大致有三种类型，分别为化石燃料燃烧、生物质燃料燃烧和燃料逃逸排放。前两种类型主要产生 CO_2、CH_4 和 N_2O 三种温室气体，第三种类型主要产生的温室气体是 CH_4。其中，生物质燃料燃烧产生的 CO_2 在计算排放总量时不计入其中，因为它是对生长时通过光合作用吸收 CO_2 的一种释放，属于自然碳循环的一部分。

（二）工业生产过程（CO_2、CF_4、N_2O）

区域层面工业排放的温室气体大致来源于两个方面。一方面，化石燃料燃烧所排放的温室气体，属于化石燃料燃烧排放，在能源活动中计算和报告；另一方面，工业生产过程中会发生一系列物理和化学反应，从而产生温室气体的排放，属于工业生产过程排放，在工业生产过程中计算和报告。举例来说，生产水泥时因燃烧燃料产生的排放属于能源活动排放，而生产水泥熟料时碳酸盐分解产生的排放属于工业生产过程排放。

（三）工业废水处理（CH_4、N_2O）

工业废水处理过程中主要会产生 CH_4 和 N_2O，工业废水处理系统先将废水进行收集，通过输送预处理后进行污染物的集中去除，再进行利用或排放。废水处理系统中温室气体的排放主要来自生物处理过程中厌氧过程及污泥处理过程中 CH_4 的排放、有机物转化的 CO_2 及脱氮过程中 N_2O 的排放。其中，CO_2 是生物成因，属于自然碳循环的一部分，不计算在排放总量中。

二　农业活动

区域层面农业活动造成的温室气体排放来自四条路径：稻田活动（CH_4）、农田活动（N_2O）、动物肠道发酵（CH_4），以及动物粪便管理（CH_4、N_2O）。

（一）稻田活动（CH_4）

我们将水稻根据其成熟的快慢分为三个品种，分别是单季稻（中稻）、双季早稻和双季晚稻。种植水稻的过程中，稻田中的有机物质所处的环境属于厌氧环境，其通过微生物代谢和有机物矿化过程产生 CH_4。

（二）农田活动（N_2O）

N_2O 的一个重要来源就是田地土壤，其排放量大约是整个生物圈释放 N_2O 总量的 90%。导致高排放的首要原因是农田活动使用化学氮肥。我们可以将农作物土地的 N_2O 排放大体分为两部分，即直接排放和间接排放。其中，施加化肥、粪肥和秸秆还田过程造成的排放属于直接排放；大气氮沉降和淋溶、径流引起的排放（在降水量小于蒸散量的地区是没有径流的）属于间接排放。

（三）动物肠道发酵（CH_4）

食草类家禽家畜在肠道发酵过程中会产生 CH_4，这也是 CH_4 排放的重要渠道之一。

（四）动物粪便管理（CH_4、N_2O）

在进行动物粪便管理的过程中，也会引起 CH_4 和 N_2O 的排放。牲畜粪便在储存和管理的过程中，所处条件为厌氧环境，甲烷细菌将有机物质分解，从而产生大量的 CH_4。粪便管理系统的 N_2O 排放可以大致分为直接和间接两类。间接排放主要以氨气和其他氮氧化物的形式挥发或淋溶。

三　林业

林业温室气体排放统计核算主要考虑"森林和其他木质生物质生物量变化"引起的碳储量变化，以及"森林转化"引起的温室气体排放。

（一）森林和其他木制生物质生物量碳储量变化（CO_2）

生物储量的变化主要包含生长和消耗两个部分：生长过程表现为碳吸收，排放量小于零；消耗过程表现为碳排放，排放量大于零。

虽然树木品种不同，但是如果生长状况差不多、相关的参数也极其相近的话，那么可以根据相同的方法来计算。例如，活立木（乔木林、疏林、散生木、四旁树）的碳储量变化可以按照同一种方法计算，计算活立木的碳吸收和碳排放；竹林、经济林和灌木林按照同一种方法计算，计算竹林、经济林和灌木林的碳吸收。

（二）森林转化温室气体排放（CO_2、CH_4、N_2O）

森林转化是一种土地利用方式，即将现有的森林转化成其他的土地。森林转化过程中会造成生物破坏，它分为两部分释放温室气体：一部分是经过燃烧（包括就地和异地）最终排放到大气中；另一部分是通过长时间的分解，最终得以释放。统计核算"有林地"转化成"非林地"过程中产生的 CO_2、CH_4 和 N_2O 排放。有林地指的是乔木林、竹林、经济林；非林地主要指的是农地、牧地、城市用地、道路用地。

1. 燃烧引起的排放（CO_2、CH_4 和 N_2O）

森林转化过程中，燃烧生物量可以通过就地燃烧或者异地燃烧来完成。就地燃烧产生的温室气体主要包含三种，分别是 CO_2、CH_4 和 N_2O；而异地燃烧的森林木质产品往往可以用作能源，其产生的 CH_4 和 N_2O 在"能源活动"中"生物质燃料燃烧"的"薪柴"部分已经进行了计算，所以，异地燃烧需要计算的温室气体排放量只有 CO_2 排放量。

2. 分解引起的排放（CO_2）

森林转化分解是燃烧残物耗时许久的分解，由于这个过程极其缓慢，如果使用某一特定年份的年转化面积数据的话，并不合适，所以通常采用 10 年平均的年转化面积来进行计算。

四　废弃物处理

区域废弃物处理引起的温室气体排放主要来源于两类：一类是对区域固体废弃物的处理，另一类是处理生活污水。前者主要指的是对区域内居民的生活垃圾进行填埋和焚烧。

（一）垃圾填埋（CH_4）

在我国，最平常的垃圾处理方式就是填埋，垃圾中的有机物在很久之后会被慢慢分解，在此过程中便会排放 CH_4。对于垃圾填埋过程中产生的 CH_4 排放量的计算，IPCC 推荐了质量平衡法和一阶衰减法（FOD）。但是一阶衰减法在应用工程中对数据提出的要求比较高，需要至少 50 年固体废弃物处置（数量和构成）的一系列详细数据，考虑到城市温室气体核算工作处于萌芽阶段，数据基础依然不够强大，因此，我们一般采用质量平衡法，它的优点是操作较为简单，但劣势在于计算出的温室气体排放量会偏高。

（二）垃圾焚烧（CO_2）

垃圾焚烧过程中产生的温室气体主要是 CO_2，另外还会产生少部分 N_2O，但计算时只需要统计出 CO_2 的排放量即可。除此之外，垃圾焚烧存不存在能源回收利用也需要鉴别，该差异将影响排放处理方式。无能源回收利用的垃圾焚烧部分被视作废弃物处理排放，有能源回收利用的垃圾焚烧部分则被视作能源活动排放。

按照中国垃圾焚烧的种类标准来分的话，计算垃圾焚烧产生的 CO_2 排放时，需要将垃圾分为生活垃圾、危险废弃物以及污水处理中的污泥。该部分排放核算不包括纸张、食品、木料中的碳等生物质燃烧产生的 CO_2。

（三）生活污水处理（CH_4、N_2O）

生活污水在水解和发酵细菌作用下，碳水化合物、蛋白质与脂肪水解和发酵转化为单糖、氨基酸、脂肪酸、甘油以及 CO_2 和 H_2 等，然后在产氢产乙酸菌作用下，把上一阶段产物转化为 CO_2、H_2 和乙酸，最后在两组不同的产甲烷菌作用下，一组将 CO_2 和 H_2 转化为 CH_4，一组将乙酸脱羧转化为 CH_4。

污水处理过程中氮的硝化作用和反硝化作用会导致 N_2O 的直接排放。硝化作用是一个将氨和其他氮化合物转化成硝酸盐（NO_3^-）的耗氧过程；而反硝化作用发生在缺氧条件（无氧气释放）下，将硝酸盐转化成氮气（N_2）。N_2O 是这两个过程的中间产品，不过与反硝化作用的关联往往更大。

　　综上，区域维度碳排放统计核算中应该包括居民的生活类碳排放，由于居民生活类排放主要是能源消费型排放，其中最主要的能源产品是电力（尤其是在城市），其核算方法与第 10 章服务业、建筑业、公共机构碳排放统计核算方法非常类似，运用公式（10-1）和公式（10-2）即可做相应核算，所以本章并未将其单独论述。

8.2　区域碳排放统计核算方法

　　核算温室气体排放可以基于测量的方法或者基于计算的方法。基于测量的方法具体是指持续测量温室气体排放参数（包括浓度和体积等），从而进行核算，这就要求在排放产生处安装实时监控设备。基于计算的方法中较为普遍使用的是排放因子法，指的是收集活动水平数据并结合各种参数来计算温室气体排放量。基于测量的方法优点是结果较为准确，但考虑到其庞大的工作量和高昂的设备购置成本，目前排放因子法应用较为广泛，为大部分单位所接受，本节也将对排放因子法进行重点介绍。

　　排放因子法的公式为：温室气体排放量等于活动水平数据乘以排放因子。活动水平数据对区域内温室气体排放活动进行了量化，如锅炉燃烧消耗的煤的数量、居民生活的用电量等。排放因子指的是每一单位活动水平（如一吨煤或一度电）所对应的温室气体排放量，如"吨 CO_2/吨原煤""吨 CO_2/兆瓦时电力"。

一　活动水平统计核算

　　活动水平数据可以分成四个类别：统计数据、部门数据、调研数据和估算数据（见表 8-1）。由相关统计官方提供的数据称为统计数据，包括当地统计局和其他统计部门；部门数据指的是除了统计部门的政府职能部门或各个行业协会提供的相关数据；调研数据指的是通过走访与调查等统计方式而得到的数据；估算数据指的是缺乏前三种数据时，职能部门的业务骨干或相关行业专家按照以往的经验而推断出的数据。在上述四种数据中，调研数据属于"自下而上"的数据，而其余三种属于"自上而下"的数据。

表 8-1　数据收集方式

方式和数据		含义	示例
自上而下	统计数据	统计体系提供的数据,包括当地统计局或者其他统计部门提供的数据	各类统计年鉴
	部门数据	政府职能部门或者行业协会提供的数据	从市车辆管理所获得的各类汽车保有量数据
	估算数据	当地职能部门业务骨干或者相关行业专家凭借业务积累经验进行判断后给出的数据	
自下而上	调研数据	基于数据缺乏或者数据调查的需要,通过调研、抽样调查等方式收集和汇总的数据	车辆出行调研、建筑能耗调研

　　"自上而下"方式的优点在于所用数据都是官方统计数据,该数据可信度较高,普遍受到认可,且收集数据花费的时间相对较短,所付成本也相对较低;缺点在于数据详细程度可能无法满足排放统计核算的具体细分要求,对排放结构无法进行深入的剖析。"自下而上"方式的优点则在于它可以根据现实需要收集较为翔实的相关数据,计算结果有利于分析排放结构、有针对性地识别关键的排放来源等;缺点在于对数据详细程度要求较高,需要耗费更多的时间、人力、物力和财力。

　　因为现实中可能存在缺失统计数据以及部门数据的现象,尤其存在区域层面数据的缺失,没办法仅仅依靠单一的"自上而下"或"自下而上"方式获取所有数据,所以,需要将两种方式相结合。建议采取以下的步骤:第一步,如果统计数据、部门数据可以满足统计核算的数据需求,则优先采用统计数据和部门数据;第二步,如果统计数据和部门数据缺失,或者详细程度无法满足统计核算的数据需求,则通过调研、抽样调查等方式收集和汇总调研数据;第三步,如果无统计数据和部门数据,同时考虑时间、人力和物力等限制因素无法收集调研数据,可以通过专家咨询方式获得估算数据;第四步,如果同时存在多个数据来源,则将不同来源的数据进行相互补充、验证,寻找误差及其产生的原因,根据具体情况选择一个合适的数据来源。

二　排放因子数据

排放因子和活动水平数据一样是计算温室气体排放量的两大要素之一。排放因子分为两种，即自定义排放因子、默认排放因子（见图8-1）。自定义排放因子指的是温室气体统计核算的主体根据当地的实际情况计算的实测排放因子；默认排放因子包括三种，即区域排放因子［指参照相关温室气体统计核算的区域排放因子（省级或跨省）］、国家排放因子和IPCC规定的排放因子。按照反映当地排放特征的精准性由高到低划分排放因子，依次为实测排放因子、区域排放因子（省级或跨省）、国家排放因子和IPCC排放因子。

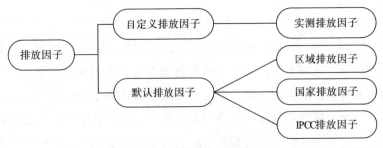

图8-1　排放因子分类

排放因子是一个具体的数值，但可能取决于多个参数指标。由于使用材料本身不尽相同，确定不同排放因子所需的参数数量也会存在差异。煤的热值和氧化率决定了煤的碳排放因子；对垃圾进行焚烧处理时，不同垃圾类型的含碳量比例、矿物碳占碳总量的比例、垃圾焚烧的碳氧化率，以及碳转换成 CO_2 的转换系数（CO_2 与 C 之比为 44/12）决定了 CH_4 的排放因子。

工业生产过程由于生产原理类似，只需按照不同工艺区分排放因子，地域性差别不大，因此采用全国平均值；农业活动的默认排放因子按照区域进行了划分；土地利用变化和林业的排放因子细分到省；废弃物处理的排放因子取全国平均值。

尽管区域实测排放因子是最优选择，但在以下情况下允许统计核算时使用优先级别稍低的排放因子。

中国地域辽阔、城市众多，不同地区资源禀赋、自然环境、气候条件、居民生活习惯等千差万别，统计核算无法针对每个区域一一提供实测排放因子。

数据可获得性差是计算当地排放因子的最大障碍，尤其在某一地域，特别是县一级及以下城市的数据基础较差，同时缺乏能力建设，计算和使用实测排放因子不是十分现实。

对于部分排放因子，地域差异会对其造成影响，例如，不同区域煤炭种类不同，其所含水分、热值不同，对排放因子的影响可能较大。但对于部分排放因子，地域并不是主要影响因素，如工业生产过程中的排放因子主要取决于其采用的技术、工艺，受地域影响不大，可以使用全国平均值作为排放因子。

由于能源部门尤其是化石燃料燃烧产生的排放可能是绝大多数地区的最主要排放源，统计核算时可自行计算当地的能源排放因子。计算方法可以参考世界资源研究所出版的《能源消耗引起的温室气体排放计算工具指南》中第 5 章 "确定排放因子"。

8.3　区域碳排放统计核算边界

区域碳排放统计核算边界主要包括地理边界和温室气体种类，并对未包含在内的温室气体种类及其原因进行说明。

一　地理边界

进行区域温室气体排放统计核算时首先需要确定地理边界，也即数据边界的确认，地理边界的选择主要取决于核算的目的。行政区划意义上的城市、大城市圈、建成区、园区、社区等都可以作为核算的地理边界。

区域应对气候变化温室气体统计核算可以城市行政区域为单位进行计算，这不仅符合中国以行政区划为单元进行分层管理的规则，而且我国大部分数据的统计单位是行政区划。如针对城市交通，最佳的地理边界为 "市"，其他边界不仅可能因缺少数据而难以核算，而且对行业减排政策制定的意义也不大。

根据核算目的和统计部门的需要，也可以将大城市圈、建成区、园区和社区作为地理边界进行应对气候变化温室气体核算，核算方法和以行政区划作为边界的方法相同，只是由于可能缺乏统计数据和部门数据，主要依靠"自下而上"方式进行数据收集。另外，建成区、园区、社区覆盖的地理面积较小，排放源种类相对单一，排放源数量相对较少，数据收集和温室气体核算的工作量也相对较少。

（一）核算范围

根据地理边界的界定，本章进行核算范围的确定。应对气候变化温室气体排放可以分为直接和间接两种。直接排放发生在区域地理边界之内；间接排放由区域地理边界之内的活动引起，却发生在区域地理边界之外。为了更加清晰地区分直接排放和间接排放，并避免计算过程中的重复计算问题，区域应对气候变化温室气体统计核算采用第 4 章企业维度提出的"范围"的概念，将区域应对气候变化温室气体统计核算也划分为三个"范围"。

"范围一"排放指的是发生在区域地理边界以内的排放，也就是直接排放，例如直接排放会存在于区域内交通运输过程中、生产过程中煤炭的燃烧以及区域供暖过程中天然气的燃烧等。

"范围二"排放是指区域地理边界以内的活动所消耗的调入的电力和热力（包括热水和蒸汽）相关的间接排放。区域生产的热力一般情况下都是供本地使用，较少存在调入或调出的情况，但并不排除一个区域向相邻区域短距离输送热力的情况，或是在一个相对较大的区域内相邻两个区、县之间可能存在热力输送的情况。因此，区域碳排放统计核算过程中要考虑电力和热力的"范围二"排放。

"范围三"排放指的是除了"范围二"排放的所有其他间接排放，包括上游"范围三"排放和下游"范围三"排放（见图 8-2）。前者包括原材料异地生产、跨边界交通运输以及购买的产品和服务产生的排放，后者包括跨边界交通运输、跨边界废弃物处理和产品使用产生的排放等。鉴于"范围三"排放核算的复杂性和数据的可获得性等限制因素，区域碳排放统计核算可以只涵盖跨边界交通运输和跨边界废弃物处理产生的"范围三"排放。

综上，区域应对气候变化温室气体排放核算范围如图 8-3 所示。

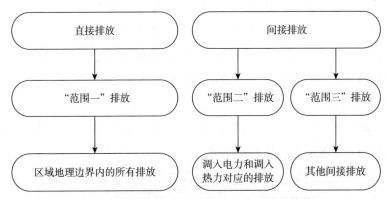

图 8-2　区域应对气候变化温室气体排放核算范围

图 8-3　区域应对气候变化温室气体排放核算范围示意

注：上游活动和下游活动都可能包括跨边界交通运输。例如，上游活动包括原材料的运输，下游活动包括产品的运输等。也有部分交通活动无法区分是上游活动还是下游活动，如公司员工差旅等。除跨边界交通运输和跨边界废弃物处理外的其他"范围三"排放相关核算和报告标准尚在开发中，暂不提供针对此排放源的核算。

（二）核算规则

之所以专门区分"范围二"排放，是因为电力和热力属于二次能源，其在生产过程中消耗的一次能源作为"范围一"排放已经计算过一次，如果再将电力和热力等二次能源消费的排放和一次能源产生的排放进行加总，则可能在同一核算主体上造成重复计算的问题。此外，在建筑等用能领域，电力和热力在整体能耗中所占的比重较大，是不可忽视

的重要排放源。因此，处理好"范围二"排放的核算十分重要，需要将
与电力和热力消费相关的"范围二"排放单独核算和列出，以供决策者
参考，但不能与"范围一"排放相加。在区域应对气候变化温室气体统
计核算中要遵循"范围二"排放的如下核算规则。

1. 规则一

区域"范围二"排放核算所对应的是电力和热力的调入量，与是否
调出和净调入量无关。计算公式为：

$$
\begin{aligned}
电力"范围二"排放 &= 调入电量×电力排放因子 = \\
&（终端消费量+损失量）×电力排放因子
\end{aligned} \tag{8-1}
$$

$$
\begin{aligned}
热力"范围二"排放 &= 调入热量×热力排放因子 = \\
&（终端消费量+损失量）×热力排放因子
\end{aligned} \tag{8-2}
$$

2. 规则二

"调入"、"调出"和"净调入"的定义如下。

调入是指从地理边界外输送到地理边界内，且相关能源是用于区域
内消费的。

电力：电力一经上网即同质化，无法区分来源，因此将所有通过
电网输送至区域内的电力均视为调入电力。但是，从区域外输送到区
域内的电力包括调入供本地消费的电力，也包括调入后未作消费又调
出的电力。根据"范围二"排放的定义，调入电力仅指从区域地理边
界外输送到区域地理边界内，并供区域内消费的电力，包括终端消费
量和损失量。使用未上网自发电不涉及调入的概念，相关排放在"范
围一"中计算。

供热：调入热力是指从地理边界外输送到地理边界内，并供当地消
费的热力，包括终端消费量和损失量。通常，区域供热才可能存在调入
或调出的情况，分布式供热不存在跨区域输送，相关排放在"范围一"
中计算。

调出是指从地理边界内输送到地理边界外。

电力：从区域内输送到区域外的电力包括城市内电厂（包括火力发
电和其他形式的发电）生产的所有上网电力，以及从区域外调入未作消
费又调出的电力。本章"调出电力"仅指区域内所有类型电厂生产的上

网电力，即生产量。

热力：调出热力是指从区域地理边界内输送到区域地理边界外的热力。分布式供热不存在跨区域输送，相关排放在"范围一"中计算。

净调入指的是用调入量减去调出量，如果调入量大于调出量，用"+"表示；如果调入量小于调出量，用"-"表示。当净调入量的符号为"+"时，则代表城市中的消费量大于生产量；当净调入量的符号为"-"时，则代表城市中的生产量大于消费量。作为参考，将净调入电量、热量以及对应的排放在"信息项"中报告。

3. 规则三

关于规则一中提到的损失量，如果区域有损失量数据，或有损失量占终端消费量的比例这一数据，则可直接利用。如无区域实际数据，可以根据当年《中国能源统计年鉴》中区域所在省份的地区能源平衡表中的损失量和终端消费量推算出损失率，再结合区域的终端消费量计算出区域的调入电力和热力所对应的损失量。

二 温室气体种类

根据区域应对气候变化温室气体核算的要求，统计核算参照《京都议定书》规定的六种温室气体排放，即二氧化碳（CO_2）、甲烷（CH_4）、氧化亚氮（N_2O）、氢氟碳化物（HFCs）、全氟化碳（PFCs）和六氟化硫（SF_6）。其中，HFCs 具体包括 HFC-23、HFC-32、HFC-125、HFC-134a、HFC-143a、HFC-152a、HFC-227ea、HFC-236fa 和 HFC-245fa，PFCs 具体包括四氟化碳（CF_4）和六氟乙烷（C_2F_6）。《京都议定书》规定的第七种温室气体三氟化氮（NF_3）暂时不需要考虑。

温室气体对全球升温的影响程度并不相同，这取决于每种气体的自身属性和其吸收红外线的能力强弱。为了将不同温室气体对全球升温的影响统一化，可以把 CO_2 当作标准，将其他温室气体换算成二氧化碳当量（CO_2-eq），这一属性被称为"全球变暖潜势值"（GWP），即特定温室气体在一定时间内相当于等量 CO_2 的吸热能力。根据 IPCC 第二次评估报告数值，CO_2、CH_4 和 N_2O 的全球变暖潜势值分别为 1、21 和 310。

第9章　交通运输行业碳排放统计核算体系

交通能源消耗是造成局部环境污染和全球温室气体排放的主要来源之一，环境保护和能源紧张均对中国交通运输业发展提出了严峻的挑战，因此，为了保护环境、减少石油消耗和维护国家能源安全，需要进一步发展能耗低且污染小的绿色低碳交通方式，如节能与新能源汽车等。本章尝试建立交通运输业温室气体排放统计核算制度，提出节能与新能源汽车减排新指标。本章首先介绍交通运输业温室气体排放统计核算制度的编制说明及引用文件和参考文献；其次，阐述交通运输企业的温室气体排放核算方法和报告制度；最后，将节能与新能源汽车作为减排指标，探讨中国交通运输业碳减排新指标核算制度。

9.1　交通运输业碳排放概述

社会经济发展带来地球资源的日渐消耗，尤其是伴随低碳经济时代的到来，石油资源被提升到国家安全战略的高度。研究显示，交通运输业能源利用占总体能源消费量的比重非常高，如美国、日本等发达国家交通运输业能源消费量占其能源消费总量的比重在 1/4 以上，其中，道路交通工具能耗占运输总能耗的比重达 80% 以上。国际能源署预计，2030 年全球运输用油将达 32 亿吨，占石油消费总量的 55%。

世界自然基金会（World Wildlife Fund，WWF）联合胡润百富发布的《2013 年在华非化石能源企业碳排放强度排行榜报告》显示，接受第三方调查的所有行业中，金融业平均碳排放强度最低，指数为 0.0183，建筑业为 0.3486，而交通运输业最高，为 2.1822。此调查结果表明，交通运输业的平均碳排放强度是金融业的 119 倍。

交通运输业作为国民经济的基础性产业，在社会经济向前迈进过程中提供基础性服务，是促进国家和地区经济发展的重要因素。根据国际汽车制造商协会统计，全球 CO_2 排放量中超过 15% 来自道路交通（主要是汽车尾气）。交通运输业是中国石油的主要消耗领域，统计显示，中国汽车消耗的燃料近年来以年均两位数的速度增加，是石油消耗增长的主要因素，2015 年，中国汽车领域的石油消耗达到 2.5 亿吨。

2009 年哥本哈根会议上，中国承诺 2020 年单位国内生产总值 CO_2 排放量比 2005 年下降 40%~50%。也正是在 2009 年，中国成为全球第一大汽车生产和消费国，能源短缺和环境污染问题更加严重，同时伴随而来的能源安全和环境问题也日益突出，交通运输业成为节能减排的重点领域之一。与此同时，中国石油对外依存度逐年上升，2009 年突破警戒线 50%，2013 年达到 58.1%，造成能源项目上的巨额贸易逆差。2015 年，中国石油消费的对外依存度首次突破 60%，已威胁到中国能源安全，预计 2020 年将达到 70%。

国际市场油价大幅度波动，中国石油消费与进口量每年呈现高速增长。根据国家统计局数据，中国石油消费量 2020 年达 6.54 亿吨，其中进口占比超过 90%（见图 9-1）。这严重阻碍了中国经济的可持续发展，环境保护和能源紧张均对中国交通运输业发展提出了严峻的挑战，因此，进一步发展能耗低且污染小的绿色低碳交通方式（如节能与新能源汽车）对于保护环境、减少中国石油消耗和维护国家能源安全有着非常重大的意义，相关研发和广泛应用迫在眉睫。

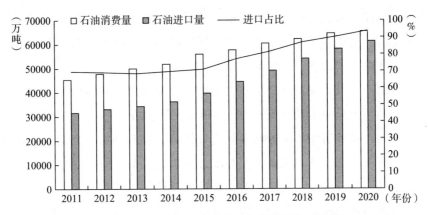

图 9-1 2011~2020 年中国石油消费量与进口量情况

资料来源：国家统计局。

温室效应和全球变暖是国际社会高度关注的问题，《联合国气候变化框架公约》和《京都议定书》规定了各国减少温室气体排放的责任和期限，并提出碳排放交易的措施。2014 年 12 月《联合国气候变化框架公约》第 20 次缔约方会议举行，2015 年全球节能减排方案出台。《巴黎协定》指出，交通运输业是欧盟温室气体排放第二大行业。目前，碳排放可能成为中国扩大对外贸易的壁垒。中国城市空气质量有待提升，汽车在改善空气质量策略及汽车产业转型中扮演着重要角色，日益严峻的环境问题更使交通运输业成为全社会普遍关注的焦点。

当前，全球已就"交通能源消耗是造成局部环境污染和全球温室气体排放的主要来源之一"达成共识，各国积极应对能源危机和环境污染。中国于 2018 年实施《乘用车企业平均燃料消耗量与新能源汽车积分并行管理办法》，直接推动了中国新能源汽车产业的蓬勃发展，对全球的汽车行业产生了深远的影响。

9.2　中国公路、水路和铁路运输企业碳排放核算方法与报告[①]

一　适用范围

参考深圳等地交通运输业 CO_2 排放计算方法，本节探讨了中国公路、水路和铁路运输企业温室气体排放核算方法与报告，本节核算的温室气体为 CO_2，核算边界为范围二，即包括燃料的直接燃烧排放以及净购入的电力和热力的排放。具体细分如下。

公路：本节规定了公交车和出租车企业温室气体排放的量化和报告规范，适用于公路运输企业温室气体排放核算和报告。

水路：本节适用于水运企业温室气体排放核算和报告，适用于具有法人资格的生产企业和视同法人的独立核算单位从事水路运输业务。

铁路：本节适用于铁路运输企业温室气体排放核算和报告。本节所指的铁路运输企业是指中国境内从事铁路运输的企业，铁路运输是指通过铁路来进行交通运输的陆上运输方式。

---

① 鉴于交通碳排放核算方法研究，深圳在全国处于领先地位，因此，本节计算公式是基于深圳交通运输业 CO_2 排放计算方法。

1. 报告主体

本节报告主体是交通运输业法人企业或视同法人的独立核算单位，其具有温室气体排放行为，应承担会计核算和报告责任。具体指运营的公交车运营公司和出租车运营企业，使用水运或铁路运输工具运送旅客、行李、邮件或者货物的企业法人。

2. 运输企业

公路：公路运输企业包括公路旅客运输企业和公路货物运输企业，即客运和货运。

水路：水路运输企业是使用船舶运送客货的一种运输方式，主要承担大规模、长距离的运输。

铁路：铁路运输企业指以营利为目的，使用铁路运输工具运送旅客、行李、邮件或者货物的企业法人。

二　核算边界

公路：本报告主体应在避免重复计算和漏算的同时，以交通运输业企业法人为界限，对与生产经营有关的所有温室气体排放，在边界范围内进行识别、核算和报告。公路运输企业的温室气体核算以及报告范围有两类。一类是燃料燃烧过程中释放的 CO_2，即燃料在各类固定或移动的燃烧设备（如锅炉、气源车、电源车、运输车辆等）中与氧气充分燃烧所生成的 CO_2；另一类是净购入电力以及热力所产生的 CO_2。

水路：水路运输企业的温室气体核算以及报告范围分为两类。一类是燃料燃烧过程中的 CO_2 排放，即在企业锅炉、气源车、电源车、运输车辆等各种固定或可移动燃烧设备中，燃料与氧气充分燃烧所产生的直接 CO_2 排放量。另一类是外购电力、热力产生的间接 CO_2 排放量。

铁路：本报告主体应以企业法人为边界，在避免重复计算和漏算的同时，对报告边界内与生产经营有关的所有温室气体的排放情况进行识别、核算和报告。如按有关行业温室气体排放核算和报告指南，对报告主体在其他产品生产过程中的温室气体排放情况进行核算和报告。铁路运输企业温室气体核算和报告范围有两类。一类是燃料燃烧的 CO_2 排放，即在企业锅炉、气源车、电源车、运输车辆等各种固定或可移动的燃烧设备中，燃料与氧气充分燃烧产生的直接 CO_2 排放；另一类是电力和热力的净买入带来的间接 CO_2 排放量。

三　核算方法

关于中国公路、水路和铁路运输企业温室气体排放核算方法与报告，本节将以公路运输企业为例进行探讨，水运和铁路运输企业温室气体排放核算方法与报告方式类似，不再赘述。

公路运输企业温室气体排放的总量等于企业核算边界以内燃料燃烧产生的直接 CO_2 排放加上净购入电力以及热力所产生的间接 CO_2 排放，公式为：

$$E = E_{燃烧} + E_{电和热} \qquad (9-1)$$

其中：

E 为公路运输企业 CO_2 排放的总量，单位为 t；

$E_{燃烧}$ 为燃料燃烧产生的直接 CO_2 排放量，单位为 t，包括化石燃料燃烧以及生物质混合燃料燃烧所产生的直接 CO_2 排放量；

$E_{电和热}$ 为公路运输企业净购入电力和热力产生的间接 CO_2 排放量，单位为 t。

公路运输企业燃料燃烧产生的 CO_2 排放包括公路运输过程中消耗的汽油、煤油等化石燃料，生物质混合燃料燃烧产生的 CO_2 排放，以及其他移动源和固定源所消耗的化石燃料燃烧产生的直接 CO_2 排放。公路运输企业燃料燃烧产生的 CO_2 排放量的计算公式为：

$$E_{燃烧} = \sum_i \left(AD_{化石,i} \times EF_{化石,i} \right) + \sum_j \left(AD_{生物质混合,j} \times EF_{生物质混合,j} \right) \qquad (9-2)$$

其中：

i 为化石燃料的种类，j 为生物质混合燃料类型；

$AD_{化石,i}$ 指的是第 i 种化石燃料的活动水平数据，单位为 TJ；

$EF_{化石,i}$ 指的是第 i 种化石燃料的排放因子，单位为 tCO_2/TJ；

$AD_{生物质混合,j}$ 指的是第 j 种生物质混合燃料的活动水平数据，单位为 TJ；

$EF_{生物质混合,j}$ 为生物质混合燃料 j 全部为化石燃料时的排放因子，单位为 tCO_2/TJ。

1. 活动水平数据及来源

公路运输企业燃料燃烧的活动水平数据包括化石燃料消费量、生物质混合燃料消费量。

（1）化石燃料消费量

公路运输企业所消耗的化石燃料包括运输过程中的航空燃油消费量、其他移动源以及固定源的化石燃料消费量，可以按公式（9-3）计算其活动水平数据。

$$AD_{化石,i} = FC_{化石,i} \times NCV_{化石,i} \times 10^{-6} \qquad (9-3)$$

其中：

i 为化石燃料的种类；

$AD_{化石,i}$ 是指第 i 种化石燃料的活动水平数据，单位为 TJ；

$FC_{化石,i}$ 是指第 i 种化石燃料的消费总量，固体或液体燃料以 t 为单位，气体燃料以 $10^3 m^3$ 为单位；

$NCV_{化石,i}$ 是指第 i 种化石燃料的低位发热值，固体或液体燃料的单位为 kJ/kg，气体燃料的单位为 kJ/m^3。

（2）生物质混合燃料消费量

公路运输企业用于运输的生物质混合燃料消费量可以按公式（9-4）来计算其活动水平数据。

$$AD_{生物质混合,j} = FC_{生物质混合,j} \times NCV_{生物质混合,j} \times 10^{-6} \times (1-BF_j) \qquad (9-4)$$

其中：

j 为生物质混合燃料的种类；

$AD_{生物质混合,j}$ 是指第 j 种生物质混合燃料的活动水平数据，单位为 TJ；

$FC_{生物质混合,j}$ 是指第 j 种生物质混合燃料的消费总量，单位为 t；

$NCV_{生物质混合,j}$ 是指第 j 种生物质混合燃料的低位发热值，单位为 kJ/kg；

BF_j 为第 j 种生物质混合燃料中所含的生物质总量，单位为 %。

相关数据在公开统计报表中难以查询，但企业都制有能源消费台账或相关统计报表，可以通过其来确定包括生物质混合燃料在内的所有能源消费量。同样，可以通过查阅企业的燃料购买记录来确定生物质混合燃料的低位发热值和混合燃料中的生物质含量等参数。值得注意的是，燃料消费量的测量仪器应该达到相应标准，如 GB 17167—2006《用能单位能源计量器具配备和管理通则》。

2. 排放因子数据及其来源

当计算公路运输企业消费的化石燃料燃烧的排放因子，以及生物质混合燃料全部为化石燃料的排放因子时，可以由相应燃料的单位热值含碳量和碳氧化率等参数计算得出，具体公式为：

$$EF_i = CC_i \times OF_i \times 44/12 \qquad (9-5)$$

其中：

i 代表化石燃料的种类；

EF_i 代表第 i 种化石燃料的排放因子，单位为 tCO_2/TJ；

CC_i 代表第 i 种化石燃料的单位热值含碳量，单位为 tC/TJ；

OF_i 代表第 i 种化石燃料的碳氧化率，单位为%；

44/12 代表二氧化碳和碳的分子量之比。

四　交通运输业排放统计指标体系

交通运输业既是能源消耗量最大和增长最快的行业之一，又是温室气体排放增长最快的领域之一，其温室气体排放的主要来源是化石燃料（汽油和柴油）燃烧。目前，中国正处在快速工业化、城镇化阶段，交通运输业能源消耗和温室气体排放在未来较长时间内仍可能会保持高速增长的趋势。构建可操作性强的交通运输业温室气体排放统计核算体系，探求交通运输业温室气体减排的对策，对于中国交通运输业的可持续发展具有重要的意义。

本节提出的交通运输业温室气体排放的主要指标有四个：运输里程、客货周转量、能源消费量、节能与新能源汽车[①]。

（一）指标说明

交通运输业是指在国民经济中专门从事运送货物或旅客活动的社会生产部门，具体包括铁路、公路、水运和航空等运输部门。

运输里程：车仪表板中最显眼的是车速里程表，它表示汽车的时速，单位是 km/h。汽车里程表由车速表和里程表组成。

---

① 节能与新能源汽车作为交通运输业温室气体排放的新减排指标，将在第 9.3 节进行单独分析。

　　货物周转量，是指各种不同的运输工具在报告期内实际运送每批货物的重量分别乘它的运送距离的累计数。其单位为吨公里（海运为吨海里，1 海里＝1.852 公里），计算公式为：

$$货物周转量＝实际运送货物的吨数×货物平均运送距离 \qquad (9-6)$$

　　货物周转量指标能够较为全面地反映运输生产的成果，是因为该指标同时包括运输对象数量和运输距离。

　　有时候，我们需要把客运量转换成货运量，此时就需要计算换算周转量以综合反映客货运输。换算周转量就是把旅客的周转量按一定的比例折算成货物的周转量，然后与原本的货物周转量合并，即可得到换算周转量指标。该指标是对交通运输业综合产量指标的考核，综合反映了报告期内涉及的交通运输工具实际完成的旅客周转量和货物周转量总和。其计算公式为：

$$换算周转量＝货物周转量＋（旅客周转量×客货换算系数） \qquad (9-7)$$

　　换算周转量的计算需要用到客货换算系数。客货换算系数的确定依据运输过程中的单位重量公里及单位人数公里的人力消耗数量和物力消耗数量。目前，我国统计体系规定了两种客货换算系数：一种是按铺位转换的，铁路运输系数为 1，远洋运输系数为 1，沿海运输系数为 1，内海运输系数也为 1；另一种是按座位换算的，一般来说，内河运输系数为 0.33，公路运输系数为 0.1。

　　能源消费量是指能源使用公司或单位在报告期内实际消费的一次或二次能源的总量。能源消费量统计的原则如下。

　　第一，谁消费、谁统计，即不论能源所有权属于谁，由哪个单位消费，就由哪个单位对其消费量进行统计。

　　第二，计算消费量的时间由投入使用时间决定。企业的能源消费在时间、工艺界限上，以投入第一道生产工序为标准，即投入第一道生产工序就已经开始计算消费；什么时候投入第一道生产工序，什么时候开始计算消费量。

　　第三，在计算综合能源消费量时，为避免重复计算，应当合理扣除二次能源的产出量和余热以及余能的回收利用量。

　　第四，耗能工质（如水、氧气、压缩空气等）无论是外购进入企业或单位还是自产自用，都不统计在能源消费量中（计算单位产品能耗时，应根据具体的指标规定将某些耗能工质包括在内）。

第五，企业自产的能源，凡是作为生产企业中另一种产品的原材料和燃料，又分别计算其产量的，其消费量要进行统计，如煤矿用原煤生产洗煤、炼焦厂用焦炭生产煤气、炼油厂用燃料油发电等。但产品生产过程中消费的半成品和中间产品，不统计消费量，如炼油厂用原油生产出燃料油后，又用燃料油生产其他产品，在这种情况下，如果燃料油不计算产量，那么作为中间产品的燃料油也不计算消费量（如果燃料油计算产量，那么也要计算消费量）。

（二）活动水平数据及来源说明

交通运输业碳排放核算的活动水平数据来源于统计局、相关企业、加油站、交管局。

交通又具体分成公路、水运和航运。

9.3　节能与新能源汽车碳减排核算方法与报告

据国际汽车制造商协会统计，在全球 CO_2 排放量中，超过 15% 来自道路交通（主要是汽车尾气）。2015 年，《巴黎协定》指出交通运输业在欧盟温室气体排放量中占比较大，为第二大行业。其中，公路运输在运输业中占比较大。为此，欧盟采取了一系列政策措施以减少交通运输业排放，并为汽车设置 CO_2 排放标准。汽车作为中国第二大碳排放源也一直是节能减排的重点领域。美国加州[①]将绿色电动汽车发展与碳排放交易联系起来，采取积分的办法来鼓励美国公众购买和使用节能与新能源汽车。得益于积分机制，美国特斯拉发展迅猛，一跃成为世界电动汽车行业的佼佼者。

中国的碳排放，尤其是汽车尾气排放量近 20 年来高速增长。根据公

---

① 为了减少汽车尾气排放，美国加州 1990 年提出"零排放车辆"（ZEV）计划，1998 年正式实施。目前，该计划已扩展至 9 个州，覆盖 23% 的美国新车市场。预计到 2025 年，零排放汽车占加州汽车总销量的 15.4%，其中纯电动汽车（PEVs）占一半，其余则是以其他替代燃料为动力的部分零排放汽车。根据加州政府的长期目标，到 2050 年，整个汽车市场都将是零排放或者近零排放汽车。

安部交通管理局数据，2022 年，中国机动车保有量已经达到 4.15 亿辆，其中汽车保有量已经达到 3.18 亿辆，由此带来的能源安全和环境问题更加突出。根据测算，节能与新能源汽车特别是电动汽车的能效比传统汽车高出 46%，同时可以减少 13% ~ 68% 的 CO_2 排放。而节能与新能源汽车的研发和应用成为未来国际汽车业发展的重要趋势，被定位为许多国家的战略性新兴产业之一。

2015 年，中国成为世界第一大节能与新能源汽车生产和销售市场。一方面，传统燃油车的产能开始出现结构性过剩；另一方面，大规模的财税补贴随着节能和新能源汽车产销量的持续攀升而不可持续。2016 年 2 月，著名经济学家吴敬琏和清华大学欧阳明高教授提出效仿美国加州，将节能与新能源汽车纳入碳排放交易权积分机制，并提交有关政府部门。2016 年，中国工业和信息化部起草《企业平均燃料消耗量与新能源汽车积分并行管理暂行办法（征求意见稿）》，向社会公开征求意见。该办法已经于 2018 年正式实施。同年 8 月，中国国家发展改革委办公厅发布了《新能源汽车碳配额管理办法》征求意见稿，该管理办法借鉴美国加州 ZEV 政策[1]，将二者合并实施汽车碳排放管理，与中国现有的燃油消耗量管理政策相结合。该管理办法所指的节能与新能源汽车主要包括纯电动汽车、插电式混合动力汽车、燃料电池汽车，符合 GB/T 19596、GB/T 24548、QC/T 837 等国家或行业相关标准。

一　中国交通运输业碳排放统计新指标——节能与新能源汽车

低碳经济是指以可持续发展理念为指导，尽可能减少对煤炭、石油等传统化石能源的依赖，从而减少温室气体排放，保护生态环境，同时实现社会经济的持续发展。其中，技术创新和制度创新、产业转型和新能源开发等是必由之路。它是应对能源环境挑战、改善能源结构和环境质量、加快中国产业结构升级的迫切需要，其核心之一就是发展包括节

---

[1]　ZEV 政策是美国加州在 1990 年实施的。加州规定，在该州销售超过一定数量汽车的企业必须使环保的比例达到 ZEV 法案（零排放车辆）的规定，依照 EV、PHEV、HEV 的种类，为每种车制定了"积分"系数，规定了与销量挂钩的积分基准。未达到 ZEV 法案规定标准的企业必须向 CARB（加州空气资源委员会）支付每辆车 5000 美元罚款，或者向其他公司采办积分。而有过剩积分的企业可将积分卖给其他企业。ZEV 政策的焦点是对厂家规定了强制性的 ZEV 占比要求，同时建立了一个市场答应积分买卖。

能与新能源汽车在内的新能源产业。

2012 年,《节能与新能源汽车产业发展规划 (2012—2020 年)》提出了高目标——到 2015 年,国内纯电动汽车和插电式混合动力汽车累计产销量力争达到 50 万辆;到 2020 年,两者累计产销量超过 500 万辆。据中国汽车工业协会统计,中国节能与新能源汽车销售量呈现逐年增长趋势。2012 年,中国节能与新能源汽车产销分别为 12552 辆和 12791 辆,2013 年中国节能与新能源汽车产量为 1.75 万辆。2015 年,在国家和地方政策支持下,中国节能与新能源汽车销售量迅猛增长至 18.8 万辆。根据公安部数据,截至 2022 年 9 月底,中国的新能源汽车保有量已经猛增至 1149 万辆,远远超过了当年的规划。

(一) 新能源汽车概述

全球资源日渐枯竭,传统化石能源消耗造成了世界性的能源短缺,环境污染和气候变化等问题日趋严重。根据国际汽车制造商协会统计,2021 年在全球 CO_2 排放中,汽车交通占比达 15.9%,加剧了全球气候变暖趋势。城市空气第一大污染源已经由煤烟转为机动车,传统汽车尾气更是大气主要污染源之一。实验证明,汽车尾气排放是备受关注的雾霾主要来源,汽车噪声是环境噪声污染的重要因素。面对能源安全、环境污染和气候变暖的严峻压力,节能、减排和降碳成为世界性的首要任务。各国政府均从可持续发展的战略高度制定各自的交通能源发展政策。测算显示,新能源汽车特别是电动汽车的能效比传统汽车高出 46%,同时可以减少 13%~68% 的 CO_2 排放。

中国城市空气质量不断恶化,2013 年以来,雾霾天气影响全国多地,对空气造成了严重污染。日趋严峻的环境问题成为全社会普遍关注的焦点。2013 年至今,雾霾天气频发,汽车尾气污染引起了社会各界的极大关注。尤为重要的是,随着世界石油资源需求量的不断上升,供需矛盾日益严重,能源危机和能源安全问题是当今各国越来越重视的问题。节能与新能源汽车的研发和应用有利于改善能源供应的紧张局面,推动节能环保和全球经济可持续低碳发展。2013 年以来,国家及地方鼓励发展节能与新能源汽车产业的政策日益增多。2016 年,国家发展改革委办公厅出台《新能源汽车碳配额管理办法》征求意见稿;工信部发布《企业平均燃料消耗量与新能源汽车积分并行管理暂行办法 (征求意见稿)》

并于 2018 年开始实施，足见节能与新能源汽车在改善中国空气质量以及汽车产业转型中扮演着重要角色。

节能与新能源汽车是未来世界汽车业的绿色制高点，中国双积分制已经于 2019 年正式实施并深刻影响了全球的汽车产业格局，本节结合碳排放交易权制度探索提出了节能与新能源汽车减排指标。

（二）中国目前对节能与新能源汽车的界定

节能与新能源汽车一般被简称为新能源汽车，各国对新能源汽车的定义也不尽相同。中国至今也没有形成统一的新能源汽车定义，目前国内的定义有广义和狭义两种说法。

广义的新能源汽车，又称为代用燃料汽车，是指使用除汽油和柴油等石油燃料以外的能源作为动力来源的汽车，既包括全部使用非石油燃料的汽车（如纯电动汽车、燃料电池汽车等），也包括部分使用非石油燃料的汽车（如混合动力汽车、乙醇汽油汽车等）。根据国家发改委于 2007 年 11 月 1 日实施的《新能源汽车生产准入管理规则》，新能源汽车是指以采用非常规的车用燃料[1]作为动力来源（或使用常规的车用燃料、采用新型车载动力装置），综合车辆的动力控制和驱动方面的先进技术，形成的技术原理先进、具有新技术和新结构的汽车。新能源汽车具体包括纯电动汽车（如太阳能汽车）、混合动力汽车、燃料电池电动汽车（比如使用氢燃料的电池汽车）、其他新能源（如超级电容器、飞轮等高效储能器）汽车等；不包括采购新能源汽车完整车辆、二类以及三类底盘改装形成的汽车。

狭义的新能源汽车有常见的混合动力车，已经普及的纯电动车，逐步推广的燃料电池车、氢能车等，如高效储能器汽车等。狭义的新能源汽车缩小了汽车动力来源的范围，代表了新能源汽车中科技含量高、燃料清洁的技术，这种定义方法有助于国家制定相关产业政策。根据中国《汽车产业发展政策》等有关规定，2009 年 6 月 17 日，工业和信息化部发布《新能源汽车生产企业及产品准入管理规则》，对新能源汽车给出了明确的定义——新能源汽车是指采用非常规的车用燃料作为动力来源（或使用常规的车用燃料、采用新型车载动力装置），综合车辆的动力控

---

[1] 非常规的车用燃料是指除汽油、柴油、天然气、液化石油气、乙醇汽油、甲醇、二甲醚之外的燃料。

制和驱动方面的先进技术，形成的技术原理先进、具有新技术和新结构的汽车，包括常见的混合动力汽车，已经普及的纯电动汽车（包括太阳能汽车），正在推广的燃料电池电动汽车、氢发动机汽车，以及其他的新能源（如高效储能器、二甲醚）汽车等各类别产品。该定义将甲醇汽车、天然气汽车、乙醇汽油汽车等都排除在新能源汽车之外。

二　节能与新能源汽车温室气体减排计算方法及核算

（一）节能与新能源汽车减排指标初步计算方法

节能与新能源汽车目前主要是指电动汽车，由于不需要消耗化石燃料，其使用过程中的 CO_2 排放暂时定为零。[①] 以表 9-1 形式统计节能与新能源汽车减排量。

表 9-1　节能与新能源汽车减排量统计

年份	新能源汽车数量	替换黄标车数量	传统汽车、黄标车平均 CO_2 排放量

（二）活动水平数据及来源说明

节能与新能源汽车减排统计的活动水平数据来源于统计局、相关汽车企业、加油站、交管局。

交通又具体分成公路、水运和航运，暂时不考虑民航。

节能与新能源汽车排放暂定为零，企业使用节能与新能源汽车替换黄标车的减排量就是原车的平均排放量。

---

① 本部分与东风扬子江汽车（武汉）有限责任公司总工程师和三环公司负责人等多次探讨过节能与新能源汽车使用过程中的二氧化碳排放设定，他们的态度是一致肯定。

第10章　服务业、建筑业、公共机构碳排放统计核算体系

10.1　服务业、建筑业、公共机构碳排放概述

多年来，随着我国逐步成为全球最重要的"制造工厂"，我国经济得到了高速增长，但同时也带来了严重的生态环境问题。我国在经历快速工业化、城镇化发展的同时，提出高质量发展的理念，倡导传统高污染和高耗能产业的科技创新和绿色转型，优化产业结构，大力鼓励现代服务业的发展，推行绿色节能型建筑和公共机构变得尤其重要。现代服务业、建筑业和公共机构相较于传统工业具有能耗低、污染小等优点。因此，加快互联网金融、信息技术和会展等新型服务业的多元化发展，促进旅游业、酒店服务业等传统服务业的低碳升级，提高建筑业及建筑物的能源利用效率，能够在一定程度上降低我国的碳排放强度，是我国低碳经济发展不可或缺的一部分。

一　现代服务业碳排放特点及低碳发展

根据《中国统计年鉴》，服务业（也就是第三产业）主要包括交通运输、仓储和邮政业，批发和零售业，住宿和餐饮业，金融业，房地产业和其他服务业等6个项目。从世界各国的情况来看，随着社会经济的发展，现代服务业的能源消耗以及碳排放量也呈现不断增加的态势。短期内，我国服务业对煤、石油等高碳化石燃料的依赖仍会维持在较高水平。根据国家统计局数据，2019年我国交通运输、仓储和邮政业二氧化碳排放量达10.8亿吨，约占全国二氧化碳排放总量的9.01%，这一数据较2002年增长257%。从能源消费结构来看，我国服务业的能源消费以油品和煤炭为主，分别占能源消费总量的67%~74%和5%~27%；其次是电力，而天然气消费所占份额较小。某些服务业的碳排放增长速度甚

至超过了总体排放量增长速度。比如，交通运输部门的碳排放量1995~2008年这14年间碳排放量年均增长19.5%，而同期我国的碳排放总量年均增长率为8.1%。相比于交通运输、仓储和邮政业，批发和零售业，住宿和餐饮业等劳动密集、经济效益较小的传统服务行业，一般认为现代服务业主要包括信息传输、计算机服务和软件业，金融业，房地产业，租赁和商务服务业，科学研究，教育，卫生和社会保障等，对碳排放影响较小。因此，虽然服务业相较于传统工业单位GDP能耗较低，但由于其内部各生产部门的差异性较大，部分行业仍存在高碳排放量的特征，其规模过快扩大会加剧直接和间接碳排放。

低碳发展是现代服务业自身产业升级的要求。相比于一般服务业，低碳服务业属于现代服务业的范畴，并被赋予了低碳的内涵，既强调科学、技术、知识，又要求较高的绿色环保标准。同时，企业提供给客户的服务的要求是在实现高附加值的情况下，还能保证环保、能源的高效利用，一般包括低碳交通和以其为重要基础的低碳旅游、低碳物流三个方面。全球多个国际化大都市在发展低碳交通方面的实践经验显示，建设快速交通系统（BRT）、智慧出行和推广清洁能源汽车等手段与新型交通需求管理体系结合，可有效降低出行碳排放。在都市旅游产业中，广州市、上海市闵行区、西安市和南阳市西峡县作为全国首批中英低碳城市建设试点，围绕城市交通、基础设施发展规划、老建筑改造、新农村建设、新能源利用等领域进行合作。在发展乡村旅游循环经济产业过程中，通过结合旅游产业、农业和加工业，可以增加传统农业的附加值。增强观光、休闲与旅游等功能，对于形成农村新的经济增长点、推动产业结构的优化和转型升级、促进农村经济的健康可持续发展具有极为重要的意义。

二　建筑业碳排放特点及低碳发展

我国是全球新建建筑与水泥、钢筋和混凝土等建材产量最大的国家，而建筑业同样是高耗能、高排放的行业之一。我国建筑在建造、使用和拆除过程中耗用的能源占全社会总能耗的30%以上，加之固体废弃物处理问题，预计2030年建筑业产生的温室气体排放量将占到全社会排放量的25%。可见，考虑到建筑业在全社会产业价值链中的重要地位和建筑物本身的较长寿命周期，为建筑业设计合理的低碳发展路径刻不容缓。

低碳建筑主要以节能技术及其经济性为考察目标，使能源在建筑物中得到高效利用。为此，需要加强可再生能源的利用，循环利用各个环节的剩余能源，以最低的能源成本实现最大的经济和环境效益，最终实现较低的温室气体排放。相比于欧美发达国家，我国的低碳建筑业起步较晚，加之房地产市场的复杂性和特殊性，我国不仅需要引入和开发符合国情的先进节能技术，更需要增强建筑企业的长期低碳发展和盈利意识。建筑产业群的整合核心是房地产开发商，因此行业龙头开发商的举动也会对其他建筑企业起到模范和警示作用。

我国住房和城乡建设部早在 2006 年就颁布了《绿色建筑评价标准》，2019 年进行了修订完善。该标准同时配套了《绿色建筑评价标识管理办法》《绿色建筑评价标识实施细则（试行）》《绿色建筑评价技术细则补充说明（规划设计部分)》《绿色建筑评价技术细则补充说明（运行使用部分)》等文件。然而，我国低碳建筑实践经验少，基础数据不足，缺乏完善的建筑物碳排放计算系统，这些问题的存在不利于实现包括开发商和建筑使用者在内的绿色效益最大化。此外，高成本和切实可行的补贴制度的缺乏也在很大程度上制约了低碳建筑业的发展。

三　公共机构碳排放特点及低碳发展

公共机构是指全部或者部分使用财政性资金的国家机关、事业单位和团体组织，包括各级政府机构、事业单位、医院、学校、文体科技活动场所等。根据 2007 年 10 月 23 日建设部和财政部印发的《关于加强国家机关办公建筑和大型公共建筑节能管理工作的实施意见》，国家机关办公用房和大型公共建筑总面积与全国城镇建筑总面积相比，前者虽不及后者的 4%，但总能耗却高达全国城镇总耗电量的 22%，超过全社会总量的 5%，而每平方米每年用于大型公共建筑的耗电量却是普通居民住宅的 10~20 倍，比欧洲、日本等发达国家同类建筑的耗电量高出 1.5~2 倍。虽然我国目前仍存在大量公共建筑使用能耗，而行政管理职能部门等公共机构的主体本应起到节能示范作用，但巨大的耗能使之成为重要的能源消费领域和温室气体排放来源部门之一，为低碳社会的发展带来了一定的负面影响。

另外，在我国近年来不断推进的公共机构能源资源消费统计制度和"公共机构节能宣传周"等减排政策、活动的影响下，已有部分公共机构开始带头削减能耗和温室气体排放。例如，江西省体育局改变以往冬天用锅炉供暖气、夏天用立式空调制冷的高碳供能系统，在进行升级改造的基础上，用水源热泵中央空调系统替代锅炉，可为训练场所和浴室同时提供冷暖气和热水，供送面积为燃煤锅炉的 2 倍，每年还可节约 600 吨标煤，节约运行经费 150 万元。同时，省直机关率先推动光伏太阳能电站建设并即将并网发电，能显著降低碳排放。

所以，相较于一般公共建筑，公共机构的主体明确，边界清晰，有必要建立一套全国统一的、科学的、符合公共机构实际情况和现实的温室气体排放统计核算方法学。对于公共机构而言，应按照《中华人民共和国节约能源法》《公共机构节能条例》的规定开展节能工作。碳减排的重点在于以总量控制为约束，以人均综合能耗、人均水耗和单位建筑面积能耗为节能指标，强化节能减排管理制度并深入推行合同能源管理。除使用新型墙体材料及节能建筑材料、安装和使用太阳能等可再生能源利用系统等适用于大多数服务业和建筑业的措施外，公共机构还应对公车使用进行严格监督管控、严格执行国家有关空调室内温度控制的规定；还需积极推进电子政务，加强内部信息化、网络化建设，推行无纸化办公，合理控制会议的数量以及会议的规模，推广电视电话会议、网络视频会议等网上会议系统，从而降低能源消耗。

"双碳"目标下，无论是从国家低碳转型的要求来看，还是从现代服务业、建筑业和公共机构的自身发展趋势来看，发展低排放、低耗能的现代服务业、建筑业以及公共机构是当前全社会进行转型升级、落实高质量发展的必由之路，是第一、第二产业加速低碳转型的促进力量。随着"双碳"目标的日益深入，大量且涉域广阔的新型低碳服务业开始出现，涵盖了农业、工业、市政、公共生活等各个方面，服务于各个产业部门，专业化地提供各项节能减排服务，高度契合了"双碳"的目标。当前，最活跃的莫过于碳市场交易的服务、低碳技术开发的碳金融咨询服务等。上海市作为我国一线城市，经济发展模式完善，发展速度遥遥领先。早在 2011 年，为了推动区域产业结构的早日低碳转型，虹口区就将低碳服务业、建筑业和公共机构作为突破口，打造了一系列以绿色信贷、低碳技术服务以及合同能源管理等为主要服务模式的新兴经济产业。低碳建筑业对建材的低能耗、低排放和低污染要求，从源头上强化了工业生产、物流运输过程的高能效，并通过市场自发淘汰绿色产值低的落后企业。公共机构的低碳举措更是可以在全社会用能和产业结构方面做出低碳垂范，逐步建立并完善新的制度。低碳产品由政府采购的制度以及强制采购和优先采购的制度，将通过低碳认证的产品列入政府采购的清单，逐步提高低碳产品占总产品的比重。

四 低碳现代服务业、建筑业、公共机构存在的发展问题

第一，低碳政策不够完善，法律基础薄弱。首先，气候变化问题本身错综复杂且涉及经济社会的方方面面，需要协调社会各界的关系和力量，客观上需要坚实的法律基础。但目前，受限于我国经济发展阶段以及立法程序等，应对气候变化的相关法律至今尚未出台，导致无论是从宏观的管理能力还是从微观的人员编制来看，我国应对气候变化问题的基础还非常薄弱。其次，虽然国家十分重视并出台了众多发展低碳经济的法律法规，但仍不完善。现有大部分领域仍然处于起步的状态，尤其是现代服务业、建筑业、公共机构领域在低碳转型上基本处于空白的状态。最后，有关部门对已出台的相关政策法规的执行力不够也成为制约现代服务业、建筑业、公共机构低碳转型的一大阻碍。

第二，企业对低碳责任的漠视。1992 年，联合国首次提出企业在做各项投资决策时应该充分考虑环境、社会和公司治理表现。此后，国际社会开始逐渐关注 E（环境）、S（社会）、G（公司治理）三个维度的可持续发展理念。ESG 理念（Environment，Social and Governance）传入中国还是近几年的事，而国内企业普遍还是以经济利益为首要甚至唯一的追求，仍然会选择牺牲环境来换取企业经济利益最大化。随着绿色低碳理念的推广，中国企业已经逐渐感受到低碳发展和绿色转型带来的各种压力，比如企业面临的融资和环境风险问题等，它们开始逐步承担社会低碳转型责任，提高企业形象。

第三，消费者绿色低碳消费的意愿不强。相较于工业，服务业、建筑业、公共机构往往与消费者直接接触，因此有着更高的消费关联度。发达国家消费者往往具有极强的环保意识，也更加偏好绿色低碳产品并愿意为之买单，这种低碳消费观念和可持续消费需求是倒逼现代服务业、建筑业、公共机构绿色低碳转型的重要推动力。反观我国，尽管 14 亿人

的消费群体保证了目前我国居民对消费的较大需求，但是多数消费者并不愿意为企业的绿色成本买单。比如，日本和美国的居民只愿意选择带有"绿色低碳"标识的商品，而我国多数消费者将自我喜好置于选择商品标准的首位，对环保标志视而不见。

第四，缺乏专业的低碳人才。随着"双碳"目标的提出，低碳人才，尤其是懂管理的低碳人才急缺的问题凸显出来。但各大高校，尤其是"985""211"高校低碳相关专业的设置仍然少之又少，这与企业对低碳人才的渴求现状相矛盾。高等院校低碳教育与产业发展不同步，这严重阻碍了现代服务业、建筑业、公共机构的低碳转型。

五　"双碳"目标下现代服务业、建筑业、公共机构发展策略

从政府的角度来说，首先需要完善低碳政策体系。由于现代服务业涵盖的行业广泛，既包括生产性服务业，又包括直接与人民生活息息相关的消费性服务业，而我国在管理制度和技术手段上都起步较晚、经验较少，因此迫切需要学习和借鉴发达国家低碳经济发展的成功经验，制定完整的政策框架体系来引导服务业、建筑业以及公共机构的低碳转型。结合我国实际情况，可以充分利用好全国碳市场这个政策工具，在制造业的基础上，加大步伐将服务业、大型建筑等纳入碳市场。选择合适的时机开征碳税，增加企业的排放成本，激励企业加强碳资产管理，提供符合低碳发展理念的产品和服务。

为了赶上发达国家低碳建筑的发展脚步，我国建筑业管理机构应在科研机构的理论和实证研究基础上尽快构建完善的低碳建筑管理模式，并从目标规划、组织保障、技术保障、低碳节能效果评估等多方面同步入手，为我国建筑业的顺利低碳转型提供全方位的保障。由于建筑业是对地球地表改造最大的一个行业，也是能耗最大、原材料消耗最多的一个行业，如何在降低建筑企业成本的同时引导行业重组和升级，将成为政府的一项重要责任。一方面，政府需要制定节约能源、减少排放的相关产业政策；另一方面，政府需要设计或调整与建筑能耗和碳排放量有关的税种。最后，可考虑建立激励建筑节能减排的专项基金，通过市场化的运作，将各方力量组织起来，加速形成节约能源、减少排放的建筑绿色化内生驱动力。

在公共机构的低碳管理制度设计上，要明确公共机构的本质仍然是一个"经济人"，同样可以将其纳入碳交易市场，同时确立市场化的低碳投资和管理制度。例如，基于合同能源管理的市场化节能机制，节能服务公司应当制定专门的市场准入制度等。此外，公共参与制度的确立和形式多样化也是确立低碳管理标准、监督低碳管理工作运行的重要组成部分。

从企业生产者的角度来说，应先提升绿色低碳供应链管理的意识，着手实施供应链低碳化改造。在改造过程中将低碳、绿色理念融入传统供应链的设计、采购、集成、交付及回收的全过程，实现资源循环利用，形成管理高效的闭环运作模式。

从消费主体的角度来说，亟须强化其绿色低碳消费意识，推行低碳消费方式。加强对民众的科普和教育，培育居民的低碳消费意识。相关部门可撰写低碳宣传手册、制作相关宣传动画并运用于公交、地铁等领域，从细节处引导居民日常生活向低碳转型。就餐饮业而言，通过舆论引导消费者节约粮食，倡导"光盘行动"，均衡饮食结构。完善公务接待制度，改变"酒桌文化"，加大对奢侈浪费的公务接待活动的监督和惩罚力度。持续完善公共交通服务，增加私家车的使用成本，鼓励大众使用新能源汽车。

加大对各类低碳人才的培养力度，做好人才储备。低碳服务业、建筑业、公共机构都属于知识密集型行业，更加依赖人的素质。学习借鉴发达国家在低碳创新方面的经验，结合我国的实际情况，鼓励高校创新，与企业和政府部门合作，跨学科、跨院系协同培养懂技术、懂管理、懂金融的复合型低碳人才，为低碳服务业、建筑业、公共机构的发展做好人才培养和储备。

10.2 服务业、建筑业、公共机构碳排放统计核算指标体系

一 核算方法

（一）核算范围

1. 核算边界

核算边界包括各种不同登记注册类型、各个行业（除军队系统以外）

的机关，以及服务业、建筑业企（事）业法人单位在运营过程中产生的温室气体排放，本章以二氧化碳的统计核算为例进行说明，并总结其报表制度。各法人单位和组织应按照本报表制度规定细节内容，按要求认真组织并实施，及时报送。本章涉及的报送主体为下列三个行业的企事业单位。

服务业。服务业是指年产值在规定产值以上或碳排放量在规定碳排放量以上的服务业企业、事业、社团及其他法人单位，具体包括装载、卸载搬运和运输代理业，仓储业，信息传输、软件和信息技术服务业，租赁和商务服务业，科学研究和技术服务业，水利、环境和公共设施管理业，居民服务、修理和其他服务业。

建筑业。建筑业是指年产值在规定产值以上或碳排放量在规定碳排放量以上的具有总承包和专业承包资质的本省建筑业法人单位。

公共机构。《中华人民共和国节约能源法》第四十七条、《公共机构节能条例》第二条规定，公共机构是指全部或者部分使用财政性资金的国家机关、事业单位和团体组织。

通过租赁、联营等方式开展经营活动的其他服务业重点排放单位，不重复核算同一排放量。若承租方不是重点排放单位，则由出租方核算并报告相关设施的总的二氧化碳排放量；若承租方也属于重点排放单位，则由承租方核算并报告其租赁设施的二氧化碳排放量。

物业管理等企业的电力消耗量，如果存在代居民购电，则应报告扣除代购电量之后的电力消耗量；如果是写字楼等商业租赁形式，则应报告扣除重点排放单位电力消耗量之后的电力消耗量。同时，应在报告中附上相关重点排放单位的信息。

2. 排放源

排放源类型考虑直接排放和间接排放。前者（二氧化碳直接排放）是指其在行政辖区内工业锅炉等固定设施消耗的各种化石燃料燃烧过程中排放出的二氧化碳，如锅炉、窑炉备用发电机等化石能源燃烧过程中产生的排放等，但是不包括交通运输设施等移动设施的排放。居民社区排放不属于生产性或经营性排放，应单独核算，相关数据应单独计量。

后者（二氧化碳间接排放）是指服务业企业（单位）在本市行政辖区内固定设施电力消耗隐含的电力生产时的二氧化碳排放，不包括企业（单位）交通运输等移动设施的电力消耗排放。居民社区电力消耗同样不属于生产性或经营性排放，应单独核算、单独计量。

（二）核算方法

1. 直接排放

服务业、建筑业企业和公共机构在生产运营过程中主要使用的化石能源仍然是实物煤、燃油、天然气、液化石油气等。化石能源燃烧过程中产生的二氧化碳排放量，可以按照公式（10-1）计算。

$$E_{燃料} = \sum_{i=1}^{n} (AD_i \times EF_i) \tag{10-1}$$

其中：

$E_{燃料}$ 为消耗的化石燃料燃烧产生的 CO_2 排放，单位为 tCO_2；

AD_i 为消耗的第 i 种化石燃料的活动水平数据，即燃烧的数量，单位为 GJ，化石燃料燃烧排放的活动水平数据为年度分品种化石能源消耗量和燃料平均低位发热量之积；

EF_i 为第 i 种化石燃料的排放因子，单位为 tCO_2/GJ；

i 为化石燃料的类型。

2. 间接排放

（1）电力

隐含在服务业、建筑业企业和公共机构电力消耗中的二氧化碳间接排放，可以按公式（10-2）计算。

$$E_{电力} = AC_e \times EF_e \tag{10-2}$$

其中：

$E_{电力}$——统计期内，所有使用者购入电力所对应的 CO_2 排放量，单位为 tCO_2；

AC_e——统计期内，所有使用者购入的电量，单位为 $MW \cdot h$；

EF_e——统计期内，使用者所在区域电力消费的 CO_2 排放因子，单位为 $tCO_2/MW \cdot h$。

（2）热力

公共建筑运营中，购入的蒸汽和热水在生产过程中产生 CO_2 排放所需的活动水平，是统计期内运营者或所有使用者计量的外购蒸汽和热水的数量。

购入蒸汽和热水所隐含的二氧化碳排放量，按公式（10-3）计算。

$$E_{\text{热力}} = AC_h \times EF_h \qquad (10-3)$$

其中：

$E_{\text{热力}}$——统计期内，净购入蒸汽和热水所对应的 CO_2 排放量，单位为 tCO_2；

AC_h——外购蒸汽和热水的数量，单位为 GJ；

EF_h——外购的蒸汽和热水的排放因子，单位为 tCO_2/GJ，由国家统一规定确定，现可采用 $0.11tCO_2/GJ$。

（三）核算内容

1. 排放因子

（1）直接排放

第 i 种化石燃料的排放因子参照式（10-4）计算。

$$EF_i = CC_i \times \alpha_i \times \rho \qquad (10-4)$$

其中：

CC_i 为燃料 i 的单位热值含碳量，单位为 tC/GJ，推荐采用单位（企业）统计数据；

α_i 为燃料 i 的碳氧化率，单位为%，推荐采用单位（企业）统计数据；

ρ 为 CO_2 与碳的分子量之比（44/12）。

在一般二氧化碳报告单位的年度报告中，化石燃料的单位热值含碳量和碳氧化率可采用附录三中的表 7 和表 2 列出的缺省值。

在重点排放单位的年度报告中，排放报告单位应检测和计算其重点排放设施能耗最大的 3 台锅炉的碳氧化率。没有重点排放设施的重点排放单位应对能耗最大的 1 台锅炉的碳氧化率进行测量和记录。

对于某台锅炉，其碳氧化率的计算公式为：

$$\alpha_i = 1 - \frac{LM \times A_{lm} + SL \times A_{ar}}{RL_i \times RZ_i \times C_i \times 10^{-3}} \qquad (10-5)$$

其中：

α_i 是第 i 种燃料的碳氧化率，单位为%；

LM 是全年的漏碳量，单位为 t；

A_{lm} 是漏煤的平均含碳量，单位为 tC/t；

SL 是全年的炉渣产量，单位为 t；

A_{ar} 是炉渣的平均含碳量，单位为 tC/t；

RL_i 是第 i 种燃料全年消耗量，单位为 t；

RZ_i 是第 i 种燃料全年平均低位发热值，单位为 GJ/t；

C_i 是第 i 种燃料全年平均单位热值含碳量，单位为 tC/TJ；

10^{-3} 是单位换算系数。

炉渣和灰渣的平均含碳量根据样本检测值取算术平均值，测量频率是每月测量一次。在供热期间，一般应在供热月份第 1 周的星期一取样，例外情况需专门说明。炉渣和灰渣的检测需遵循《工业锅炉热工性能试验规程》（GB/T 10180—2003）的要求。

重点排放设施的平均碳氧化率等于所测量的 3 台锅炉碳氧化率的加权平均值。可以用锅炉所消耗的燃料的热量来计算权重。

（2）间接排放

固定排放设施电力消耗的间接排放因子在不同的年份有所不同，且应每年发布。

2. 核算方法

（1）直接排放

本部分主要的报告内容包括能源采购统计、消费和库存统计、用水统计、能源加工转化统计、单位产品能源消耗统计等内容。直接排放消耗的化石燃料的活动水平数据参照公式（10-6）计算。

$$AD_i = RL_i \times RZ_i \qquad (10-6)$$

其中：

RL_i 是核算和报告期服务业、建筑业企业和公共机构运营中第 i 种化石燃料的消耗量，固体和液体燃料的单位为 t，气体燃料的单位为万 Nm³；

RZ_i 是核算和报告期第 i 种化石燃料的平均低位发热值，固体和液体燃料的单位为 GJ/t，气体燃料的单位为 GJ/万 Nm³。

一般来说，二氧化碳报告单位依据企业（单位）的能源台账，分别报告相应年份其工业锅炉等重点固定设施的化石燃料消耗量。报告单位可采用购买合同等的信息来报告其燃料的热量消耗量最大的那一批燃料的热值。购买合同缺失或没有证据证明此热值的，应该自行测量，每年至少测量一次，有条件的应该每批燃料都测量。其他燃料热值可采用表5-1和附录三中表1的缺省值。

在重点排放单位的历史排放报告中，重点单位依据企业能源台账，报告其相应年份工业锅炉等重点固定设施的化石燃料消费量；燃料热值优先采用自测值，无自测值的可采用表5-1和附录三中表1的缺省值。

在重点排放单位的年度报告中，应单独测量和记录重点排放设施的能源消耗量。其能耗最大的3台锅炉的低位发热值也应单独测量和记录。测量周期是每月测一次，例外情况需要在报告中特别说明。没有重点排放设施的，重点排放单位应对能耗最大的1台锅炉的能耗量和低位发热值进行测量和记录。

燃煤热值测量方法应遵循《煤的发热量测定方法》（GB/T 213—2008）的相关规定。天然气低位发热值的测量方法应遵循《天然气发热量、密度、相对密度和沃泊指数的计算方法》（GB/T 11062—1998）的相关规定。

（2）间接排放

服务业、建筑业企业和公共机构二氧化碳间接排放的活动水平数据是企业（单位）在辖区内固定设施的年电力消费量和净外购热力等。电力消费量可以通过查读电表获得，取年末和年初企业电力总表的读数差值表示，也可根据与电力供应部门的结算凭证获取。该数据比较容易获取，且精度较高，一般不会产生争议。

另一部分间接排放是净外购热力，其活动水平数据可以查询热力供应商以及公共建筑运营者或者所有使用者存档的热力流入和流出记录，同时相关的测量工具应符合《用能单位能源计量器具配备和管理通则》（GB 17167—2006）的要求。

（四）统计报告内容和格式

本报告制度按月、季、半年度和年度四大类按报告期进行分类。企（事）业单位报送时间的各项报表、收表部门和报送时间，按照统计部门布置报表制度的有关规定执行。重点排放单位应该提交自身历史排放报告和年度排放报告，一般排放报告单位应该提交自身年度排放报告。

建筑业、服务业和公共机构的报告单位分别按附录五中的表 1 至表 3 格式要求填写年度各种化石燃料消耗量。

报告内容包括运营机构基本信息、活动水平及来源说明、温室气体排放量、排放因子及来源说明。在报告活动水平计算参数（低位发热值和碳氧化率）和排放因子时，要说明这些数据的来源（实测值或缺省值）。

二　服务业能源统计表

服务业能源消费量包括调查单位的各种耗能设备、采暖制冷、车辆、炊事等消耗的能源。具体包括：①生产经营活动中的能源消费；②科技创新过程中的能源消费，主要是用于技术改造和更新、新技术的研发以及科学试验活动等方面；③设备维修用能，主要是用于经营和维修、建筑修缮及各种设备大修理、大中小型机电设备和海陆空交通运输工具等方面；④用于劳动保护的能源；⑤其他非生产经营性的能源消费。

不应该包括以下能源消费：调查单位所属的法人单位的用能；调查单位对外销售的能源；调查单位为居民住宅区（包括所属家属区）或其他单位转供的各种能源。特别地，转供是针对同一能源品种而言，调查单位消耗煤炭、天然气等燃料为其他单位或居民住宅区供暖，这种情况不属于转供，调查单位不能扣减煤炭、天然气等燃料消费。

三　主要耗能非工业企业单位业务量能源

主要耗能非工业企业单位业务量能源的统计范围是辖区内年耗能达到一定量标准煤及以上的有资质的建筑业、限额以上批发和零售业、限额以上住宿和餐饮业、规模以上金融业和规模以上服务业法人单位以及房地产开发经营业法人单位。需要填报的能源统计表形式可以参考附录五中的表 4 和表 5。

第 11 章　农业活动碳排放统计核算体系

11.1　农业碳排放概述

一　农业温室气体概述

工业革命后，大气中含有的温室气体浓度逐年增加，最终导致全球气候变暖。农田的生态系统是全球陆地生态系统的重要组成部分，也是重要的大气碳源和碳汇。在《联合国气候变化框架公约》（UNFCCC）中，源（source）是指有排放温室气体预兆的过程或活动，也包含向大气排放气溶胶或温室气体。汇（sink）是指将温室气体从大气中移除的任一过程、活动或机制。

农业温室气体排放主要包括农田、动物粪便管理排放，管理土壤中的 N_2O 排放和化肥使用过程中的 CO_2 排放这三大类。其中，农田排放主要包括农田、转化为农田的土地排放，以及在水稻种植过程中 CH_4 的排放；动物粪便管理排放主要包括反刍动物肠道发酵引起的 CH_4 排放，以及粪便管理系统中的 CH_4 和 N_2O 排放。

2007 年政府间气候变化专门委员会（IPCC）在第 4 次评估报告中明确指出，农业排放是温室气体排放的重要来源之一，全球范围内农业排放的非 CO_2 气体占人为排放的非 CO_2 气体的 14%，其中农业排放了 84% 的 N_2O、47% 的 CH_4，而农业释放的 CO_2 较少，估计不到全球人为排放量的 1%。若一直不采取额外的农业政策进行干预，预计到 2030 年农业排放的 CH_4 和 N_2O 将会比 2005 年分别增加 60% 和 35%~60%。因此，对农业温室气体的排放核算统计对于整个温室气体排放核算统计具有重要意义。

二　农业温室气体排放特征

（一）农田土壤 CO_2 排放特征

农田土壤释放 CO_2 又被称为"土壤呼吸"，它影响着土壤中有机碳的输出。它包含三个生物学过程和一个非生物学过程，前者指的是植物根的呼吸、土壤中微生物的呼吸和土壤中动物的呼吸这三个过程，后者指的是含碳化学物质的氧化作用。农田土壤产生的 CO_2 其实主要来自土壤中的生物代谢和一些生物化学过程等因素的综合作用。

土壤中有机质含量和矿化的速率、土壤中微生物类群的数量和活性以及土壤中动植物的呼吸作用等可以决定土壤排放 CO_2 的强度。土壤中有机质的数量以及质量是土壤呼吸的主要碳源，不仅能为微生物活动提供相关能源，还深刻影响着土壤物理、化学和生物学性质，因此土壤中有机质的数量、质量对 CO_2 排放的通量至关重要。

从大的方面来看，影响土壤 CO_2 释放的因素主要是土壤温度、土壤水分和农业管理这三个方面。环境温度的升高在一定范围内能够加速土壤中有机质的分解，同时增强土壤中微生物的活性，从而达到提高"土壤呼吸"强度的效果，最终造成土壤中二氧化碳浓度增加。土壤所含水分除了影响生物体的有效含水量，也会在一定程度上作用于土壤通气状况、土壤 pH 和土壤中可溶解物质的数量等。当土壤中存在水分，并且处于某个阈值范围内时，土壤中 CO_2 的释放量则与水分含量密切相关。农业生产中的施肥管理和耕作方式会直接影响土壤二氧化碳的释放，无论是培肥土壤，还是调节农田小气候的措施，一般来说都会增加土壤中二氧化碳的释放。

土壤的温度是土壤进行呼吸的主要驱动因子之一，因此土壤 CO_2 排放通量呈现出夏季最高、冬季最低的变化特征。

（二）稻田 CH_4 排放特征

土壤中甲烷的产生主要是在严格的厌氧条件下，土壤里面的有机物、根系的分泌物和已经死亡作物的根系或残茬、死亡的土壤动物和微生物以及施入土壤的有机肥等有机物，在厌氧细菌的作用下逐步降解为 CO_2、有机酸和醇类等小分子化合物，之后产甲烷菌将这些小分子化合物进行转化，最后变为甲烷。

水稻田、废弃物的堆积处理场等均是 CH_4 的排放源，而水稻田被认为是最大的人为排放源。一定面积的稻田 CH_4 排放量一般来说主要受到土壤性质、灌溉和水分状况、化肥、水稻生长情况和气候等各种因素的影响，其中土壤类型对 CH_4 排放量的影响非常明显。

CH_4 排放量由于土壤异质性有明显的不同。例如，壤质稻田 CH_4 的排放量要明显大于粘质稻田，在实际时间跨度中，比较土壤甲烷平均排放通量，砂质和壤质则会存在差距。CH_4 产生量也受土壤温度的影响。CH_4 微生物适宜的活动温度一般在 $30 \sim 40\,^{\circ}\mathrm{C}$，在此温度范围内，土壤温度上升，土壤 CH_4 的排放量也将随之增多。土壤水分状况也会影响甲烷的排放，在水稻田常年淹水的情况下，会极大地促进甲烷的排放；对于不同化肥，耕作和灌溉方式的不同也在影响着水稻田甲烷的产生量。

（三）农用地 N_2O 排放特征

农业土壤中的氧化亚氮（N_2O）主要通过硝化和反硝化作用且在微生物的参与下产生。硝化和反硝化作用是农业土壤氮素循环的一个重要过程，其中硝化作用是指在有氧的条件下，亚硝酸菌和硝化细菌将铵盐转化为硝酸盐的过程；而反硝化作用则是在厌氧的条件下，由反硝化细菌将硝酸盐或硝态氮还原成氮气或氧化氮的过程。

许多农业活动向土壤中加入了氮，增加了用于硝化和反硝化作用的氮量，从而增加了 N_2O 的排放量。人为氮投入导致的 N_2O 排放包括直接排放（如直接来源于加了氮的土壤）和两种间接排放（如通过 NH_3 和 NO_x 气体的挥发以及随后的再沉淀淋溶和径流）。土壤中水分、温度、有机质等各种因素都会或多或少地影响 N_2O 的产生和释放过程，其中氮肥的使用与 N_2O 气体的排放呈现显著的线性关系。N_2O 的排放与时间、地点也显著相关，不同时间、地点的排放量差异明显。

在上述影响 N_2O 气体排放量的因素中，土壤作为 N_2O 产生的载体，通过控制硝化和反硝化作用及土壤温室气体的扩散来控制 N_2O 的排放。其中土壤中水分含量的增加或者降低均会影响土壤微生物的活性（例如，土壤中水分含量较低时，主要是通过硝化作用来产生 N_2O，反之则是通过反硝化作用来产生 N_2O），进而影响 N_2O 的排放。而土壤温度除了会影响微生物的活性，还会影响土壤中 N_2O 的传输。一方面，土壤质地会影响土壤的通透性以及含水量，从而影响硝化和反硝化作用的相对强弱以及 N_2O 在土壤中的扩散速率。另一方面，它还会通过影响土壤中有机碳的分解速率，进而作用于产生 N_2O 的基质。人类的农业活动也会影响土壤中 N_2O 的排放，如施用氮肥类型的不同、灌溉管理和耕作制度的不同等。

（四）动物肠道发酵 CH_4 排放特征

动物肠道发酵甲烷（CH_4）排放产生于动物体内寄生微生物在消化道里面发酵饲料的过程，排放量影响因素众多，如动物类别、年龄、体重、生长和生产水平以及影响最大的采食量和饲料的质量等；排放来源是反刍动物，因为反刍动物的瘤胃容积大、寄生微生物多，分解纤维素产生的 CH_4 排放量也较大。

反刍动物排放 CH_4 与反刍动物特有的消化系统有关，其排放机理是：食物在被动物食取后首先会在动物瘤胃中进行厌氧发酵，瘤胃中的微生物可以把吞食的碳水化合物和其他植物纤维发酵分解成挥发性脂肪酸等代谢产物，并同时产生 CH_4。反刍动物因其瘤胃容积大、寄生的微生物种类多等特点，是动物肠道发酵甲烷排放量的主要来源。其 CH_4 排放量主要受到动物数量、消化系统类型、饲料的种类和数量等因素的影响。

本章探讨的动物肠道发酵 CH_4 排放源来自非奶牛、水牛和奶牛等动物。动物肠道发酵 CH_4 排放只包括从动物口、鼻和直肠排出体外的 CH_4，不包括粪便的 CH_4。

（五）动物粪便管理 CH_4 和 N_2O 排放特征

动物粪便的主要成分是有机物和水分，能满足许多微生物对能量和营养物质的需求，当有机物处于厌氧条件时，在多种微生物相互协助下，其中复杂的有机物慢慢分解，产生甲烷等一系列终产物。

从动物粪便产甲烷的机理来看，动物粪便管理甲烷排放受多重因素影响，主要为粪便性质特点、管理方式及当地气候条件等。其中，氧化亚氮排放与不同动物每日排泄的粪便中氮的含量及不同粪便管理方式有关。

不同的粪便管理方式主要从两个方面决定其排放量。①它可以决定厌氧条件是否可以存在，当处于厌氧条件时会释放大量的 CH_4，而处于有氧分解时几乎不产生 CH_4；②它可以决定粪便中水分含量，粪便中水分含量越多，CH_4 的释放量也就越多。当地气候条件会影响温度、湿度等，温度越高，湿度越大，CH_4 的排放量越大。

三　我国农业温室气体排放现状[①]

近年来，我国农业温室气体排放呈缓慢增加趋势。2009 年，我国农业温室气体排放总量达到了 158557.3 万 tCO_2-eq，其排放总量比 1980 年增加了 52.03%，年平均增长率为 1.46%。其中，N_2O 占比最大，达到了52%，其次是 CH_4（占总排放的 25%），CO_2 占总排放的 23%。与 1980年相比，CH_4 排放的比重下降了 4 个百分点，N_2O 排放比重保持不变，CO_2 排放比重上升了 4 个百分点。2009 年，在排放的 CH_4 中，水稻生产排放占 36.42%，畜牧生产排放占 63.58%；在排放的 N_2O 中，畜牧生产排放占 21.54%，因化肥施用排放占 21.05%，土壤管理排放占 57.41%；在排放的 CO_2 中，因能源使用排放占 36.28%，因化肥施用和生产排放占58.87%，因农药使用排放占 4.1%，因农膜使用排放占 0.8%。

据统计，我国农业部门 GHG 排放量自 1991 年起呈平稳上升趋势，2010 年比 1990 年增加 28.18%，为 6.64 亿吨 CO_2-eq，占我国排放总量的 9.08%。大部分年份的排放量都在增加，增幅最高的达到 10.32%；从1991 年起，只有七个年份出现下降，其中 1997 年降幅达到最大（5.95%）。

11.2　农业碳排放统计指标体系

我国幅员辽阔，区域和环境因素差异较大，不同区域农业生产中温室气体排放也存在较大差异，准确估算农业领域温室气体排放量还面临很多问题。如何在温室气体排放清单中尽量消除自然因素与人为因素的混合影响？如何在农业统计中纳入农业温室气体排放？如何准确估算农业温室气体排放因子？为回答上述问题，本章基于《2006 年 IPCC 国家温室气体清单指南》（以下简称《IPCC 2006 指南》）推荐方法，结合我国当前统计年鉴和统计指标体系，构建了农业温室气体排放统计指标体系。主要包括种植业和养殖业两大领域，也可以分为活动水平指标体系和排放因子指标体系。

一　种植业

根据《IPCC 2006 指南》和区域统计指标体系，本节构建不同省域农

---

①　本部分数据来自谭秋成. 中国农业温室气体排放：现状及挑战［J］. 中国人口·资源与环境，2011，21（10）：69-75。

业种植业的指标体系，一般包括 3 小类 22 项指标。具体指标体系如下。

稻田甲烷排放活动水平（3 小类）：①稻田类型；②各类稻田种植面积；③各类稻田产量。

稻田甲烷排放参数（9 项指标）：①水稻的品种；②灌溉类型；③有机肥和化肥施用水平；④逐日平均气温；⑤水稻移栽和收获日期；⑥稻田土壤中砂粒的百分含量；⑦前茬秸秆还田量；⑧稻田留茬量；⑨土壤类型。

农用地氧化亚氮排放活动水平（13 项指标）：①主要农作物播种面积；②主要农作物产量；③化肥施用量；④秸秆还田量；⑤粪肥施用量；⑥乡村人口数；⑦主要农作物的干物质含量；⑧主要农作物秸秆含氮量；⑨主要农作物经济系数；⑩主要农作物根冠比；⑪主要牲畜粪便含氮量；⑫农用地总氮输入挥发率；⑬牲畜粪便氮素挥发率。

针对 31 个省区市（不含港澳台地区）农业种植业的排放因子，稻田甲烷的排放因子主要应用 CH_4MOD 模型获得。CH_4MOD 模型的参数为逐日平均气温数据、各类型水稻生长季的水稻单产和播种面积、稻田有机质添加量数据、稻田水分管理、水稻移栽和收获日期数据、水稻品种参数、稻田土壤中砂粒的百分含量等。因此，种植业排放因子调查表式见附录六中的表 2。相关调查表式及数据调查见后文。

二　养殖业

根据《IPCC 2006 指南》和区域统计指标体系，本节构建不同省域农业养殖业的指标体系，主要包括 3 小类 23 项指标。具体指标体系如下。

牲畜肠道发酵排放活动水平（3 小类）：①主要牲畜规模化养殖年末存栏数；②主要牲畜农户散养年末存栏数；③主要牲畜放牧饲养年末存栏数（见附录六中的表 5）。

牲畜肠道发酵排放参数（10 项指标）：①牲畜的饲料消化率；②牲畜的平均日增重；③牲畜的成年体重；④牲畜的平均体重；⑤牲畜的每日劳动时间；⑥牲畜的奶脂肪含量；⑦牲畜的平均日产奶量；⑧断奶时体重；⑨一岁时体重；⑩羊年均产毛量。

牲畜粪便的处理方式排放参数（13 项指标）：①放牧量；②每日施肥量；③固体储存量；④自然风干量；⑤液体储存量；⑥氧化塘量；⑦舍内粪坑储存量；⑧厌氧沼气处理量；⑨燃烧量；⑩垫草处理量；⑪堆肥处

理量；⑫好氧处理量；⑬其他。主要调查表及主要指标解释见附录六中的表18。

影响农业养殖业的排放因子主要为牲畜的饲料消化率、平均日增重、成年体重、平均体重、每日劳动时间、奶脂肪含量、平均日产奶量、放牧量、自然风干量、燃烧量、固液体储存量、舍内粪坑储存量、每日施肥量、好氧处理量、堆肥处理量、厌氧沼气处理量、氧化塘量、垫草处理量、其他处理量。详情见附录六中的表6。由表6可见，这些数据均未在现有统计年鉴中得到体现，且因为这些指标在不同的农户间存在较大的差别，故以区县为单位获得区域农业养殖业的特征排放因子很有必要。相关调查表式及数据调查见后文。

11.3　稻田甲烷排放

一　计算方法介绍

根据《IPCC 2006 指南》，稻田甲烷的产生主要是由于淹水稻田中土壤有机物厌氧分解产生甲烷（CH_4），并通过水稻植物的传输作用逸散到大气中。一定面积的稻田甲烷年排放量是一个与水稻品种、水稻生长期和种植季数、土壤类型和土壤温度/水分管理方法以及肥料的使用和有机物/无机物的添加有关的函数。本章稻田甲烷（CH_4）排放的计算方法依据《IPCC 2006 指南》，分别确定不同类型稻田的活动水平和排放因子，再根据式（11-1）计算排放量。

$$E_{CH_4} = \sum EF_i \times AD_i \qquad (11-1)$$

其中：

E_{CH_4} 为稻田甲烷排放总量（吨）；

EF_i 为分类型稻田甲烷排放因子（千克/公顷）；

AD_i 为对应于该排放因子的水稻播种面积（千公顷）；

下标 i 表示稻田类型，分别指单季水稻、双季早稻和晚稻。

二　活动水平数据

稻田甲烷清单的活动水平数据由双季早稻、双季晚稻和单季稻等多种类型水稻的播种面积构成，其中，调查表以县域为统计单位，调查该县域范围内不同类型水稻种植面积。由于有机添加物的类型对稻田甲烷排放有明显影响，因此，需要先区分轮作方式，即先分别按照轮作方式将稻田中水稻与其他作物（冬小麦、冬油菜、绿肥等）进一步区分，再分别整理几类水稻的播种面积。

调查表简单统计不同类型水稻种植面积、产量和施肥量投入。其中单季稻根据其轮作方式细分为单季稻+旱休闲、单季稻+冬小麦、单季稻+冬油菜、单季稻+绿肥、单季稻+其他；双季稻可划分为双季稻+旱休闲/绿肥、双季稻+旱作、双季稻+其他 3 种。施肥量以折纯 N 计；有机物料投入需考虑有机物料的类型和施用量。详情请参考 CH₄MOD 模型原理及应用。稻田活动水平统计一览见附录六中的表 1。

三　排放因子数据

稻田甲烷排放因子数据综合各县区稻田多方面因素得到，如平均的有机肥料（包括作物秸秆、农家肥）使用水平、稻田水的管理方式、区域气候条件、水稻的生产水平（水稻单产）等。年份不同时，区域差异会影响上述因素，从而造成排放因子数值不统一，精准计算则可依靠模型方法。

依靠模型方法精准计算时，统一使用《IPCC 2006 指南》中的稻田甲烷排放方法三 CH₄MOD 模型计算各种水稻生长季甲烷的排放因子，原理公式依据黄耀等人的相关研究[1]。首先需要经过专业化处理得到不同空间单元的活动水平（即分类型稻田种植面积）数据，从而求得区域内各单元甲烷排放量，最终加总计算出分区域分类型的甲烷排放数据。其中，基本计算单元是县或者地市级行政区划。每个单元需要输入相应的模型参数和变量，通过 CH₄MOD 模型，获得该单元的 CH₄ 排放量[2]。

影响稻田甲烷排放的主要因素包括逐日平均气温数据、不同水稻生长季的水稻单产以及播种面积、水稻移植栽种和收获日期、稻田有机质添加量数据、稻田的水分管理、水稻的品种参数以及稻田土壤中砂粒的百分含量，在 CH₄MOD 模型中均被量化为输入参数。

---

[1]　黄耀，张稳，郑循华，韩圣慧，于永强. 基于模型和 GIS 技术的中国稻田甲烷排放估计 [J]. 生态学报，2006（4）：980-988.

[2]　《省级温室气体清单编制指南（试行）》。

稻田甲烷排放因子调查表见附录六中的表 2。

11.4　农用地氧化亚氮排放

一　计算方法介绍

农用地氧化亚氮的排放包括两部分：直接排放和间接排放。直接排放指向土壤输入氮（输入的氮包括氮肥、粪肥和秸秆还田）造成的氧化亚氮直接排放。间接排放包括大气氮沉降引起的氧化亚氮排放和氮淋溶/径流损失引起的氧化亚氮排放。根据《IPCC 2006 指南》，间接排放的氧化亚氮主要包括：①与施入土壤中的化肥和动物粪肥氮素有关的 NO_x 和 NH_4 的大气沉降；②与施入土壤中的化肥和动物粪肥氮素有关的渗漏和径流。

农用地氧化亚氮排放等于各排放过程的氮输入量乘以其相应的氧化亚氮排放因子 [见式（11-2）]，也是直接排放与间接排放之和 [见式（11-3）]。

$$E_{N_2O} = \sum (N_{Enter} \times EF) \tag{11-2}$$

$$E_{N_2O} = N_2O_{Direct}\text{-}N + N_2O_{Indirect}\text{-}N \tag{11-3}$$

其中：

E_{N_2O} 为农用地氧化亚氮排放总量，单位为千克氮/年；

N_{Enter} 为各排放过程氮输入量；

EF 为对应的氧化亚氮排放因子，单位为 kg N_2O-N / kg N 输入量；

$N_2O_{Direct}\text{-}N$ 为农用地氧化亚氮直接排放量；

$N_2O_{Indirect}\text{-}N$ 为农用地氧化亚氮间接排放量。

（一）农用地氧化亚氮直接排放

农用地氮输入量主要包括化肥氮（氮肥和复合肥中的氮）、粪肥氮、秸秆还田氮（包括地上秸秆还田氮和地下根氮），根据式（11-4）计算农用地氧化亚氮直接排放量。

$$N_2O_{Direct}\text{-}N = (F_{SN} + F_{AM} + F_{CR}) \times EF \tag{11-4}$$

其中：

N_2O_{Direct}-N 为 N_2O 直接排放量，单位为千克氮/年；

F_{SN} 为每年施用到土壤中的化肥总量；

F_{AM} 为每年施用到土壤中的粪肥氮量；

F_{CR} 为每年还原到土壤中的作物残留量；

EF 为用于直接排放的排放因子，单位为 kg N_2O-N/kg N 输入量。

关于 N_2O-N 排放转化为 N_2O 排放的计算公式为：

$$N_2O = N_2O\text{-}N \cdot 44/28 \tag{11-5}$$

每年施用到土壤中的化肥总量与年消耗化肥总量和 NH_3、NO_x 的挥发有关，根据《IPCC 2006 指南》，采用公式（11-6）计算：

$$F_{SN} = N_{FERT} \cdot (1 - Frac_{GASF}) \tag{11-6}$$

其中：

N_{FERT} 为年消耗的化肥总量；

$Frac_{GASF}$ 为 NH_3 和 NO_x 的挥发量，单位为%。

农田中粪肥氮量采用粪肥施用量乘以粪肥平均含氮率估算［见式（11-7）］。由于数据的可获得性，如果上述数据很难获得，可采用式（11-8）计算每年施用到土地中的粪肥氮量。

$$F_{AM} = M \times C_{AM} \tag{11-7}$$

其中：

M 为粪肥施用量；

C_{AM} 为粪肥中平均含氮率。

$$F_{AM} = \left[(N_{AM} - N_{PA} - N_{FU}) + N_{PE} \right] \times (1 - K_{LE} - K_{VO}) - N_{CL} \tag{11-8}$$

其中：

N_{AM} 为畜禽总排泄氮量；

N_{PA} 为放牧部分排泄氮量；

N_{FU} 为畜禽粪便用作燃料部分；

N_{PE} 为乡村人口总排泄氮量；

K_{LE} 为淋溶损失率，可以取 15%；

K_{VO} 为挥发损失率，可以取 20%；

N_{CL} 为化肥的含氮量。

秸秆还田氮输入农田中的还田氮（包括地上秸秆还田氮和地下根氮）采用式（11-9）估算。

$$F_{CR} = N_{GR} + N_{UN} = (C_{rop}/K_{EC} - C_{rop}) \times R_{RET} \times K_{CR} +$$
$$C_{rop}/K_{EC} \times R_{rs} \times K_{CR} \qquad (11-9)$$

其中：

N_{GR} 为地上秸秆还田氮量；

N_{UN} 为地下根氮量；

C_{rop} 为作物籽粒产量；

K_{EC} 为作物经济系数；

R_{RET} 为秸秆还田率；

K_{CR} 为根或秸秆含氮率；

R_{rs} 为作物根冠比。

（二）农用地氧化亚氮间接排放

农用地氧化亚氮间接排放（$N_2O_{Indirect}$-N）源于施肥土壤和畜禽粪便氮氧化物（NO_x）和氨（NH_3）挥发经过大气氮沉降，引起的氧化亚氮排放（N_2O_{DEP}），以及土壤氮淋溶和径流损失进入水体而引起的氧化亚氮排放（N_2O_{LE}）。

1. 大气氮沉降引起的氧化亚氮间接排放

大气氮沉降引起的氧化亚氮排放量用式（11-10）计算，大气氮主要来源于畜禽粪便（N_{AM}）和农用地氮输入（N_{Enter}）的 NH_3 和 NO_x 挥发。如果当地没有畜禽粪便和农用地氮输入的挥发率观测数据，则采用推荐值，分别为 20% 和 10%。排放因子采用《IPCC 2006 指南》的排放因子 0.01。

$$N_2O_{DEP} = (N_{AM} \times 20\% + N_{Enter} \times 10\%) \times 0.01 \qquad (11-10)$$

其中：

N_2O_{DEP} 为大气氮沉降引起的氧化亚氮间接排放量；

N_{AM} 为畜禽粪便氮输入量；

N_{Enter} 为农用地氮输入量。

2. 淋溶和径流引起的氧化亚氮间接排放

农田氮淋溶和径流引起的氧化亚氮间接排放量采用式（11-11）计算。

其中，氮淋溶和径流损失的氮量用农用地总氮输入量的 20% 来估算。

$$N_2O_{LE} = N_{Enter} \times 20\% \times 0.0075 \qquad (11-11)$$

其中：

N_2O_{LE} 为淋溶和径流引起的氧化亚氮间接排放量；

N_{Enter} 为农用地氮输入量。

二　活动水平数据

调查表以县域为统计单位，调查该县域范围内不同类型作物种植面积、产量、施肥情况（包括化肥施用量、粪肥施用量），考虑到秸秆还田引起的氧化亚氮直接排放，还需要调研县域内秸秆还田面积和秸秆还田率。由于乡村人口产生的粪便氮排放是农用地氮输入的重要组成部分，因此，乡村常住人口数量也是活动水平数据之一（见表 11-1）。根据区域农作物种植情况，具体调研水稻等不同类型作物的活动水平数据。农用地氧化亚氮排放统计中所需的活动水平数据见表 11-2。

表 11-1　乡村常住人口一览

表　　号：

制定机关：

文　　号：

有效期至：

指标名称	计量单位	代码	本年
甲	乙	丙	
乡村人口	万人	A1	
乡村户数	万户	A2	
乡政府	个	A3	
镇政府	个	A4	
办事处	个	A5	
村委会	个	A6	
村民小组	个	A7	

单位负责人：　　　　　填表人：　　　　　报出日期：　20　年　月　日

注：1. 本表由农业部门负责报送；

2. 本表报送频率为当年报。

表 11-2　农用地 N₂O 排放活动水平数据一览

表　　号：
制定机关：
文　　号：
有效期至：

指标名称	代码	种植面积（公顷）	作物产量（吨）	氮肥施用量（千克）	复合肥施用量（千克）	粪肥施用量（千克）	秸秆还田面积（公顷）	秸秆还田率（%）
甲	乙	1	2	3	4	5	6	7
水稻	A1							
小麦	A2							
玉米	A3							
高粱	A4							
谷子	A5							
其他谷类	A6							
大豆	A7							
其他豆类	A8							
油菜籽	A9							
花生	A10							
芝麻	A11							
棉花	A12							
甜菜	A13							
甘蔗	A14							
麻类	A15							
薯类	A16							
蔬菜类	A17							
烟叶	A18							

单位负责人：　　　　　　填表人：　　　　　　报出日期：　20　年　月　日

注：1. 本表由农业部门负责报送；

　　2. 本表报送频率为当年报；

　　3. 秸秆还田率等于秸秆还田面积除以种植总面积；

　　4. 其中，化肥氮素投入量＝化肥施用量×化肥含氮率。

三　排放因子数据

根据前述农用地氧化亚氮排放计算公式，农用地氧化亚氮排放等于各排放过程的氮输入量乘以其相应的氧化亚氮排放因子。由于我国幅员辽阔，不同区域排放因子差别较大，不同区域氧化亚氮排放可以采用区域氮循环模型 IAP-N 估算农用地 N_2O 排放。如果没有当地测定的氧化亚氮排放因子和相关参数，建议采用《IPCC 2006 指南》和《省级温室气体清单编制指南（试行）》推荐的排放因子和相关参数（见附录六中的表 3）。

　　关于氧化亚氮排放因子的设定，建议将由大气氮沉降造成的采用《1996 年 IPCC 国家温室气体清单指南》（简称《IPCC 1996 指南》）提供的默认值 0.01，由氮淋溶和径流损失造成的采用《IPCC 2006 指南》提供的默认值 0.0075。农作物主要参数调查表见表 11-3，也可采用《IPCC 2006 指南》和《省级温室气体清单编制指南（试行）》中的推荐参数（见附录六中的表 4）。农用地主要牲畜粪便含氮量调查表见表 11-4，主要调查奶牛、非奶牛、家禽、猪、羊及其他牲畜粪便含氮量。农用地总氮输入挥发率和牲畜粪便氮素挥发率可以采用《IPCC 2006 指南》推荐值。

表 11-3　农作物基本参数一览

表　　号：
制定机关：
文　　号：
有效期至：

指标名称	代码	干物质含量（%）	根冠比（%）	经济系数（%）	秸秆含氮率（%）
甲	乙	1	2	3	4
水稻	A1				
小麦	A2				
玉米	A3				
高粱	A4				
其他谷类	A6				
谷子	A5				
大豆	A7				
其他豆类	A8				
油菜籽	A9				
花生	A10				

续表

指标名称	代码	干物质含量（％）	根冠比（％）	经济系数（％）	秸秆含氮率（％）
甲	乙	1	2	3	4
芝麻	A11				
棉花	A12				
甜菜	A13				
甘蔗	A14				
麻类	A15				
薯类	A16				
蔬菜类	A17				
烟叶	A18				

单位负责人：　　　　　　填表人：　　　　　　报出日期： 20　年　月　日

注：1. 本表中数据由农业部门负责报送；

2. 农作物干物质含量是指有机体在 60~90℃ 的恒温下充分干燥，余下的有机物的重量，由科学文献或相关部门获取；

3. 主要农作物根冠比指主要农作物地下部分与地上部分的鲜重或干重的比值；

4. 主要农作物秸秆含氮率指主要农作物的秸秆部分含氮素的量；

5. 主要农作物经济系数指主要农作物经济产量与生物学产量之比；

6. 作物根冠比、经济系数、秸秆含氮率均由区域相关部门或科学文献获取；

7. 秸秆产生的氮素排放 =（作物产量/经济系数－作物产量）×秸秆还田率×秸秆含氮率+作物产量/经济系数×根冠比×秸秆含氮率。

表 11-4　农用地排放参数一览

表　　号：

制定机关：

文　　号：

有效期至：

指标名称	计量单位	代码	本年
甲	乙	丙	
主要牲畜粪便含氮量	kg N/kg	A1	
其中：非奶牛粪便含氮量	kg N/kg	A2	
奶牛粪便含氮量	kg N/kg	A3	
家禽粪便含氮量	kg N/kg	A4	
羊粪便含氮量	kg N/kg	A5	
猪粪便含氮量	kg N/kg	A6	

续表

指标名称	计量单位	代码	本年
甲	乙	丙	
其他牲畜粪便含氮量	kg N/kg	A7	
农用地总氮输入挥发率	%	A8	10%
牲畜粪便氮素挥发率	%	A9	20%

单位负责人：　　　　　填表人：　　　　　报出日期：　20　年　月　日

注：1. 本表由农业部门负责报送；

　　2. 本表报送频率为五年报；

　　3. 本表农用地大气氮沉降输入采用《IPCC 2006 指南》推荐值计算，其中农用地总氮输入挥发率为 10%，牲畜粪便氮素挥发率为 20%。

11.5　动物肠道发酵甲烷排放

一　计算方法介绍

《IPCC 2006 指南》建议估算动物肠道发酵甲烷排放量时，首先将每种动物的数量乘以对应的排放因子，最后将计算出的排放量求和得到总排放量。某种动物的肠道发酵甲烷排放量用式（11-12）计算，畜禽总排放量用式（11-13）计算。

$$E_{CH_4,enteric,i} = EF_{CH_4,enteric,i} \times AP_i \times 10^{-7} \qquad (11-12)$$

$$E_{CH_4} = \sum E_{CH_4,enteric,i} \qquad (11-13)$$

其中：

$E_{CH_4,enteric,i}$ 为第 i 种动物肠道发酵甲烷排放量，单位为万吨 CH_4/年；

$EF_{CH_4,enteric,i}$ 为第 i 种动物肠道发酵甲烷排放因子，单位为千克/（头·年）；

AP_i 为第 i 种动物的数量，单位为头（只）；

E_{CH_4} 为动物肠道发酵甲烷总排放量，单位为万吨 CH_4/年。

二　活动水平数据

以县域为单位计算动物肠道发酵甲烷排放所需的活动水平数据，非奶牛（除去奶牛和水牛以外的所有牛）、水牛、奶牛、山羊、绵羊、猪、马、驴/骡和骆驼等统计调查表式见附录六中的表5。需要说明的是，鸡、鸭、鹅等家禽因体重小，所以其肠道发酵甲烷排放可忽略不计，但当计算动物粪便管理温室气体排放时不可忽略，故活动水平调查需包括这三类。

根据养殖规模和养殖方式的不同，统计核算指标需依据相关标准调查规模化养殖、农户散养和放牧饲养三类。具体调查表式见附录六中的表5。

三 排放因子数据

根据《IPCC 2006 指南》，各种动物的甲烷排放因子默认值见附录六中的表6。

由于我国幅员辽阔，准确估计各县区特征排放因子、构建农业活动温室气体排放统计指标体系具有重要意义。根据《IPCC 2006 指南》推荐的计算方法，各种动物的甲烷排放因子可以根据公式（11-14）进行计算：

$$EF_{CH_4, enteric, i} = (GE_i \times Y_{m,i} \times 365)/55.65 \tag{11-14}$$

其中：

$EF_{CH_4, enteric, i}$ 为第 i 种动物的甲烷排放因子，单位为千克/（头·年）；

GE_i 为摄取的总能，单位为 MJ/（头·日）；

$Y_{m,i}$ 为甲烷转化率，是饲料中总能转化成甲烷的比例；

55.65 为甲烷能量转化因子，单位为 MJ/kg CH$_4$。

1. 总能（GE）的确定

总能的确定与一些动物特性参数相关，如动物体重、平均日增重、成年体重、采食量、饲料消化率、平均日产奶量、奶脂肪含量、一年中怀孕的母畜百分数、每只羊年产毛量、每日劳动时间等。根据《IPCC 2006 指南》，推荐计算公式为：

$$GE = \frac{\dfrac{(NE_m + NE_a + NE_l + NE_{cor} + NE_p)}{REM} + \dfrac{NE_g + NE_{wool}}{REG}}{\dfrac{DE\%}{100}} \tag{11-15}$$

其中：

GE 为总能，单位为 MJ/（头·日）；

NE_m 为家畜维持需要的净能，单位为 MJ/日；

NE_a 为家畜活动净能，单位为 MJ/日；

NE_l 为泌乳净能，单位为 MJ/日；

NE_{cor} 为劳役净能，单位为 MJ/日；

NE_p 为妊娠所需的净能，单位为 MJ/日；

REM 为日粮中可供维持净能占消耗的可消化能的比例；

NE_g 为生长所需净能，单位为 MJ/日；

NE_{wool} 为产毛一年所需的净能，单位为 MJ/日；

REG 为日粮中可供生长净能占消耗的可消化能的比例；

$DE\%$ 为可消化能占总能的比例。

2. 维持净能

家畜维持需要的净能（NE_m）计算公式为：

$$NE_m = Cf_i \cdot BW^{0.75} \tag{11-16}$$

其中：

Cf_i 为随各种家畜种类变化的系数，见附录六中的表 7，单位为 MJ/（日·kg）；

BW 为家畜的活体重，单位为 kg。

3. 活动净能

家牛和水牛活动净能用公式（11-17）计算，绵羊活动净能用公式（11-18）计算。

$$NE_a = C_a \cdot NE_m \tag{11-17}$$

$$NE_a = C_a \cdot BW \tag{11-18}$$

其中：

NE_a 为家畜活动净能，单位为 MJ/日；

C_a 为与家畜饲养方式对应的系数（见附录六表 8）。

4. 生长净能

家牛和水牛生长净能用公式（11-19）计算，绵羊生长净能用公式（11-20）计算。

$$NE_g = 22.02 \cdot \left(\frac{BW}{C \cdot MW} \right)^{0.75} \cdot WG^{1.097} \tag{11-19}$$

$$NE_g = \frac{WG[\,a+0.5b(BW_i+BW_f)\,]}{365}$$ （11-20）

其中：

NE_g 为生长所需净能，单位为 MJ/日；

BW 为种群中家畜的平均活体重，单位为 kg；

C 为系数，母牛的值为 0.8，阉割公牛为 1.0，公牛为 1.2；

MW 为成年母牛在身体状况中等时的成熟活体重，单位为 kg；

WG 为种群中家畜的平均日增重，单位为 kg；

a、b 为相关常数，见附录六中的表 9。

5. 泌乳净能

奶牛泌乳净能用公式（11-21）计算，绵羊泌乳净能用公式（11-22）计算。

$$NE_l = Milk \cdot (1.47+0.40 \cdot Fat)$$ （11-21）

$$NE_l = Milk \cdot EV \ \text{或} \ NE_l = \left(\frac{5 \cdot WG}{365}\right) \cdot EV$$ （11-22）

其中：

NE_l 为泌乳净能，单位为 MJ/日；

$Milk$ 为产奶量，单位为 kg/日；

Fat 为乳脂率，即重量的百分比；

WG 为羊羔从出生到断奶间的增重，单位为 kg；

EV 为生产 1 千克羊奶所需的净能，可采用相应乳脂率为 7%（按重量）的缺省值 4.6 MJ。

6. 劳役净能

家畜劳役净能计算公式为：

$$NE_{cor} = 0.10 \cdot NE_m \cdot Hours$$ （11-23）

其中：

NE_{cor} 为劳役净能，单位为 MJ/日；

NE_m 为家畜维持需要的净能，单位为 MJ/日；

$Hours$ 为每日劳役小时数。

7. 产毛净能

绵羊产毛净能计算公式为：

$$NE_{wool} = \frac{EV \times Yield}{365} \tag{11-24}$$

其中：

NE_{wool} 为产毛所需的净能，单位为 MJ/日；

EV 为生产 1 千克毛需要的能量值（晾干后清洗前称量），单位为 MJ，可用缺省值 24 MJ 对此进行估算；

$Yield$ 为每只绵羊的年均产毛量，单位为 kg。

8. 妊娠净能

家畜妊娠净能计算公式为：

$$NE_p = C_{pre} \cdot NE_m \tag{11-25}$$

其中：

NE_p 为妊娠所需的净能，单位为 MJ/日；

C_{pre} 为妊娠系数（见附录六中的表 10）；

NE_m 为家畜维持需要的净能，单位为 MJ/日。

9. 日粮中可供生长净能占消耗的可消化能的比例

日粮中可供生长净能占消耗的可消化能的比例计算公式为：

$$REG = 1.164 - (5.160 \times 10^{-3} \times DE\%) + [1.308 \times 10^{-5} \times (DE\%)^2] - \frac{37.4}{DE\%} \tag{11-26}$$

10. 日粮中可供维持净能占消耗的可消化能的比例

日粮中可供维持净能占消耗的可消化能的比例计算公式为：

$$REM = 1.123 - (4.092 \times 10^{-3} \times DE\%) + [1.126 \times 10^{-5} \times (DE\%)^2] - \frac{25.4}{DE\%} \tag{11-27}$$

11. 甲烷转化率（Y_m）的确定

甲烷转化率由动物品种、饲料构成与饲料特性决定。如果当地特定的甲烷转化率难以确定，可以根据《IPCC 2006 指南》和《省级温室气体清单编制指南（试行）》选择附录六表 11 和表 12 中推荐的甲烷转化率数值进行计算。

综上所述，动物肠道发酵甲烷排放统计指标体系中县域特征排放因子数据的调查表见附录六中的表 13 至表 16。统计指标体系包括动物体重、平均日增重、成年体重、采食量、饲料消化率等动物特性参数；根据动物饲养方式调查规模化养殖、农户散养和放牧饲养三种模式的特性参数，并调查不同动物断奶养育、青年期和成年期三个时期的特性参数。

11.6　动物粪便管理方式甲烷排放

一　计算方法介绍

总排放量为各种动物粪便管理甲烷排放清单的加总，而各种动物粪便管理甲烷排放清单等于不同动物的数量与各自对应的粪便管理甲烷排放因子的乘积。首先，需要从畜禽种群特性参数中收集动物数量来管理畜禽粪便甲烷排放；其次，根据畜禽品种、粪便特性以及粪便管理方式使用率计算或选择合适的排放因子；再次，将排放因子与畜禽数量相乘得出该种群粪便甲烷排放的估算值；最后，对所有畜禽种群排放量的估算值求和即为该省份排放量。式（11-28）为计算特定动物的粪便管理甲烷排放量的公式。

$$E_{CH_4, manure, i} = EF_{CH_4, manure, i} \times AP_i \times 10^{-7} \qquad (11-28)$$

其中：

$E_{CH_4, manure, i}$ 为第 i 种动物粪便管理甲烷排放量，单位为万吨 CH_4/年；

$EF_{CH_4, manure, i}$ 为第 i 种动物粪便管理甲烷排放因子，单位为千克/（头·年）；

AP_i 为第 i 种动物的数量，单位为头（只）。

二　活动水平数据

动物粪便管理方式甲烷排放所需动物活动水平数据，以县域为单位，调查各类畜禽养殖数量。调查方式与第 11.5 节动物肠道发酵甲烷排放基本一致，但鸡、鸭、鹅等动物活动水平数据在动物粪便管理温室气体排放中不可忽略，故活动水平调查需包括这三类，具体调查表见附录六中的表 5。

根据养殖规模和养殖方式不同，统计核算指标需依据相关标准调查规模化养殖、农户散养和放牧饲养三类。具体调查表式见附录六中的表 5。

三　排放因子数据

各种动物粪便管理甲烷排放因子可以根据公式（11-29）进行计算：

$$EF_{CH_4,manure,ijk} = VS_i \times 365 \times 0.67 \times Bo_i \times MCF_{jk} \times MS_{ijk} \tag{11-29}$$

其中：

$EF_{CH_4,manure,ijk}$ 为动物种类 i、粪便管理方式 j、气候区 k 的甲烷排放因子，单位为 kg CH_4/年；

VS_i 为动物种类 i 每日易挥发固体排泄量，单位为 kg dmVS；

0.67 为甲烷的质量体积密度，单位为 kg/m^3；

Bo_i 为动物种类 i 的粪便的最大甲烷生产能力，单位为 m^3/kg dmVS；

MCF_{jk} 为粪便管理方式 j、气候区 k 的甲烷转化系数，单位为%；

MS_{ijk} 为动物种类 i、气候区 k、粪便管理方式 j 的所占比例，单位为%。

VS_i 是通过调研获得平均日采食能量和饲料消化率数据并利用《IPCC 2006 指南》提供的公式计算得出；Bo_i 利用《IPCC 2006 指南》推荐的默认值；MCF_{jk} 通过调研粪便管理方式和各省份的年平均温度确定。

1. 排泄量（VS）

排泄量（VS）是牲畜粪便中的有机物质，其中包括可生物降解和不可降解两部分。根据《IPCC 2006 指南》，可根据采食量水平估算区域特定排泄量。排泄量可用公式（11-30）进行估算：

$$VS = \left[GE \cdot \left(1 - \frac{DE\%}{100}\right) + (UE \cdot GE) \right] \cdot \left(\frac{1 - ASH}{18.45}\right) \tag{11-30}$$

其中：

VS 为以干物质为基础的日挥发性固体排泄量，单位为 kg VS；

GE 为总能，单位为 MJ/日；

$DE\%$ 为饲料中可消化量的百分比（例如 60%）；

$UE \cdot GE$ 表示 GE 的尿中能量，一般认为多数反刍家畜排泄的尿中能量为 $0.04GE$（对于用谷物含量达到或超过 85% 的日粮饲喂的反刍家畜或猪，降为 0.02GE）；

ASH 为粪便中的灰分含量，即干物质采食量的比例（例如家牛为 0.08）；

18.45 为每千克干物质日粮总能的转化因子，单位为 MJ。

2. 最大甲烷生产能力（Bo）

随着动物种类和日粮的变化，粪便最大甲烷生产能力也有所不同，建议采用《IPCC 2006 指南》中推荐的默认值（见附录六中的表 17）。

3. 粪便管理方式构成

动物粪便管理方式一般分为放牧/放养、自然风干晾晒、液体储存、每日施肥、固体储存、氧化塘、厌氧沼气处理、垫草处理、舍内粪坑储存、堆肥处理、好氧处理、燃烧及其他共 13 种。附录六中的表 18 为不同动物粪便管理方式所占比例的相关调查表。

4. 甲烷转化因子（MCF）

甲烷转化因子定义为某种粪便管理方式的甲烷实际产量占最大甲烷生产能力的比例，可参考《IPCC 2006 指南》（见附录六中的表 20）。

11.7　动物粪便管理方式氧化亚氮排放

一　计算方法介绍

各种动物粪便管理氧化亚氮排放清单等于不同动物粪便管理方式下氧化亚氮排放因子与动物数量的乘积，乘积数加总即为总排放量。首先，从畜禽种群特性参数中收集动物数量；其次，根据相关畜禽粪便氮排泄量以及不同粪便管理系统所处理的粪便量计算排放因子；再次，用排放因子乘以畜禽数量得出该种群粪便氧化亚氮排放估算值；最后，对所有畜禽种群排放量估算值求和即为本省份粪便管理氧化亚氮排放量。

计算特定动物的粪便管理氧化亚氮排放量的公式为：

$$E_{N_2O, manure, i} = EF_{N_2O, manure, i} \times AP_i \times 10^{-7} \tag{11-31}$$

其中：

$E_{N_2O, manure, i}$ 为第 i 种动物粪便管理氧化亚氮排放量，单位为万吨 N_2O/年；

$EF_{N_2O,manure,i}$ 为第 i 种动物粪便管理氧化亚氮排放因子，单位为千克/（头·年）；

AP_i 为第 i 种动物的数量，单位为头（只）。

二　活动水平数据

此项的活动水平数据与第 11.6 节动物粪便管理方式甲烷排放中的活动水平数据一致。

三　排放因子数据

各种动物粪便管理氧化亚氮排放因子可以依据公式（11-32）计算。

$$EF_{N_2O,manure} = \sum_j \left\{ \left[\sum_i (AP_i \times Nex_i \times MS_{i,j}/100) \right] \times EF_{3,j} \right\} \times 44/28 \qquad (11-32)$$

其中：

$EF_{N_2O,manure}$ 为动物粪便管理系统 N_2O 排放量，单位为千克 N_2O/年；

AP_i 为动物类型 i 饲养量，单位为头（只）；

Nex_i 为动物类型 i 每年氮排泄量，单位为千克 N/（头·年）；

$MS_{i,j}$ 为粪便管理系统 j 处理每一种动物粪便的百分数，单位为%；

$EF_{3,j}$ 为动物粪便管理系统 j 的 N_2O 排放因子，单位为千克 N_2O-N/千克粪便管理系统 j 中的 N；

j 为动物粪便管理系统；

i 为动物类型。

1. 年平均氮的排泄量（Nex_i）

可以采用当地数据作为各地区氮排泄量，如果不能直接获得当地的氮排泄量数据，可以从农业生产和科学文献中选择或采用 IPCC 推荐的默认值，如附录六中的表 19 所示。

2. 粪便管理方式构成

畜禽粪便管理氧化亚氮排放所用到的不同粪便管理方式的结构与粪便管理甲烷排放相同，具体见附录六中的表 18。

第 12 章　林业碳排放统计核算体系

12.1　林业碳排放概述

森林，既是碳源，又是碳汇，在应对气候变化中具有特殊地位。作为碳源，植物自身也需要呼吸从而排出二氧化碳；作为碳汇，森林通过光合作用大量吸收大气中的二氧化碳，并贮存到林木体内，起到"固碳"作用。过去 20 年，全球范围内因为各种原因带来的大规模的毁林或森林退化，每年产生了大约 81 亿吨的二氧化碳排放。通过植树造林、加强森林经营增加碳汇和保护森林减少排放是国际社会公认的未来 30~50 年减缓和适应气候变化的成本较低、经济可行的重要措施。

30 多年来，无论是从森林面积指标看，还是从林木蓄积量指标看，我国的植树造林工作取得了丰硕的成果，为"绿色地球"做出了重要的贡献。根据第九次全国森林资源清查报告，我国拥有各类产权性质的林区面积达到 2.1 亿公顷，森林植被总碳储量达到 91.86 亿吨碳，是我国实现"双碳"目标的重要贡献力量。根据《"十四五"林业草原保护发展规划纲要》，到 2025 年森林覆盖率达到 24.1%，森林蓄积量达到 190 亿立方米。我国发展森林碳汇潜力巨大，着力提升森林碳汇增量，可助力构建多层次碳中和路径，实现 2060 年前碳中和目标。

林业温室气体核算是国家温室气体核算的重要组成部分，也是区域温室气体核算的重要组成部分。建立完整的林业排放统计核算体系，可以对中国和省域的 GHG 排放量进行估算与时空格局分析，以准确掌握当前中国和区域林业碳排放状况。这可以降低全球与中国陆地生态系统 GHG 评估的不确定性，具有重大的科学意义；也可以为制定应对气候变化的国内政策、参与全球气候变化与 GHG 减排谈判、促进中国和全球可持续发展提供数据支持，具有重要的政策意义。

中国政府制定了一系列林业政策、林业发展战略、行动计划和保护措施，对减少温室气体的排放起到了重要作用。以湖北省为例，其森林资源连续清查体系始建于 1978 年，至 1999 年形成完整体系。全省共设置 5820 个固定样地，每五年复查一次。据 2009 年复查统计，湖北全省林地面积 849.85 万公顷，森林面积 713.86 万公顷，森林覆盖率 38.40%。全省活立木蓄积 31324.69 万立方米，森林蓄积 28652.97 万立方米，林木蓄积年均总生长率 9.13%，年均总消耗率 4.46%。

12.2 林业碳排放统计指标体系

一 统计范围

区域土地利用变化、森林及其他木质生物质的碳贮量变化和森林转化温室气体排放这两个方面为区域林业碳排放的统计范围。

森林包括乔木林、竹林、经济林或国家特别规定的灌木林（以下简称"灌木林"）。其他木质生物质包括疏林、散生木和四旁树。

引起碳贮量变化的原因包括以下五个方面。①乔木林生长；②乔木林、经济林或灌木林面积变化；③疏林、散生木、四旁树的生长；④林木采伐消耗；⑤林木枯损消耗。

森林转化温室气体排放包括：①森林转化燃烧（现地燃烧和异地燃烧）温室气体排放；②森林转化分解温室气体排放。

二 统计内容

本节统计的主要内容包括区域范围内各种林地面积的变化量、各种林木贮存量、林木消耗量和生长情况、林业温室气体排放量、林业温室气体吸收情况及其动态变化。

三 统计报告期

根据碳排放统计核算需要，建议报告频率为每年一次。附录中有各项报表、收表部门及报送时间，企（事）业单位按布置本报表制度统计部门的规定确定报送时间。应确保信息的完整性、真实性和及时性，如果刻意造假、隐瞒、推迟和抗拒，要追究责任。

四　分类和目录

填报报表涉及的主管单位名称与代码、行政区划名称与代码参见《统计用区划代码和城乡划分代码编制规则》，国民经济行业分类与代码参见国家标准《国民经济行业分类》（GB/T 4754—2011）。

五　统计报表报送要求

采用重点调查和典型调查相结合的方式，以"以条为主、条块联动"形式组织实施。各地政府统计部门负责辖区内林业的统计工作，并按照相关要求进行报送。

12.3　林业碳排放计算方法

一　森林碳贮量变化估算

乔木是指树干粗壮挺直，树干上端有分支并形成树冠的树木，常见的乔木包括杨树、梧桐树、松树等。我国的森林资源主要是乔木林，其经济效益，防风固沙、防治水土流失的环境效益包括生物质固碳效应都是最好的。灌木一般不高于6米，树干不明显，从根部开始就发出许多分支，多作为观赏性景观植物。计算森林和其他木质生物质生物量碳贮量变化时，应包括乔木林生物量生长碳吸收，散生木、四旁树、疏林生物量生长碳吸收，竹林、经济林、灌木林生物量碳贮量变化（碳吸收或排放）以及活立木消耗碳贮量变化。

具体估算方法见公式（12-1）。

$$\Delta C_{生物量} = \Delta C_{乔} + \Delta C_{疏} + \Delta C_{散} + \Delta C_{四} + \Delta C_{经} + \Delta C_{竹} + \Delta C_{灌} - \Delta C_{总消} \qquad (12\text{-}1)$$

其中：

$\Delta C_{生物量}$ 为森林和其他木质生物质生物量碳贮量变化量；

$\Delta C_{乔}$ 为乔木林生物量生长碳吸收；

$\Delta C_{疏}$ 为疏林生物量生长碳吸收；

$\Delta C_{散}$ 为散生木生物量生长碳吸收；

$\Delta C_{四}$ 为四旁树生物量生长碳吸收；

$\Delta C_{经}$ 为经济林生物量碳贮量变化量；

$\Delta C_{竹}$ 为竹林生物量碳贮量变化量；

$\Delta C_{灌}$ 为国家特别规定的灌木林生物量碳贮量变化量；

$\Delta C_{总消}$ 为活立木消耗碳贮量变化量。

（一）乔木林生物量生长碳吸收

根据本区域森林资源调查数据，获得编制年份的乔木林总蓄积量（$V_{乔木林}$）、各优势树种（组）蓄积量、活立木蓄积量年生长率（GR）；通过实际采样测定或文献资料统计分析，获得各优势树种（组）的基本木材密度（SVD）和生物量转换系数（BEF），并计算区域平均的基本木材密度（$\overline{SVD}$）和生物量转换系数（$\overline{BEF}$），从而估算本区域乔木林生物量生长碳吸收 ［见公式（12-2）］。

$$\Delta C_{乔} = V_{乔} \times GR \times \overline{SVD} \times \overline{BEF} \times 0.5 \qquad (12\text{-}2)$$

$$\overline{BEF} = \sum_{i=1}^{n} \left(BEF_i \cdot \frac{V_i}{V_{乔}} \right) \qquad (12\text{-}3)$$

$$\overline{SVD} = \sum_{i=1}^{n} \left(SVD_i \cdot \frac{V_i}{V_{乔}} \right) \qquad (12\text{-}4)$$

其中：

$V_{乔}$ 为某清单编制年份本区域的乔木林总蓄积量（立方米）；

V_i 为本区域乔木林第 i 树种（组）蓄积量（立方米）；

GR 为本区域活立木蓄积量年生长率（%）；

BEF_i 为本区域乔木林第 i 树种（组）的生物量转换系数，即全林生物量与树干生物量的比值（无量纲）；

$\overline{BEF}$ 为本区域乔木林 BEF 加权平均值；

SVD_i 为本区域乔木林第 i 树种（组）的基本木材密度（吨/米^3）；

$\overline{SVD}$ 为本区域乔木林 SVD 加权平均值；

i 为本区域乔木林优势树种（组），$i=1，2，3，\cdots，n$；

0.5 为木材的平均含碳率（IPCC 指南推荐值）。

（二）散生木、四旁树、疏林生物量生长碳吸收

散生木是指林地上零星生长的树木，四旁树是指分散种植于村旁、路旁、宅旁、水旁的林木，疏林的种植比较稀疏，虽然这三类林木的密度不如乔木林，但是因为随处可见所以总量不可忽视，与乔木林的计算类似［见公式（12-5）］。先从本区域森林资源调查数据中获得清单编制年份的散生木、四旁树、疏林总蓄积量（$V_{散/四/疏}$）、活立木蓄积量年生长率（GR）。在实际计算中，森林资源清查资料往往很难确定散生木、四旁树、疏林的树木种类，因此用区域的加权平均值代替其基本木材密度（SVD）和生物量转换系数（BEF）。

$$\Delta C_{散/四/疏} = V_{散/四/疏} \times GR \times \overline{SVD} \times \overline{BEF} \times 0.5 \qquad (12-5)$$

（三）经济林、竹林、灌木林生物量碳贮量变化

经济林、竹林、灌木林的生长速度很快，仅需几年时间便可快速生长至稳定期，生物量变化较小。因此估算生物量碳贮量变化时，主要根据它们的面积变化和单位面积生物量来计算，其公式为：

$$\Delta C_{竹/经/灌} = \Delta A_{竹/经/灌} \times B_{竹/经/灌} \times 0.5 \qquad (12-6)$$

其中：

$\Delta C_{竹/经/灌}$为竹林（或经济林、灌木林）生物量碳贮量变化（吨碳）；

$\Delta A_{竹/经/灌}$为竹林（或经济林、灌木林）面积年变化（公顷）；

$B_{竹/经/灌}$为竹林（或经济林、灌木林）平均单位面积生物量（吨干物质）。

（四）活立木消耗碳贮量变化

活立木消耗碳贮量减少包括采伐消耗碳贮量减少和枯损消耗碳贮量减少。

由于在估算林地转化碳排放时，乔木林转化为非林地的碳排放与活立木采伐消耗的碳贮量减少存在重复估算，所以，估算中应该扣除林地转化部分的乔木林转化为非林地时地上部分的碳排放，估算公式为：

$$\Delta C_{总消} = \Delta C_{采消} + \Delta C_{枯消} - \Delta C_{乔转} \qquad (12-7)$$

$$\Delta C_{采消} = [V_{乔} \times CR_{乔采} + (V_{疏} + V_{散} + V_{四}) \times CR_{立采}] \times$$
$$\overline{SVD \times BEF}_{全林} \times 0.5 \qquad (12-8)$$

其中：

$CR_{乔采}$为乔木采伐消耗率；

$CR_{立采}$为立木采伐消耗率。

$$\Delta C_{枯消} = [\, V_乔 \times CR_{乔枯} + (V_疏 + V_散 + V_四) \times CR_{立枯} \,] \times$$
$$\overline{SVD \times BEF_{全林}} \times 0.5 \qquad (12-9)$$

其中：

$CR_{乔枯}$为乔木枯损消耗率；

$CR_{立枯}$为立木枯损消耗率。

$$\Delta C_{乔转} = \Delta A_{乔转} \times B_{乔(地上)} \times 0.5 \qquad (12-10)$$

其中：

$\Delta C_{乔转}$为乔木林转化为非林地碳贮量减少量；

$\Delta A_{乔转}$为乔木林转化为非林地面积；

$B_{乔(地上)}$为乔木林地上生物量。

（五）活动水平数据

需要的活动水平数据主要有：区域内乔木林按优势树种（组）划分的面积和活立木蓄积量；疏林、散生木、四旁树蓄积量；灌木林、经济林和竹林面积（见附录七中的表 1）。本部分活动水平数据均来源于各区域森林资源清查资料。

（六）活动水平数据确定方法

由于各区域实际开展森林资源清查的具体年份各不相同，必须具有至少最近 3 次森林资源清查的资料数据来获得某年份（以 2015 年为例）的活动水平数据（见图 12-1）。

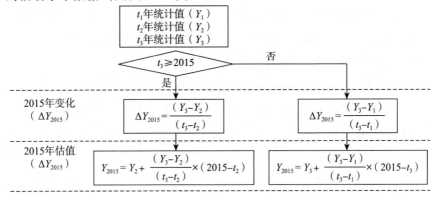

图 12-1　2015 年活动水平数据确定方法

(七) 排放因子数据与确定方法

1. 活立木蓄积量生长率 (GR)、消耗率 (CR)

我国历次森林资源清查数据均提供了两次清查间隔期内全国及各省区市活立木蓄积量年均总生长率、年均净生长率、年均总消耗率和年均净消耗率数据。其中，GR 采用活立木蓄积量年均总生长率，CR 采用活立木年均净消耗率 (相当于年均采伐消耗率)。附录七中的表2列举了全国第7次森林资源清查 (2004~2008年) 获得的全国及各省区市 (不含港澳台地区，下同) 年均总生长率和采伐消耗率数据，表中数据仅供编制省级清单时参考，各区域应努力获取本区域的实际数据。

2. 基本木材密度 (SVD)

基本木材密度是木材的一种属性，是指每立方米木材所含干物质质量，总体密度范围为 0.2~0.75。该指标主要用于将蓄积量数据转化为生物量数据。附录七中的表3列举了根据全国第7次森林资源清查 (2004~2008年) 得到的全国及各省区市树干材积密度加权平均值 ($\overline{SVD}$)，表中数据供编制省级清单时参考。

3. 生物量转换系数 (BEF)

BEF 可以分为全林生物量转换系数 ($BEF_{全林}$) 即全林生物量 (包括地上部和地下部) 与树干生物量的比值、地上生物量转换系数 ($BEF_{地上}$) 即地上生物量 (包括干、皮、枝、叶、果等) 与树干生物量的比值。树种不同 BEF 值也各有差异，通常通过实际采样测定获得，也可通过文献资料收集整理得到有关数据。附录七中的表4列举了全国及各省区市加权平均的 $BEF_{全林}$ 和 $BEF_{地上}$ 的参考值。在实际清单计算中，应根据各区域的各优势树种 (组)、各优势树种 (组) 蓄积量等，参照公式 (12-3) 通过加权平均获得，表中数据供编制省级清单时参考。

4. 竹林、经济林、灌木林和乔木林平均单位面积生物量

由于各区域竹林、经济林、灌木林的种类和面积存在较大差异，单位面积生物量也各不相同。应根据当地实际情况，对各种类型的森林开展实地采样测定获得相关数据，然后以各林木类型的面积为权重进行加权平均，得出本区域竹林、经济林、灌木林的平均单位面积生物量，以此来编制清单。附录七中的表5列出了全国上述三类森林类型的平均单

位面积生物量，以供参考。

区域乔木林单位面积生物量可根据主要优势树种单位面积蓄积量估算。

$$B_{乔(地上)} = \frac{V_乔}{A_乔} \times \overline{SVD} \times \overline{BEF}_{地上} = 34.99(吨/公顷)。$$

5. 含碳率

含碳率指森林植物单位质量干物质中的碳含量，因种类、起源、年龄、立地条件和器官的不同而不同。《IPCC 1996 指南》的默认缺省值为 0.5。我国在对木本植物碳密度的测定中由于种类和器官的不同，测量结果也存在差异，但整株平均含量在 0.47 ~ 0.53。考虑到计算蓄积量转化为生物量的数值使用的是各区域的活立木总蓄积量、各类林木的加权平均参数，因此在选择使用含碳率进行计算时，不再考虑树种、器官、林龄等的差异，均采用与 IPCC 推荐值一致的含碳率（即 0.5）。

二　森林转化温室气体排放

"森林转化"指将现有森林转化为其他土地利用方式，实际就是毁林。在毁林过程中，被破坏的森林生物量一部分通过现地或异地燃烧排放到大气中，一部分（如木产品和燃烧剩余物）通过缓慢的分解过程（数年至数十年）释放到大气中。有一小部分（5% ~ 10%）燃烧后转化为木炭，经过至少 100 年时间的分解释放到大气中。

本部分主要估算各区域"有林地"（包括乔木林、竹林、经济林）转化为"非林地"（如农地、牧地、城市用地、道路等）过程中，由于地上生物质的燃烧和分解引起的二氧化碳、甲烷和氧化亚氮排放。

（一）森林转化燃烧引起的碳排放

森林转化燃烧，包括现地燃烧和异地燃烧两部分。现地燃烧是指就地发生在林地上的燃烧，如山火等；异地燃烧是指林木被转移到林地以外的地方进行的燃烧，如薪柴等。其中，现地燃烧不仅会直接排放二氧化碳，还会排放甲烷和氧化亚氮等温室气体。由于能源领域清单中已对薪炭柴的非二氧化碳温室气体排放作了估算，为避免重复计算，这里只需估算现地燃烧产生的二氧化碳排放即可。

具体计算方法如下：

$$现地燃烧碳排放 = 年转化面积 \times (转化前单位面积地上$$
$$生物量 - 转化后单位面积地上生物量) \times 现地燃烧生物$$
$$量比例 \times 现地燃烧生物量氧化系数 \times 地上生物量碳含量 \quad (12-11)$$

$$现地燃烧 CO_2 排放 = 现地燃烧碳排放 \times 44/12 \quad (12-12)$$

现地燃烧非 CO_2 排放主要考虑甲烷和氧化亚氮两类温室气体，计算方法如下：

$$CH_4 排放 = 现地燃烧碳排放（吨碳）\times CH_4-C 排放比例 \quad (12-13)$$

$$N_2O 排放 = 现地燃烧碳排放（吨碳）\times 碳氮比 \times$$
$$N_2O-N 排放比例 \quad (12-14)$$

$$异地燃烧 CO_2 排放 = 年转化面积 \times (转化前单位面积地上生物量 -$$
$$转化后单位面积地上生物量) \times 异地燃烧生物量比例 \times 异地燃烧生$$
$$物量氧化系数 \times 地上生物量碳含量 \quad (12-15)$$

（二）森林转化分解引起的碳排放

森林转化分解碳排放，主要考虑燃烧剩余物的缓慢分解产生的二氧化碳排放。由于分解过程缓慢，因此采用 10 年平均的年转化面积进行计算，而非使用清单编制年份的年转化面积。

$$分解碳排放 = 年转化面积（10 年平均）\times (转化前单位$$
$$面积地上生物量 - 转化后单位面积地上生物量) \times 被$$
$$分解部分的比例 \times 地上生物量碳含量 \quad (12-16)$$

（三）活动水平数据与确定方法

本部分的主要活动水平数据包括乔木林、竹林、经济林转化为非林地的面积。实际清单编制年的转化面积常用 5 年平均值替代，这是因为我国森林资源清查数据往往只提供了两次清查间隔期（通常为 5 年）。在估算分解排放时，需要用到 10 年平均的年转化面积。所有森林转化面积数据，可以通过各区域森林资源清查资料获得。

（四）排放因子数据与确定方法

国际上森林转化的有关排放因子测定有较大的不确定性，我国目前仍缺乏有关测定数据。因此各区域在编制清单时，为降低清单结果的不确定性，应努力提供并完善适合本区域的相关排放因子。

1. 转化前单位面积地上生物量

由于我国森林资源清查数据往往只提供乔木林转化面积，因此很难区分具体的林木种类，在实际估算过程中，首先通过区域乔木林总蓄积量（$V_乔$）和总面积（$A_乔$），获得乔木林单位面积蓄积量，然后运用区域平均的基本木材密度（$\overline{SVD}$，见附录七中的表 3）和地上部生物量转换系数（$\overline{BEF_{地上}}$，见附录七中的表 4），计算乔木林转化前单位面积生物量（$B_{地上}$）。其计算公式为：

$$B_{地上} = \frac{V_乔}{A_乔} \times \overline{SVD} \times \overline{BEF_{地上}}\qquad (12-17)$$

竹林和经济林的平均地上部生物量，确定方法参照附录七中的表 5。

2. 转化后单位面积地上生物量

我国有林地转化为非林地，主要用于建设用地，转化后地上生物量基本上为 0。在计算时，转化后地上生物量也全部采用 0。

3. 现地/异地燃烧生物量比例

我国南方森林征占后，除可用部分（木材）外，剩余部分通常采取现地燃烧清理，现地燃烧的生物量比例约为地上生物量的 40%，用于异地燃烧的比例估计为 10%。而北方通常不采用火烧清理方式，约 30% 用于薪材异地燃烧。就全国而言，现地燃烧的生物量比例约为 15%，异地燃烧的生物量比例约为 20%。

结合典型调查以及区域出材率和木材利用率等因素，可考虑确定如下指标：乔木林转化过程中收获的木材生物量比例为 70%，现地燃烧的生物量比例为 5%，异地燃烧的生物量比例为 15%，被分解的生物量比例为 10%；竹林转化过程中收获的木材生物量比例为 90%，现地燃烧的生物量比例为 3%，异地燃烧的生物量比例为 2%，被分解的生物量比例为 5%；经济林和灌木林现地燃烧的生物量比例为 5%，异地燃烧的生物量比例为 85%，被分解的生物量比例为 10%。

此部分的数据如果有做过市场调查，可以采用市场调查的数据，否则建议采取本推荐值。

4. 现地／异地燃烧生物量氧化系数

我国没有相关的测定数据，国际上的测定和估计也存在很大的不确定性。《IPCC 1996 指南》的缺省值为 0.9。

5. 被分解的地上生物量比例

根据以上假设，假定森林转化过程中收获的木材生物量比例为 50%，现地燃烧的生物量比例为 15%，异地燃烧的生物量比例为 20%，则被分解的生物量比例为 15%。

6. 非 CO_2 温室气体排放比例

对于甲烷-碳和氧化亚氮-氮的排放比例，《IPCC 1996 指南》的缺省值分别为 0.012、0.007。

7. 氮碳比

《IPCC 1996 指南》中氮碳比的缺省值为 0.01。

8. 地上生物量碳含量

《IPCC 1996 指南》中地上生物量碳含量的缺省值为 0.5。

9. 其他因子

除以上因子以外的排放因子，省域没有现成数据，测定难度较大，可直接采用《省级温室气体清单编制指南（试行）》数据。

在估算碳贮量变化和燃烧碳排放时，活动水平数据来源于省域森林资源连续清查复查成果。在估算森林分解碳排放时，活动水平数据一般采用最近年份区域森林资源连续清查复查成果。

在排放因子中，活立木生长率与消耗率、乔木林生长率与消耗率、乔木林地上单位面积生物量来源于区域森林资源连续清查复查成果；现地燃烧／异地燃烧／被分解生物量比例来源于典型调查；基本木材密度、经济林／竹林／灌木林转化前地上部单位面积生物量、森林转化后地上部单位面积生物量、生物量转换系数、非 CO_2 温室气体排放比例、氮碳比、含碳率来源于国家发改委办公厅正式发布的《省级温室气体清单编制指南（试行）》。

12.4　不确定性分析

一　不确定性来源

活动水平数据主要有：活立木、乔木林、疏林、散生木和四旁树蓄积量，乔木林、经济林、竹林和灌木林面积。

排放因子主要有：活立木生长率与消耗率、乔木林生长率与消耗率、基本木材密度、森林地上单位面积生物量、森林转化前地上部单位面积生物量、森林转化后地上部单位面积生物量、生物量转换系数、现地燃烧/异地燃烧/被分解生物量比例、非 CO_2 温室气体排放比例、氮碳比、含碳率。

在估算碳贮量变化、燃烧碳排放、森林分解碳排放时，活动水平数据全部来源于区域森林资源连续清查复查成果。区域森林资源连续清查复查是每五年进行一次，数据的及时性和准确性有待提高。

在排放因子中，活立木生长率与消耗率、乔木林生长率与消耗率、乔木林地上单位面积生物量推荐使用近年来区域森林资源连续清查复查成果；现地燃烧/异地燃烧/被分解生物量比例来源于典型调查；基本木材密度、经济林/竹林/灌木林转化前地上部单位面积生物量、森林转化后地上部单位面积生物量、生物量转换系数、非 CO_2 温室气体排放比例、氮碳比、含碳率来源于国家发改委办公厅正式发布的《省级温室气体清单编制指南（试行）》。

不确定性主要来源于全部活动水平数据。排放因子中的活立木生长率与消耗率、乔木林生长率与消耗率、乔木林地上单位面积生物量的不确定性是从 2009 年森林资源连续清查复查成果中获得；现地燃烧/异地燃烧/被分解生物量比例的不确定性是从抽样调查计算获得；木材密度的不确定性来源于区域各主要树种木材密度误差和各主要树种蓄积量的加权值；树干生物量与全林生物量扩展系数的不确定性来源于区域各主要树种扩展系数误差和各主要树种蓄积量的加权值。

二　降低不确定性的措施

1. 细化估算指标

为降低不确定性，核算时应该更加细化蓄积量、生长率和消耗率。

在估算森林生长生物量碳贮量时，没有直接使用林木总生长率，而是采用乔木林总生长率估算乔木生物量，用活立木总生长率估算疏林、散生木和四旁树生物量。

2. 核实估算指标

在估算林地转化过程中，不是直接引用森林资源连续清查复查成果数据，而是将区域多个连清样地 1999 年、2004 年和 2009 年数据库的原始记录逐一核对，找出林地转出和非林地转入的样地，分析转化原因。特别是灌木林地、国家特别规定的灌木林地、灌木经济林地在三个调查年度统计标准有一定的变化，地类有所交叉，在分析样地转化时按统一的标准明确经济林地、灌木林地和一般灌木林地，从而避免了重复交叉计算，做到了三个调查年度、两个调查期间在数据上有可比性。

3. 以典型调查验证估算指标

在不同区域，森林采伐利用方式有一定的特殊性和差异性。建议参考"十一五"和"十二五"期间森林采伐限额编制时的木材出材率，并开展典型调查验证。如湖北省西部实施了天然林保护，仅有少量的商业性采伐，其他山区采伐多为择伐，皆伐主要集中在平原区、丘岗区速生丰产商品林中，山区皆伐比例较小。"十一五"和"十二五"期间湖北省木材出材率为 65%。不同省份出材率有所差异。

4. 降低不确定性的进一步工作方向

在收集活动水平数据方面，要在森林资源连续清查复查体系的基础上，增加必要的典型调查，并参考森林资源规划设计调查成果。

在收集排放因子数据方面，逐步完善基本木材密度、生物量转换系数、单位面积地上生物量和全林生物量。

第13章 固废处理排放及废水处理碳排放统计核算体系

作为人为活动排放温室气体重要来源之一的废弃物处理温室气体排放，逐渐受到广泛关注。21世纪以来，随着经济快速发展、城镇化稳步推进，废弃物产生量也呈上升趋势。固体废弃物处理方式主要是填埋与焚烧处理，在填埋处理过程中，废弃物中的有机物质发生厌氧分解，排放出CH_4与CO_2；在焚烧处理中，固体废弃物中的碳转化成CO_2和二噁英。研究发现，1992年我国46个主要城市生活垃圾填埋场CH_4的排放量已经达到99.2×10^4吨，全球垃圾填埋场CH_4的排放量占CH_4总排放量的6%~18%，是温室气体的主要来源。[①] 研究固体废弃物处理中温室气体的排放机理和核算方法意义重大，不仅可以准确评估未来气候变化以及应对气候变化所带来的影响，还可以为我国生态环境管理提供科学依据。

13.1 固废处理碳排放及废水处理碳排放概述

固体废弃物处理过程中主要产生的温室气体为CH_4和CO_2，污废水处理过程中主要产生的温室气体为CH_4和N_2O。污废水处理过程中的CH_4排放统计核算已在第7章进行了讨论，本章只探讨污废水处理过程中的N_2O排放统计核算。

中国政府在2004年12月向联合国提交了以1994年为基准年的《初始国家信息通报》，其中包含的"第一次国家温室气体清单"包括城市废弃物（固废和废水）处理温室气体排放清单，清单对1994年中国城市垃圾和废水处理系统温室气体排放进行了分区研究，并在分区研究的基础上利用《1996年IPCC国家温室气体清单指南》推荐的计算方法和中国实际的

---

① 李文涛，高庆先，王立，马占云，刘俊蓉，李崇，张艳艳. 我国城市生活垃圾处理温室气体排放特征 [J]. 环境科学研究，2015，28（7）：1031–1038.

有关参数，计算了中国 1994 年城市垃圾和生活污水处理的温室气体排放量：1994 年中国城市垃圾处理 CH_4 排放量为 203 万吨（4263 万吨 CO_2 当量），占当年中国温室气体排放总量（36.5 亿吨 CO_2 当量）的 1.17%。

一　固废处理排放及废水处理氧化亚氮排放机理

（一）固体废弃物填埋处理甲烷排放机理

固体废弃物降解过程中，同时进行着包括物理、化学、生物在内的各种反应（其中生物反应占主导地位）。整个反应过程非常复杂，往往需要持续几十年甚至上百年才能完全降解完。随着固体废弃物不断填入和垃圾体内水分的积累，环境条件不断发生变化，由不同种群微生物引发的生物化学反应相继发生。填埋的固体废弃物主要是厌氧生物降解，垃圾中的有机物利用多种厌氧微生物的代谢活动，在厌氧条件下将有机物转化为无机物（CH_4、CO_2、H_2O 等）和少量细胞物质。废弃物厌氧降解是一个多类群细菌的协同代谢过程。在此过程中，不同微生物的代谢过程形成复杂的生态系统，相互影响、相互制约。微生物是垃圾降解的主体，微生物代谢是生物降解过程的核心，化合物的分解过程则遵循化学反应原理。

废弃物中的有机废弃物在微生物的作用下进入填埋场，一部分进行矿化作用被转化为简单的有机、无机形态，而另一部分难降解的物质则进行腐殖化作用转化为有机组分——腐殖质。矿化是与微生物生长（包括分解代谢和合成代谢）相关的过程，将有机物完全转化为无机物。这一矿化的有机物用作微生物生长的基质和能源，通常只有一部分有机物被用于合成菌体，而其余部分形成微生物的代谢产物，如 CH_4、CO_2、H_2O 等。矿化也可以通过多种微生物的协同作用来完成，每种微生物在污染物的彻底转化过程中满足了自身生长的需要。

当对填埋场的垃圾进行处理和压实时，大量空气被密封在垃圾当中，开始时出现短暂的好氧分解，从堆放的垃圾表层先开始进行分解，通过垃圾空隙中所含的氧气以及从大气潜入的氧气进行好氧环境下的分解，同时产生热量。当垃圾层继续增厚时，在机械和自然压实情况下，厌氧过程将得到发展。根据固体废弃物的分解过程，大体可将填埋场稳定化过程分为五个阶段，即初始调整阶段、过渡阶段、酸化阶段、产 CH_4 阶段和成熟阶段。

　　理论上，CO_2 和 CH_4 的产生量相当，但是由于 CO_2 的水溶性很强，大部分溶于渗滤液，而且 CO_2 的产生主要来源于有机物的分解，所以属于生物成因。因此在进行固体废弃物填埋产生的温室气体核算时主要计算 CH_4 的量。

（二）固体废弃物焚烧处理二氧化碳排放机理

　　废弃物处理中的废弃物焚烧 CO_2 排放是温室气体核算的组成部分。在进入垃圾存放池前，原始垃圾从垃圾转运站运来，通过简单的分选设备，去除垃圾中的可回收金属和大块杂物。鼓风机入口置于垃圾池的上方，用于抽取垃圾池上方空间的空气为焚烧炉提供助燃风，垃圾池内为微负压，保证无臭气泄漏，此时垃圾池是完全密封的。垃圾堆放产生的渗沥水排入料池底部的积水池中，并用水泵抽出，每隔一定时间喷入炉膛烧掉。废弃物完全燃烧过程中会产生 CO_2 等温室气体。

（三）废水处理氧化亚氮排放机理

　　N_2O 排放与废水中的可降解氮成分有关，如尿素、硝酸盐和蛋白质。氮的硝化作用和反硝化作用均可能导致 N_2O 的直接排放。在工厂中接收废水的水体，硝化和反硝化作用这两个过程均会发生。硝化作用是一个将氨和其他氮化合物转化成硝酸盐（NO_3^-）的耗氧过程；而反硝化作用发生在缺氧条件（无氧气释放）下，是将硝酸盐转化成氮气（N_2）的生物学过程。N_2O 可能会成为这两个过程的中间产品，不过与反硝化作用的关联往往更大。

　　废水中的可降解氮主要来源于日常生活中人的排泄物，其转化为氧化亚氮的排放量受到区域内人口数、生活水平及环境等多方面因素的影响，其排放机理又涉及复杂的化学变化过程，为了方便计算，本章以区域内人口数作为统计基数，采用排放因子法核算其排放量。

二　固废处理排放及废水处理氧化亚氮排放源界定

　　CH_4 排放源主要是固体废弃物的填埋处理；废弃物处理部门中最主要的 CO_2 排放源为含化石碳（如塑料）的废弃物焚化和露天燃烧，能源部门应当核算并报告由废弃物能源利用（废弃物直接或间接作为燃料使用）产生的所有温室气体排放。另外，CO_2 的排放也存在于固体废弃物埋填处理中的非化石废弃物以及废水处理污泥的焚烧过程，但这些只作为信息项报告的生物成因；废水处理和排放中的细菌（硝化和反硝化）会产生 N_2O。

13.2 固废处理排放及废水处理氧化亚氮 排放统计指标体系

一 固体废弃物填埋处理温室气体排放

固体废弃物填埋处理 CH_4 排放及废弃物焚烧 CO_2 排放的部分活动水平数据由各省住房和城乡建设部门提供，统计指标包括各市（州、区）的垃圾无害化填埋量、生活垃圾焚烧量、危险废弃物焚烧量、污泥焚烧量、垃圾简易处理量、甲烷回收量，以及垃圾成分的分类百分比，具体见表 13-1、表 13-2。

表 13-1 城市固体废弃物处理

表 号：
制定机关：
文 号：
有效期至：

填报地区：
综合机关名称：省住建厅 年 计量单位：万吨

指标名称	代码	本年
甲	乙	1
城镇固体废弃物处理总量	01	
无害化填埋量	02	
生活垃圾焚烧量	03	
危险废弃物焚烧量	04	
简易处理量	05	
甲烷回收量	06	

单位负责人： 填表人： 报出日期：

注：1. 本表由住建厅负责报送；
　　2. 统计范围是各市（州）、区（县）内垃圾回收站及垃圾集中处理场；
　　3. 报送时间为每年 7 月 31 日前；
　　4. 审核关系：01＝02＋03＋04＋05。

表 13-2　生活垃圾组成成分

表　　号：
制定机关：
文　　号：

填报地区：　　　　　　　　　　　　　　　　有效期至：

综合机关名称：省住建厅　　　　　　　　　年　　　　计量单位：%

指标名称	代码	本年
甲	乙	1
厨渣	01	
纸张	02	
果皮	03	
塑料	04	
毛骨	05	
橡胶、皮革	06	
纺纤	07	
木杂、枝草	08	
煤灰渣	09	
玻璃	10	
金属	11	
陶瓷、砖瓦	12	

单位负责人：　　　　　　填表人：　　　　　　报出日期：

注：1. 本表由住建厅负责报送；

　　2. 统计范围是各市（州）、区（县）内垃圾回收站及垃圾集中处理场；

　　3. 报送时间为每年 7 月 31 日前；

　　4. 审核关系：01+02+03+04+05+06+07+08+09+10+11+12＝100%。

二　废水处理氧化亚氮排放

废水处理 N_2O 排放的统计指标为各市（州、区）的常住人口数，具体见表 13-3。

表 13-3　各地区常住人口数

表　　号：
制定机关：
文　　号：

填报地区：　　　　　　　　　　　　　　　　有效期至：

填报单位：　　　　　　　　　年　　　　　计量单位：万人

指标名称	代码	本年
甲	乙	1

指标名称	代码	本年
人口数	01	

单位负责人：　　　　　　填表人：　　　　　　　报出日期：

注：1. 本表由各市区统计局填报；

　　2. 统计范围是各市（州）、区（县）内年均常住人口数；

　　3. 报送时间为每年 7 月 31 日前。

13.3　固体废弃物填埋处理甲烷排放

固体废弃物降解一般要持续几十年甚至上百年。在厌氧条件下，垃圾中的有机物利用多种厌氧微生物的代谢活动将其自身转化为无机物（CH_4、CO_2、H_2O 等）和少量细胞物质。理论上，CO_2 和 CH_4 的产生量相当，但是由于 CO_2 的水溶性很强，大部分溶于渗滤液，而且属于生物成因的 CO_2 主要产生于生物化学降解过程中，比如动植物的发酵、变质及腐烂过程。因此在进行固体废弃物填埋处理温室气体计算时主要核算 CH_4 的量。

一　固体废弃物填埋处理过程中甲烷排放统计核算方法

参考《省级温室气体清单编制指南（试行）》中的质量平衡法，假设固体废弃物处理当年就把所有的潜在甲烷全部排放完。将原本降解和排放过程的几十年甚至上百年压缩到处理当年，显然会极大地高估甲烷当年的排放，但是这样处理能极大地减小估算难度，因而得到广泛使用。详见公式（13-1）。

$$E_{CH_4} = (MSW_T \times MSW_F \times L_0 - R) \times (1 - OX) \qquad (13-1)$$

其中：

E_{CH_4} 指甲烷排放量（万吨/年）；

MSW_T 指总的城市固体废弃物产生量（万吨/年）；

MSW_F 指城市固体废弃物填埋处理率（%）；

L_0 指各管理类型垃圾填埋场的甲烷产生潜力（万吨甲烷/万吨废弃物）；

R 指甲烷回收量（万吨/年）；

OX 指氧化因子。

$$L_0 = MCF \times DOC \times DOC_F \times F \times 16/12 \qquad (13-2)$$

其中：

MCF 指各管理类型垃圾填埋场的甲烷修正因子（%）；

DOC 指可降解有机碳（千克碳/千克废弃物）；

DOC_F 指可分解的 DOC 比例（%）；

F 指垃圾填埋气体中的甲烷比例（%）；

16/12 指甲烷/碳的分子量比率。

二 活动水平数据及其来源

根据公式（13-1）、公式（13-2）可以计算固体废弃物填埋处理过程中产生的 CH_4 排放。计算过程中需要的活动水平数据主要包括固体废弃物处理基础数据、所处理的固体废弃物的组成成分。数据可由住建部门填报的表 13-1 和表 13-2 获得。

三 排放因子选择

1. 甲烷修正因子

为了区别不同区域垃圾处理方式和差异化的管理程度，本节引入了甲烷修正因子。垃圾处理包括管理和非管理两类，其中，根据垃圾填埋深度又可将非管理类进一步分为深处理（>5 米）和浅处理（<5 米）。针对不同的管理状况，应选取相对应的 MCF 值。

一般来说，管理类的固体废弃物处置场要有废弃物的控制装置（例如火灾控制或渗漏液控制等装置），这些装置至少包括覆盖材料、机械压缩和废弃物分层处理等内容。根据垃圾填埋场的管理程度比例（A、B、C），基于附录八表 1 中的废弃物处理类型 MCF 的推荐值，估算得出综合的 MCF 值。具体可见公式（13-3）：

$$MCF = A \times MCF_A + B \times MCF_B + C \times MCF_C \qquad (13-3)$$

如果缺失分类数据，则可选择分类 D 并采用相应的 MCF 值（其数值请查阅附录八中的表 1）。

根据国家有关垃圾填埋场建设的环境保护规定，垃圾填埋场在建设之前，均要通过环境影响评价的评审，还要进行竣工验收等工作，按照这些工作的要求，可以认为进行无害化处理的垃圾填埋场都是管理型的。

2. 可降解有机碳（Degradable Organic Carbon, DOC）

可降解有机碳是指诸如常见的厨余垃圾、纸类垃圾、织物垃圾和灰渣垃圾等废弃物中容易通过生物化学过程得到分解的有机碳，单位为千克碳/千克废弃物（湿重）。DOC 的估算可参照公式（13-4）。

$$DOC = \sum_i (DOC_i \times W_i) \qquad (13\text{-}4)$$

其中：

DOC 指废弃物中可降解有机碳；

DOC_i 指废弃物类型 i 中可降解有机碳的比例（其数值请查阅附录八中的表 2）；

W_i 指第 i 类废弃物的比例，可以通过对当地垃圾填埋场的垃圾成分调研获得。

3. 可分解的 DOC 比例（DOC_F）

在废弃物处置场中，某些有机物不会全部分解或分解得很慢，这种情况可以用可分解的 DOC 比例（DOC_F）表示从固体废弃物处置场分解和释放出来的碳的比例。

4. 甲烷在垃圾填埋气体中的比例（F）

垃圾填埋场产生的填埋气体主要是甲烷和二氧化碳等，其中，甲烷占比（体积比）一般取值范围为 $0.4 \sim 0.6$，平均取值推荐为 0.5。该占比受多重因素影响，其中一个重要因素即废弃物成分（如碳水化合物和纤维素）。

5. 氧化因子（OX）

氧化因子（OX）的取值范围为 $0 \sim 1$，表示固体废弃物处置场排放的甲烷在土壤或其他覆盖废弃物的材料中发生氧化的那部分甲烷量的比例（0 表示没有氧化过程发生；1 表示 100% 的甲烷气体被氧化）。

13.4　废弃物焚烧处理过程中的碳排放

有些固体废弃物，比如城市固体废弃物、危险废弃物和污泥等，一般是通过焚烧的方式来加以处理。这些废弃物在可控的焚化设施中焚烧同样会产生二氧化碳排放，也是重要的温室气体排放源。废弃物焚烧后是否存在能源回收，决定了温室气体排放的管理部门的不同。具体来说，如果不存在能源回收过程，那么直接由废弃物管理部门行使相关管理职能；如果存在能源回收过程，那么转由能源部门执行相关管理职能。无论是哪个部门行使温室气体管理职能，两类报告都需要区分化石能源燃烧和生物成因的二氧化碳排放。

一　焚烧处理二氧化碳排放统计方法

一般可以利用公式（13-5）来测算废弃物焚化和露天燃烧产生的二氧化碳排放量。

$$E_{CO_2} = \sum_i (IW_i \times CCW_i \times FCF_i \times EF_i \times 44/12) \qquad (13-5)$$

其中：

E_{CO_2} 指废弃物焚烧处理的二氧化碳排放量（万吨/年）；

i 的取值为 1~3，分别表示城市固体废弃物、危险废弃物、污泥；

IW_i 指第 i 种类型废弃物的焚烧量（万吨/年）；

CCW_i 指第 i 种类型废弃物中的碳含量比例；

FCF_i 指第 i 种类型废弃物中矿物碳在碳总量中的比例；

EF_i 指第 i 种类型废弃物焚烧炉的燃烧效率；

44/12 指碳转换成二氧化碳的转换系数。

二　活动水平数据及其来源

根据公式（13-5）可以计算固体废弃物焚烧处理的 CO_2 排放，废弃物焚化和露天燃烧范畴的活动水平数据包括：①焚化或露天燃烧的废弃物量；②相关废弃物比例（成分）；③干物质含量。相关数据可由住建部门填报的表 13-1 和表 13-2 获得。

三　排放因子的选择

废弃物焚烧处理的关键排放因子包括废弃物中的碳含量比例、矿物碳在碳总量中的比例和焚烧炉的燃烧效率。可以从废弃物成分分析资料中得到焚烧的废弃物中的生物碳和矿物碳。

因废弃物种类不同，矿物碳占碳总量的比例和来源会有很大的差别。城市固体废弃物和危险废弃物中的碳主要来源于生物碳和矿物碳；污泥中的矿物碳只有微量的清洁剂和其他化学物质，通常可以忽略。

在核算废弃物焚烧过程中产生的二氧化碳排放时所需要的排放因子，优先采用实测数据，难以获取实测数据的可以采用推荐值（其数值请查阅附录八中的表3）。

13.5　废水处理氧化亚氮排放

N_2O 排放与废水中的可降解氮成分有关，如尿素、硝酸盐和蛋白质。氮的硝化作用和反硝化作用均可能导致 N_2O 的直接排放。在工厂中接收废水的水体，硝化和反硝化作用这两个过程均会发生。硝化作用是一个将氨和其他氮化合物转化成硝酸盐（NO_3^-）的耗氧过程；而反硝化作用发生在缺氧条件（无氧气释放）下，是将硝酸盐转化成氮气（N_2）的生物学过程。N_2O 可能会成为这两个过程的中间产品，不过与反硝化作用的关联往往更大。

废水中的可降解氮主要来源于日常生活中人的排泄物，其转化为氧化亚氮的排放量受到区域内人口数、生活水平及环境等多方面因素的影响，其排放机理又涉及复杂的化学变化过程。为了方便计算，本章以区域内人口数作为统计基数，采用排放因子法核算其排放量。

一　废水处理过程中氧化亚氮排放统计核算方法

废水处理产生的氧化亚氮排放可以用公式（13-6）估算。

$$E_{N_2O} = N_E \times EF_E \times 44/28 \qquad (13-6)$$

其中：

E_{N_2O} 指清单年份氧化亚氮的年排放量（千克氧化亚氮）；

N_E 指污水中氮含量（千克氮/年）；

EF_E 指废水的氧化亚氮排放因子（千克氧化亚氮/千克氮）；

44/28 为转化系数。

排放到废水中的氮含量可通过公式（13-7）计算：

$$N_E = (P \times Pr \times F_{NPR} \times F_{NON-CON} \times F_{IND-COM}) - N_S \qquad (13-7)$$

其中：

P 指人口数（人）；

Pr 指每年人均蛋白质消耗量（千克）；

F_{NPR} 指蛋白质中的氮含量（千克氮/千克蛋白质）；

$F_{NON-CON}$ 指废水中非消费性蛋白质的排放因子（%）；

$F_{IND-COM}$ 指工业和商业的蛋白质排放因子，默认值=1.25%；

N_s 指随污泥清除的氮（千克氮/年）。

二 活动水平数据及其来源

根据公式（13-7）可以计算废水处理氧化亚氮排放量，废水处理活动水平数据包括常住人口数，数据可由统计报表 13-3 获得。

三 排放因子数据

估算废水处理氧化亚氮排放量所需的排放因子包括每年人均蛋白质消耗量、蛋白质中的氮含量、废水中非消费性蛋白质的排放因子、工业和商业的蛋白质排放因子等。随污泥清除的氮无法统计，推荐采用缺省值 0。相关数据请查阅附录八中的表 4。

第14章 推广应用及研究结论

"十二五"时期（2011～2015年）是中国气候行动的新时代。中国各级政府开始开展节能减排的各项行动，中国逐步建立起包含具体减排措施的气候政策框架。中国的领导层已经意识到，气候和能源政策并不是约束经济发展的"紧箍咒"，可以通过提升能效来减少污染和节约资金，通过开发新能源产业来调整能源结构，这不仅对保证能源安全、改善全民健康状况有着重要意义，而且能帮助中国不落后甚至引领全球新一轮的科技革命。

"十三五"时期（2016～2020年）和"十四五"时期（2021～2025年），中国强化了气候政策。碳排放权交易市场从试点走向全国，一跃成为全球最大的碳市场。2020年随着"双碳"目标的提出，各个地方、各行各业的"达峰""中和"规划和行动层出不穷，全社会低碳转型明显，中国成为全球气候治理的中坚力量。

遗憾的是，中国缺乏官方的碳排放数据的事实依然存在，包括二氧化碳在内的温室气体排放的数据基础依然不牢，排放数据质量不高成为制约中国进一步低碳发展的因素。2022年4月，国家发展改革委、国家统计局、生态环境部印发《关于加快建立统一规范的碳排放统计核算体系实施方案》，重申了碳排放基础数据的重要性和排放统计核算体系的急迫性，本书提出的碳排放二维统计核算体系正当其时。

本章将运用碳排放二维统计核算体系核算湖北省所有地市州2011～2015年的温室气体排放情况和碳排放情况。实证研究发现，不同的城市存在不同的排放类型，据此提出点源排放（即规模以上工业企业排放）和面源排放（即除规模以上工业企业之外的排放）的概念，并进一步分析了点源排放城市和面源排放城市的存在和各自不同的特征。

14.1 碳排放二维统计核算体系在湖北省的核算应用

本部分将基于中国统计数据，运用碳排放二维统计核算体系来测算 2011~2015 年湖北省及其 17 个地市州，即武汉、宜昌、荆门、黄石、咸宁、鄂州、随州、荆州、孝感、黄冈、十堰、襄阳、恩施、潜江、神农架、天门和仙桃的二氧化碳排放量。核算的能源品种包括原煤、煤炭、洗精煤、其他洗煤、型煤、煤制品、煤矸石、其他焦化产品、原油、汽油、柴油、煤油、润滑油、燃料油、溶剂油、石油焦、石脑油、石油沥青、石蜡、其他石油制品、天然气、液化石油气、液化天然气、转炉煤气、发生炉煤气、其他煤气、炼厂干气和电力共 28 种能源，且扣除了用于原材料的能源。由于洗精煤又包括焦炭、焦炉煤气和高炉煤气，所以为避免重复计算，剔除了焦炭、焦炉煤气和高炉煤气，仅计算洗精煤。

一 湖北省概况

湖北，简称"鄂"，中华人民共和国省级行政区，省会武汉。因位于长江中游、洞庭湖以北，故名湖北。地处中国中部，东邻安徽，西连重庆，西北与陕西接壤，南接江西、湖南，北与河南毗邻，介于东经 108°21′42″至 116°07′50″、北纬 29°01′53″至 33°06′47″。全省总面积 18.59 万平方千米。

截至 2017 年末，湖北共下辖 17 个地级行政区，包括 1 个副省级城市、11 个地级市、1 个自治州和 4 个省直辖县级行政区。常住人口 5902 万人。实现地区生产总值 36522.95 亿元，其中，第一产业实现增加值 3759.69 亿元，第二产业实现增加值 16259.86 亿元，第三产业实现增加值 16503.40 亿元。三次产业比例为 10.3∶44.5∶45.2。[①]

2017 年，湖北省实现地区生产总值 36522.95 亿元，按可比价格计算，同比增长 7.8%，比全国高 0.9 个百分点。武汉、襄阳、黄冈、孝感、十堰、咸宁、恩施陆续公布了 2017 年经济数据：省会武汉 GDP 最高，为 13410.34 亿元，同比增长 8%；襄阳 GDP 突破 4000 亿元，达到

---

① 数据来自《湖北统计年鉴 2018》。

4065 亿元；恩施 GDP 最低，为 801.23 亿元。[①]

2017 年，湖北省能源消费总量控制在 17340 吨标准煤左右，增长约 2.9%。全社会用电 1840 亿千瓦时左右，增长约 4.5%。非化石能源消费比重在 8% 左右，煤炭消费比重下降到 55% 左右，天然气消费比重提高到 4% 左右。新能源建成装机达 600 万千瓦，其中风电装机 250 万千瓦，光伏发电装机 280 万千瓦，生物质发电装机 70 万千瓦。非水电可再生能源发电量占全社会用电量的比重达到 5% 左右。单位生产总值能耗下降 3.5%，单位生产总值二氧化碳排放量下降 4%。[②]

同时，湖北是农业大省，是全国 13 个粮食主产省区之一，产量连续多年稳定在 500 亿斤以上。作为江汉平原的鱼米之乡，湖北省盛产水稻、玉米等粮食作物，尤其第一大粮食作物水稻种植面积达到 3500 万亩左右，总产 1900 万吨左右，种植面积和总产量常年居全国第 6 位和第 5 位。

二 核算范围及方法

有别于发达国家的建成城市（build up city），在中国的统计制度下，如果没有特别规定，行政城市（administrative city）的疆界不仅包括城区，还包括县和农村。根据 IPCC 2006 年的定义，行政属地排放是指在一个地区管辖的行政属地和近海区域内发生的排放。事实上，中国是一个农业大国；农业温室气体排放量占总排放量的比重较大，尤其湖北省既是工业大省，也是农业重地，是全国水稻主产区之一。本章使用基于领土边界的核算方法进行城市排放核算，核算过程包括了能源消费排放、工业过程排放、农业排放，还包括电力进口和出口在内的 GHG 排放，即范围二核算（根据本书表 3-2）或系统边界 2 核算（根据本书表 3-3）。本章核算了二氧化碳、甲烷和氧化亚氮等温室气体的排放，并将其转化为碳当量。

三 数据来源及处理

湖北省全社会能源净消耗量数据来源于《中国能源统计年鉴》，湖北省、各地市州企业各能源的净消耗量数据来源于湖北省和各地市州的统计

---

① 数据来自《湖北统计年鉴 2018》。
② 数据来自《湖北统计年鉴 2018》。

年鉴，平均低位发热值和排放因子来源于《省级温室气体清单编制指南（试行）》、《工业其他行业企业温室气体排放核算方法与报告指南（试行）》、《2006年IPCC国家温室气体清单指南》、世界资源研究所《能源消耗引起的温室气体排放计算工具》和《节能项目节能量审核指南》。电力排放因子为 $0.5257tCO_2/$（$MW \cdot h$），数据来源于《2011年和2012年中国区域电网平均二氧化碳排放因子》中华中电网2012年排放因子。煤炭、煤制品都属于原煤，所以煤炭、煤制品的低位发热值和排放因子同原煤处理。发生炉煤气的低位发热值、排放因子同其他煤气处理。平均低位发热值、单位热值含碳量、碳氧化率、其他能源排放因子的取值见表14-1。

表14-1　相关燃料低位发热值和 CO_2 排放因子

种类	单位热值含碳量 （tC/TJ）	平均低位 发热值	单位	碳氧化率	CO_2 排放因子 （tCO₂/GJ）
原煤	26.37[1]	20.91[5]	GJ/t	0.94[1]	0.091
煤炭	26.37[1]	20.91[5]	GJ/t	0.94	0.091
洗精煤	25.41[1]	26.344[2]	GJ/t	0.93[2]	0.087
其他洗煤	25.41[1]	15.373[2]	GJ/t	0.9[2]	0.084
型煤	33.56[1]	17.46[2]	GJ/t	0.9[1]	0.111
煤制品	26.37[1]	20.91[5]	GJ/t	0.94[5]	0.091
煤矸石	0.25tC/t煤矸石[4]				
其他焦化产品	29.5[1]	38.099[4]	GJ/t	0.93[1]	0.101
原油	20.08[1]	42.62[2]	GJ/t	0.98[2]	0.072
汽油	18.9[1]	44.8[2]	GJ/t	0.98[2]	0.068
柴油	20.2[1]	43.33[2]	GJ/t	0.98[2]	0.073
煤油	19.6[2]	44.75[2]	GJ/t	0.98[2]	0.070
润滑油	20[2]	40.2[2]	GJ/t	0.98[2]	0.072
燃料油	21.1[1]	40.19[2]	GJ/t	0.98[2]	0.076
溶剂油	20[2]	40.2[3]	GJ/t	1[3]	0.073
石油焦	27.5[2]	31[2]	GJ/t	0.98[2]	0.099
石脑油	20[2]	44.5[2]	GJ/t	0.98[2]	0.072
石油沥青	22[1]	40.2[3]	GJ/t	0.98[3]	0.079
石蜡	20[3]	40.2[3]	GJ/t	1[3]	0.073
其他石油制品	20[1]	40.19[2]	GJ/t	0.98[2]	0.072
天然气	15.32[1]	389.31[2]	GJ/万 Nm³	0.99[2]	0.056

续表

种类	单位热值含碳量 （tC/TJ）	平均低位 发热值	单位	碳氧化率	CO₂ 排放因子 （tCO₂/GJ）
液化石油气	17.2[1]	47.31[2]	GJ/t	0.98[2]	0.062
液化天然气	15.3[2]	41.868[2]	GJ/t	0.99[2]	0.056
转炉煤气	49.6[2]	79.54[2]	GJ/t	0.99[2]	0.180
发生炉煤气	12.2[1]	52.34[2]	GJ/万 Nm^3	0.99[2]	0.044
炼厂干气	18.2[1]	46.05[2]	GJ/t	0.99[2]	0.066
其他煤气	12.2[1]	52.34[2]	GJ/万 Nm^3	0.99[2]	0.044

资料来源：①《省级温室气体清单编制指南（试行）》；②《工业其他行业企业温室气体排放核算方法与报告指南（试行）》；③《2006 年 IPCC 国家温室气体清单指南》；④世界资源研究所《能源消耗引起的温室气体排放计算工具》；⑤《节能项目节能量审核指南》。

下文仅汇报有数据支撑部分的碳排放的核算过程及结果。

四　湖北省企业维度碳排放核算

企业维度碳排放是碳排放二维统计核算框架的重要组成部分。企业开展碳排放统计核算，可以增进企业对其排放状况和潜在的温室气体负担或风险的了解。企业维度的碳排放统计核算由企业能源消费性碳排放、工艺过程碳排放、污水处理碳排放三个部分组成。公式如下：

$$E_{enterprise} = E_{enterprise\ energy} + E_{industrial\ process} + E_{wastewater\ treatment} \tag{14-1}$$

其中，$E_{enterprise}$ 为企业二氧化碳排放总量，单位为吨（tCO$_2$）；$E_{enterprise\ energy}$ 是企业能源消费性碳排放量，$E_{industrial\ process}$ 是工艺过程碳排放量，$E_{wastewater\ treatment}$ 是工业废水处理过程中产生的碳排放量。

湖北省企业维度能源消耗产生的二氧化碳排放量等于规模以上工业企业能源燃烧和电力调入调出产生的排放量之和。因为湖北省规模以上工业企业电力调入调出数据缺失，此处湖北省企业维度能源消耗产生的二氧化碳排放量等于湖北省企业能源燃烧产生的排放量。

企业工艺过程碳排放等于各种工业产品乘以相应的排放因子。

五　湖北省区域维度碳排放核算

区域维度碳排放是碳排放二维统计核算框架的另外一个重要部分。准确核算区域碳排放是构建碳排放二维统计核算框架的前提。区域碳排放统计核算由规模以下工业企业碳排放、居民能源消费性碳排放、农业碳排放、林业碳排放、垃圾处理碳排放构成。公式如下：

$$E_{region} = E_{Sub-scale\ Enterprises} + E_{household\ Energy} +E_{Agriculture} +$$
$$E_{Forestry} + E_{Garbage\ disposal} \tag{14-2}$$

其中，$E_{Sub-scale\ Enterprise}$ 为规模以下工业企业碳排放，$E_{household\ Energy}$ 为居民能源消费性碳排放。两者之和即是区域能源消费性碳排放。$E_{Agriculture}$ 为农业碳排放（当量），农业温室气体排放来源主要包括农田、动物粪便管理，管理土壤中的 N_2O 排放和化肥使用过程中的 CO_2 排放这三大类。$E_{Forestry}$ 为林业碳排放，包括土地利用变化、森林及其他木质生物质的碳贮量变化和森林转化温室气体排放两个方面。$E_{Garbage\ disposal}$ 为垃圾处理碳排放，固体废弃物处理主要产生的温室气体为 CH_4 和 CO_2，污废水处理主要产生的温室气体为 CH_4 和 N_2O。

（一）区域能源消费性碳排放

区域能源消费性碳排放包括规模以下工业企业碳排放（$E_{Sub-scale\ Enterprise}$）和居民能源消费性碳排放（$E_{household\ Energy}$）。现行统计体系没有直接提供这两类数据。《中国能源统计年鉴》提供了湖北省全社会能源消耗量数据（$E_{Social\ Energy}$），而湖北省、各地市州的统计年鉴提供了规模以上工业企业各种能源的消耗量数据（$E_{enterprise\ energy}$），两者之差即湖北省区域能源消费性碳排放，即：

$$E_{region\ Energy} = E_{Social\ Energy} - E_{enterprise\ energy} = E_{Sub-scale\ Enterprise} + E_{household\ Energy} \tag{14-3}$$

$E_{region\ Energy}$ 的计算与前文企业方法相同，不再赘述。利用"市省百分比"即可得到各个城市的区域能源消费性碳排放。

（二）区域农业碳排放

农业领域温室气体排放主要包括种植业和养殖业生产过程碳排放，即种植业生产过程碳排放包括水稻种植过程甲烷排放、农用地生产过程由施肥（包括化肥和农家肥、秸秆还田）引起的氧化亚氮排放；养殖业生产过程碳排放包括反刍动物肠道发酵引起的甲烷排放、粪便管理引起的甲烷和氧化亚氮排放。

$$E_{Agriculture} = (E_{CH_4\_rice} + E_{CH_4\_livestock} + E_{CH_4\_manure}) \cdot 21 + (E_{N_2O\_land} + E_{N_2O\_manure}) \cdot 310 \tag{14-4}$$

其中，$E_{Agriculture}$ 为农业碳排放；$E_{CH_4\_rice}$ 是指稻田甲烷排放量；$E_{CH_4\_livestock}$ 为家畜肠道发酵甲烷排放量；$E_{CH_4\_manure}$ 是粪便管理产生的甲烷排放量；$E_{N_2O\_land}$ 是农田排放的氧化亚氮；$E_{N_2O\_manure}$ 为粪便管理排放的氧化亚氮。

本章 CO_2、CH_4 和 N_2O 的全球变暖潜势值采用 IPCC 第二次评估报告数值，分别为 1、21 和 310。

（三）区域电力调入调出碳排放

《中国能源统计年鉴》报告了能源平衡表，其中披露了湖北的电力调入调出量。同时，省级统计年鉴有全社会电力平衡表，也披露了电力的调入调出量，其数据与《中国能源统计年鉴》数据一致。城市级别的统计年鉴并未完全披露，因此计算时，用湖北省电力调入调出量减去披露城市的电力调入调出量，剩余结果按照各自 GDP 占湖北省 GDP 比重在未披露电力调入调出量的地市州之间进行分配，并据此城市电力调入调出二氧化碳排放量。

荆州的全社会用电量包含天门、仙桃、潜江三市的用电量，而年鉴里只有荆州和潜江单独披露了用电量，因此天门和仙桃的用电量为荆州与潜江用电量之差，按照工业部门 GDP 占比来分配。

六　湖北省碳排放核算结果

（一）能源消费性碳排放

湖北省的能源消费性碳排放量如图 14-1 所示。其中，区域能源消费性碳排放包括区域规模以下工业企业的能源消费性碳排放、居民能源消费性碳排放以及电力调入调出隐含的碳排放。湖北省总体上呈现企业能源消费性碳排放量大于区域能源消费性碳排放量的趋势，而且近年来这种趋势更加明显。

具体到各个地市州，企业能源消费性碳排放占比按照从低到高排序，如表 14-2 和图 14-2 所示。表 14-2 中的比例为各地市州 2011~2015 年排放量比例的平均值。可以直观地发现 17 个城市自然分成三种情况：第一种情况是企业能源消费性碳排放占比较小（不到 35%），如仙桃市和随州市企业占比分别为 12.38% 和 13.63%，均远小于区域占比；第二种情况

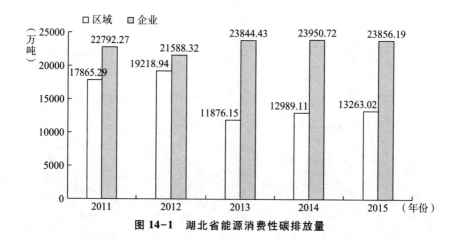

图 14-1　湖北省能源消费性碳排放量

是企业能源消费性碳排放和区域能源消费性碳排放比较均衡（35%~65%），如十堰市、宜昌市、襄阳市、荆州市、黄冈市、武汉市、恩施州、咸宁市和孝感市；第三种情况是企业能源消费性碳排放占比较大（65%~100%），如神农架林区、黄石市、潜江市、天门市、鄂州市和荆门市的企业占比从 68.14% 上升至 80.21%，企业占比较高。这三种不同形态的城市，能源消费性碳排放表现出不同的特点，因此应该有针对性地制定低碳转型政策。比如第一种类型的城市由于碳排放更多集中在区域，因此应积极引导民众低碳生活、低碳消费理念的形成；而第三种类型的城市由于碳排放高度集中在企业尤其是规模以上工业企业，故应该联合当地的国资委、经信委和发改委等部门，通过产业政策、企业考核等引导并要求企业节能减排，以保证区域整体的减排效果。

表 14-2　湖北省各地市州能源消费性碳排放企业及区域占比

单位：%

序号	地市州	企业占比	区域占比
1	仙桃	12.38	87.62
2	随州	13.63	86.37
3	十堰	44.35	55.65
4	宜昌	48.48	51.52

续表

序号	地市州	企业占比	区域占比
5	襄阳	51.03	48.97
6	荆州	51.51	48.49
7	黄冈	53.06	46.94
8	武汉	54.75	45.25
9	恩施	55.57	44.43
10	咸宁	60.64	39.36
11	孝感	64.63	35.37
12	神农架	68.14	31.86
13	黄石	71.09	28.91
14	潜江	71.89	28.11
15	天门	78.90	21.10
16	鄂州	79.63	20.37
17	荆门	80.21	19.79

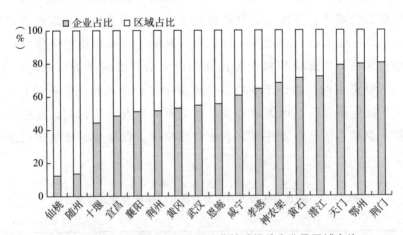

图 14-2　湖北省各地市州能源消费性碳排放企业及区域占比

（二）湖北省企业维度碳排放计算结果

由于统计年鉴公布的工业数据都是基于规模以上工业企业的数据，所以企业维度碳排放可以在相当程度上代表工业部门的碳排放。湖北省2011~2015 年工艺过程碳排放包括水泥、合成氨和纯碱这三种产品的生产工艺过程碳排放，其排放量如图 14-3 所示。总体上看，工艺过程碳排放量逐年下降，其中，水泥的排放明显比其他两种产品多。

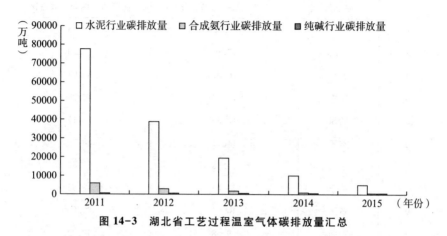

图 14-3　湖北省工艺过程温室气体碳排放量汇总

企业维度碳排放即能源消费性碳排放与工艺过程碳排放之和，湖北省企业维度碳排放量如图 14-4 所示，此图为 2011~2015 年数据。湖北省企业维度工艺过程及能源消费性碳排放占比如表 14-3 及图 14-5 所示，此占比为 2011~2015 年的平均占比。表 14-3 按照能源消费性碳排放占比由低到高排序，宜昌占比最低，但也高达 79.18%。由图表可以看出，湖北省企业维度碳排放主要由能源消费性碳排放构成，工艺过程碳排放占比相对较低。

图 14-4　湖北省企业维度碳排放量汇总

表 14-3　湖北省各地市州企业维度工艺过程及能源消费性碳排放占比

单位：%

序号	地市州	工艺过程碳排放占比	能源消费性碳排放占比
1	宜昌	20.82	79.18
2	天门	17.80	82.20
3	黄石	16.07	83.93
4	恩施	15.22	84.78
5	随州	12.83	87.17
6	孝感	11.21	88.79
7	十堰	11.18	88.82
8	咸宁	11.17	88.83
9	黄冈	10.91	89.09
10	荆门	9.58	90.42
11	襄阳	7.85	92.15
12	潜江	7.79	92.21
13	神农架	5.60	94.40
14	鄂州	5.49	94.51
15	荆州	5.41	94.59
16	武汉	2.51	97.49
17	仙桃	2.35	97.65

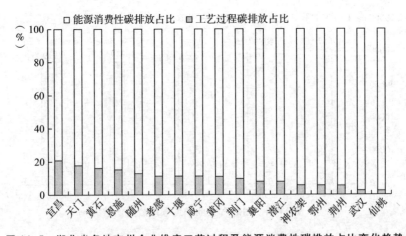

图 14-5　湖北省各地市州企业维度工艺过程及能源消费性碳排放占比变化趋势

（三）湖北省区域维度碳排放计算结果

湖北省农业碳排放量如图 14-6 所示，此数据为 2011～2015 年的数据。由图 14-6 计算可知，2011～2014 年，湖北省畜牧业碳排放占比逐年缩小，种植业碳排放量在 2013 年达到峰值后下降。

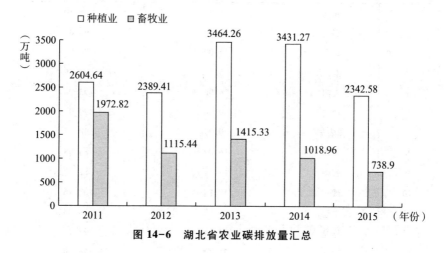

图 14-6　湖北省农业碳排放量汇总

湖北省农业及工业碳排放量如图 14-7 所示，此数据为 2011～2015 年的数据。由图 14-7 可知，湖北省的温室气体排放大多来源于工业。

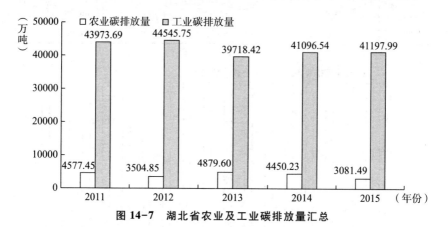

图 14-7　湖北省农业及工业碳排放量汇总

湖北省各地市州农业及工业碳排放占比如表 14-4 及图 14-8 所示，此占比为 2011～2015 年的平均占比。表 14-4 按照农业碳排放占比由低到高排序。由表 14-4 可知，湖北省的温室气体排放大多来源于工业。值得注意的是，宜昌市作为湖北省的副中心，被认为是传统工业大市，农业碳排放的比重高达 42.02%，是全省农业碳排放占比最高的地市州。

表 14-4　湖北省各地市州农业及工业碳排放占比

单位：%

序号	地市州	农业碳排放占比	工业碳排放占比
1	武汉	1.90	98.10
2	鄂州	3.96	96.04
3	黄石	4.09	95.91
4	潜江	5.11	94.89
5	天门	6.96	93.04
6	荆门	9.06	90.94
7	神农架	9.27	90.73
8	十堰	16.02	83.98
9	襄阳	17.11	82.89
10	咸宁	17.84	82.16
11	孝感	20.92	79.08
12	恩施	24.81	75.19
13	荆州	25.41	74.59
14	仙桃	28.44	71.56
15	黄冈	31.83	68.17
16	随州	33.22	66.78
17	宜昌	42.02	57.98

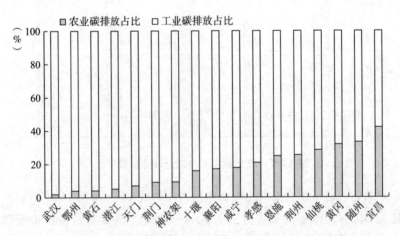

图 14-8　湖北省各地市州农业及工业碳排放占比变化趋势

湖北省区域碳排放包括湖北省区域能源消费性碳排放以及农业碳排放两个部分。区域能源消费性碳排放占比以及农业碳排放占比如表 14-5及图 14-9 所示。在区域维度碳排放中，宜昌市的农业碳排放占比相当高，达到惊人的 94.54%，而武汉市的结构正好与之相反，95.81%的碳排放来自能源消费性碳排放。此外，鄂州市、潜江市及黄石市的区域维度碳排放主要由能源消费性碳排放贡献。

表 14-5　湖北省区域能源消费性碳排放以及农业碳排放占比

单位：%

序号	地市州	农业碳排放占比	区域能源消费性碳排放占比
1	宜昌	94.54	5.46
2	黄冈	53.17	46.83
3	恩施	50.22	49.78
4	孝感	45.98	54.02
5	荆州	42.44	57.56
6	咸宁	40.94	59.06
7	随州	40.37	59.63
8	仙桃	38.99	61.01
9	荆门	35.61	64.39
10	天门	33.27	66.73
11	襄阳	31.23	68.77
12	十堰	27.50	72.50
13	神农架	26.52	73.48
14	鄂州	17.46	82.54
15	潜江	17.21	82.79
16	黄石	14.89	85.11
17	武汉	4.19	95.81

（四）湖北省企业区域碳排放二维核算结果

综合以上核算结果，湖北省企业维度碳排放与区域维度碳排放核算结果如表 14-6 和图 14-10 所示。其中，天门市、鄂州市、荆门

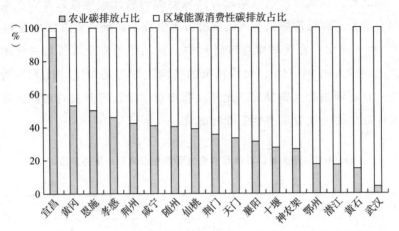

图 14-9　湖北省区域能源消费性碳排放以及农业碳排放占比变化趋势

市、黄石市、潜江市、神农架林区及武汉市的企业维度碳排放占比超过 65%，也就是说，这些城市的低碳政策应该更多地从工业部门入手，积极联合国资委、经信委、商务部门和发改部门，综合运用产业政策、贸易政策等引导重点企业减排，从而带动整个地区碳减排任务的达成。而宜昌市的排放主要由区域维度碳排放构成，尤其是农业排放量占比较大，居民能源消费性碳排放也占到不小的比重，因此对于宜昌市的低碳转型，应该更加关注农业部门的减排，同时在全社会倡导低碳生活和低碳消费模式。其他 9 个城市的企业维度碳排放和区域维度碳排放比较均衡，总体来看，大多数城市的企业维度碳排放占比较区域维度碳排放占比高，这也充分反映了湖北整体还是一个工业比重比较大的省份。

表 14-6　湖北省企业维度碳排放与区域维度碳排放占比

单位：%

序号	地市州	区域维度碳排放占比	企业维度碳排放占比
1	天门	16.49	83.51
2	鄂州	18.86	81.14
3	荆门	21.86	78.14
4	黄石	22.17	77.83

续表

序号	地市州	区域维度碳排放占比	企业维度碳排放占比
5	潜江	23.22	76.78
6	神农架	24.45	75.55
7	武汉	31.63	68.37
8	咸宁	36.33	63.67
9	孝感	36.88	63.12
10	恩施	37.05	62.95
11	襄阳	39.44	60.56
12	十堰	40.54	59.46
13	荆州	43.82	56.18
14	黄冈	47.16	52.84
15	随州	55.89	44.11
16	仙桃	58.34	41.66
17	宜昌	88.29	11.71

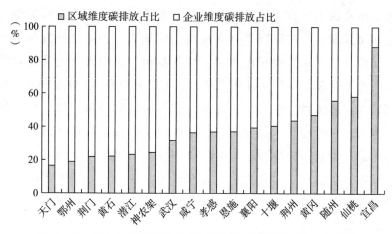

图 14-10　湖北省各地市州企业与区域维度碳排放占比变化趋势

　　湖北省 2011~2015 年所有地市州的碳排放核算结果显示，不同城市的碳排放结构和特点各不相同。需要根据不同城市的排放重点，有针对性地制定并实施减排政策与措施。

14.2　讨论

从湖北省各城市碳排放二维统计核算体系的核算结果来看，城市排放表现出明显的异质性。为了深入剖析城市排放的二维特征，我们将详细分析温室气体排放和碳排放的核算结果。

一　碳排放二维统计核算体系揭示城市排放结构

城市的排放可以由少数几个主要来源（一般是规模以上工业企业，数据由国家统计局提供）集中排放主导，或由更多的小规模排放者（由地方统计局提供数据）主导，而其他城市的排放在企业维度和区域维度之间相对平衡。我们按企业维度碳排放占城市总碳排放的比例将这些城市分为三种类型，即低份额为 0~35%，中等份额为 35%~65%，高份额为 65%~100%。考虑到企业维度的能源消费导致的碳排放是最重要的温室气体排放源，同时也存在其他重要的温室气体排放，如区域维度的农业温室气体排放，我们按照上述方法，根据企业维度温室气体排放占城市总温室气体排放的比例将城市分为低、中、高三种类型。结合这两个标准，一共可以得到 9 种类型的城市。应用这种方法，湖北各个城市的核算结果表现出 4 种类型的城市。我们将企业维度碳排放量高、企业维度温室气体排放量高的城市命名为高-高排放城市，其他类型城市以此类推。核算结果显示，随着时间的推移，每个城市排放模式表现出一些变化。总体而言，企业维度碳排放占总排放的比例在逐年增加，即高-高排放城市和高-中排放城市数量在增加，而低-低排放城市数量在减少。这表明，规模以上工业企业在湖北省的排放格局中起着越来越重要的作用。我们选择了 2011~2015 年最具代表性的年份来展示结果。

根据排放结构并借鉴点源污染和面源污染的定义，我们将高-高排放定义为点源排放，将中-中排放定义为均衡排放，将低-低排放定义为面源排放。相应地，我们将以点源排放为主的城市定义为点源排放城市，将以均衡排放为主的城市定义为均衡排放城市，将以面源排放为主的城市定义为面源排放城市。我们还将农业温室气体排放占区域维度碳排放的比例超过 35% 的城市命名为农业排放城市。点源排放城市是指以大型工业企业排放为主导的城市。在某种程度上,它们核算碳排放以及减少排放更容易,因为排放集中在少数大企业,这些企业也受到更严格的污染控制,例如参与碳市场的公司大都是大型工业企业。面源排放城市是指排放源以农业、服务业或小型工业企业为主的城市。也就是说,减排工作将不得不由大量较小的排放单位或排放源承担。

研究结果表明,在时间窗口内,湖北省 3~4 个城市是点源排放城市,5~7 个城市(包括湖北省会武汉)是均衡排放城市。表 14-7 显示了 2015 年湖北省 14 个城市的城市类别和社会经济排放指标,2015 年,除黄石、荆门、鄂州外,潜江也成为点源排放城市。恩施 2011 年为面源排放城市,2015 年为均衡排放城市。

表 14-7　2015 年湖北省 14 个城市的社会经济排放指标及城市排放类型

城市排放类型	城市	产值(十亿元)	人口(百万人)	产业结构(%)	人均排放量(t)	排放强度(kg/元)	企业维度 GHG 排放比例(%)
点源排放城市	黄石	122.81	2.46	58.91	12.02	0.24	78.63
	荆门	138.85	2.90	14.47	14.15	0.30	78.06
	鄂州	73.00	1.06	57.87	16.46	0.24	78.38
	潜江	159.53	1.29	52.95	7.63	0.18	69.37
高-中排放城市	天门	103.01	3.00	48.59	6.22	0.18	62.10
	孝感	145.72	4.88	48.43	5.14	0.17	63.61
	襄阳	338.21	5.92	56.86	8.39	0.15	64.35
均衡排放城市	武汉	1090.56	10.61	45.68	11.54	0.11	60.21
	宜昌	338.48	3.98	58.69	11.00	0.13	57.29
	十堰	130.01	3.46	48.93	4.73	0.13	41.34
	黄冈	158.92	6.29	38.91	3.31	0.13	59.88
	恩施	67.08	4.02	36.44	2.61	0.16	44.64
	荆州	159.05	1.06	43.70	3.38	0.13	42.61
面源排放城市	随州	78.53	2.19	47.91	2.90	0.81	21.05

二 大多数城市以企业维度排放为主

从图14-11可以看出，四个城市类别中，除荆州、黄冈、恩施、随州4个城市外，大部分城市的企业维度排放较多。黄石市的企业维度排放比（企业维度排放/总排放）在湖北最高，为79%。为了更好地说明这一趋势，我们根据各个城市的企业维度排放比（规模以上工业企业排放占全市排放的占比）从高到低重新排列了城市。

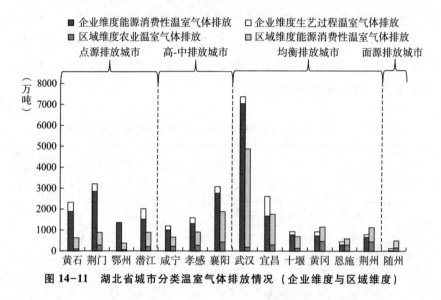

图14-11　湖北省城市分类温室气体排放情况（企业维度与区域维度）

从图14-11还可以看出，无论在哪个城市类别中，能源消费导致的温室气体排放在整个温室气体排放中所占的比例最大。能源消费仍是最重要的排放源，其中企业维度占85.48%，面源排放城市占78.6%。从温室气体排放总量来看，作为湖北省经济中心的省会城市，武汉是温室气体排放总量最高的城市，达1.223亿吨。排放量最小的城市是恩施，只有636万吨，由于其旅游城市的定位，它的工业不发达。从相对温室气体排放量来看，武汉和鄂州的能耗排放量占比均在95%以上，恩施和随州最低，分别为57%和59%。2011年，这两个城市都是面源排放城市。但是，2015年，除了武汉和十堰，其他均衡排放城市两个维度的碳排放占比几乎相等（见图14-12）。

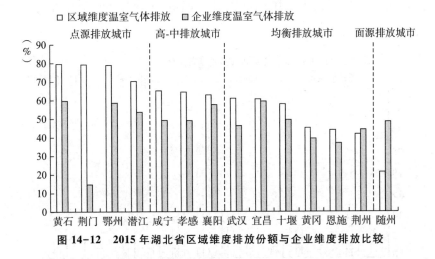

图 14-12　2015 年湖北省区域维度排放份额与企业维度排放比较

我们进一步分析能源消费的碳排放发现，点源排放城市的能耗碳排放主要由大型工业企业贡献。随着城市均衡程度的提高，城市企业维度与区域维度之间的能源消耗碳排放差距越来越小。

三　均衡排放城市的排放生产率更好

从图 14-13 可以看出，点源排放城市的企业维度排放占比普遍高于规模以上工业企业对城市 GDP 的贡献。在一些城市，特别是荆门，其差距较大，这反映出荆门市的排放生产率比较低。随着区域维度排放的增加，企业维度排放份额与产业结构比（即第二产业 GDP 占比）的差距呈显著缩小趋势，且两者非常接近，这一点在均衡排放城市中尤为突出。面源排放城市的产业结构比超过企业维度排放占比。随州和荆州的产业结构比分别为 43.70 和 47.91%，高于企业维度排放占比（42.61% 和 21.05%）。荆州是最接近面源排放城市的平衡城市；随州是唯一的面源排放城市，其产业结构比远高于企业维度排放占比，可见随州的排放总量较小，但排放生产率很好。

从经济总量来看，如图 14-13 所示，荆州在全省排名第 5，而随州是湖北省欠发达地区。无论是工业产值还是 GDP，随州均居全省倒数。在 6 个均衡排放城市中，恩施和十堰由于产业受限而排名较低，其原因在于恩施是著名的旅游城市，十堰是南水北调工程的水源地。此外，其他 4 个城市的经济总量在全省排名都很靠前，尤其是武汉。武汉市是全省经济排名第一的城市，其 GDP 占全省 GDP 的 35.14%，企业维度排放比例为 27.20%。

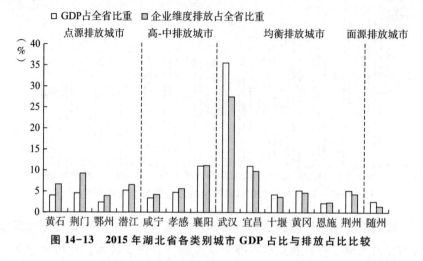

图 14-13　2015 年湖北省各类别城市 GDP 占比与排放占比比较

实际上，除恩施外，所有均衡排放城市和面源排放城市的企业维度排放份额均低于第二产业 GDP 占比。这或许证明了均衡排放城市和面源排放城市的企业排放效率更高，同时也说明这些城市除了大规模工业企业，还存在多种产业形态和经济形态。我们也可以认为，当考虑经济总量和排放生产率时，均衡排放城市整体可持续发展潜力要更好一些。

四　湖北省城市人均排放量和排放强度均有所下降

"十二五"期间，湖北省大部分城市的人均排放量和排放强度均呈下降趋势。从图 14-14 可以看出，随着区域维度排放比例的增加，城市人均排放量和排放强度均呈波动下降趋势。点源排放城市的人均排放量和排放强度明显高于其他类型城市。

"十二五"期间，湖北承接了东部沿海地区的大量产业转移，工业化程度较高。大部分工业是重工业，如化学工业、钢铁和水泥。点源排放城市过于以工业为中心；各种资源，如土地、资本或人力资本集中在工业部门，导致工业排放总量过高而工业排放生产率低，人均排放量高，排放强度高，这是一种不可持续的发展模式。面源排放城市的工业排放生产率相对较高，人均排放量低，排放强度低。考虑到农业部门经济效益的特殊性，面源排放城市的经济社会发展水平在很大程度上取决于服务业

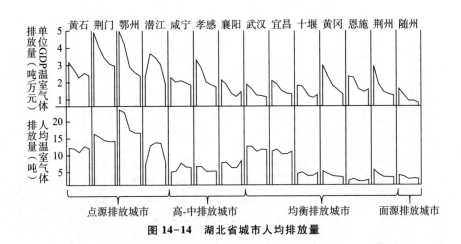

图 14-14　湖北省城市人均排放量

的发达程度，比如湖北省随州市由于第三产业发展不足，整体经济发展水平较低，并不是一个理想的发展模式；但服务业高度发达的城市，比如伦敦或者纽约，则经济发展水平相当高。总之，应该鼓励更多的中-高排放城市和均衡排放城市发展。由于第三产业的排放是区域维度排放的主要来源，一个均衡排放城市意味着工业部门和第三产业要均衡发展，也就是说不能盲目发展工业。比如武汉在"十二五"初期提出了工业翻番计划，但实际上 2016 年武汉市的工业产值比 2010 年增长了 106.37%，而同期第三产业产值增长了 119.87%。也就是说，第二产业增长了 1 倍，第三产业也增长了 1 倍，而且第三产业增长速度更快。这种第二产业与第三产业的良性互动，推动了武汉经济的快速发展。

五　农业排放部分揭开了区域维度排放的黑箱

区域维度排放因为过于分散，难以完整、准确地核算。我们利用现有数据计算了农业部门的温室气体排放，部分揭开了区域维度排放的黑箱，结果如表 14-8 和图 14-15 所示。

湖北省是全国重要的水稻产区。2015 年全省农业碳排放量为 3269 万吨，占湖北省排放总量的 12.30%。除了恩施，所有城市的水稻排放量都超过了牲畜排放量。各个城市的水稻排放平均占到了农业温室气体排放的 68.16%，其中，甲烷排放占绝大多数（61.29%）。

表 14-8　2015 年湖北 14 个地市州农业温室气体排放量

单位：百万吨，%

城市分类	城市	水稻排放量		牲畜排放量				农业碳排放量	水稻排放比	甲烷排放比	农业碳排放量/本地轨道排放量	农业碳排放量/排放总量
		甲烷排放量	氧化亚氮排放量	牲畜肠道发酵甲烷排放量	废物管理甲烷排放量	废物管理氧化亚氮排放量					
点源排放城市	黄石	0.56	0.24	0.03	0.14	0.08	1.05	76.25	69.41	16.63	3.55
	荆门	1.18	0.76	0.41	0.41	0.15	2.91	66.71	68.73	32.81	7.09
	鄂州	0.28	0.24	0.02	0.11	0.05	0.70	73.89	59.19	18.23	4.00
	潜江	0.99	0.58	0.13	0.28	0.10	2.07	75.47	67.40	23.26	7.13
高-中排放城市	咸宁	0.90	0.70	0.24	0.29	0.11	2.24	71.55	63.91	33.71	12.02
	孝感	1.36	0.77	0.12	0.43	0.16	2.83	75.12	67.29	31.02	11.29
	襄阳	1.17	1.78	0.33	0.75	0.30	4.33	68.04	51.90	22.98	8.71
	武汉	0.94	0.48	0.06	0.32	0.16	1.95	72.52	67.25	4.01	1.60
	宜昌	0.51	1.21	0.32	0.72	0.29	3.06	56.51	50.75	17.42	6.99
均衡排放城市	十堰	0.21	0.54	0.21	0.30	0.16	1.41	52.78	50.71	20.22	8.64
	黄冈	2.39	0.94	0.26	0.65	0.26	4.71	75.41	69.78	40.90	22.65
	恩施	0.37	0.94	0.60	0.62	0.55	3.08	42.49	51.88	51.71	29.25
	荆州	0.28	0.24	0.02	0.11	0.05	0.70	73.89	59.19	39.78	23.34
面源排放城市	随州	0.66	0.55	0.11	0.23	0.10	1.65	73.57	60.65	32.94	26.01
总排放量/平均比例（%）		11.79	10.18	2.86	5.35	2.51	32.69	68.16	61.29	27.55	12.30

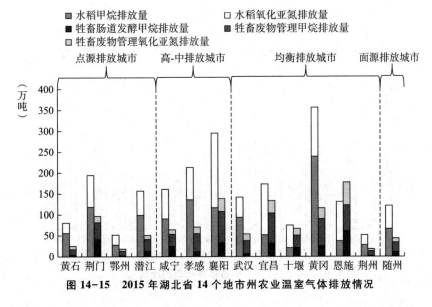

图 14-15　2015 年湖北省 14 个地市州农业温室气体排放情况

各个城市区域维度排放中的农业排放差距很大。比如省会城市武汉，其 GDP 占全省 1/3、温室气体排放量占全省 1/4，由于其工业化程度高、第三产业经济结构集中，农业碳排放量仅 195 万吨，占区域维度排放的 4.01%，占全市排放总量的 1.60%，远低于其他城市。农业碳排放量最大的城市是黄冈市，其排放量高达 471 万吨，占区域维度排放的 40.90%，占全市排放总量的 22.65%。农业排放占区域维度排放比例最高的城市是恩施，高达 51.71%，农业碳排放量为 308 万吨，占全市排放总量的比例也最高，高达 29.25%。2015 年，恩施、黄冈、荆州是农业排放城市，农业温室气体排放占到了区域维度排放的 35% 以上。农业排放城市均为均衡排放城市或面源排放城市（如 2011 年的恩施），农业排放城市和随州市——唯一的面源排放城市的农业排放占总排放的比例最高，均超过 20%（见图 14-16）。而且，随着区域维度排放占比的增加，农业碳排放占区域排放比例与农业碳排放占总排放比例的差距在缩小。

从图 14-17 可以看出，"十二五"期间各种类型城市的农业排放强度均有明显下降，其中咸宁和潜江下降幅度最大，分别为 27.77 个百分点和 15.86 个百分点。值得注意的是，2015 年农业排放城市之一的黄冈市的农业排放强度上升了 2.94 个百分点。总体而言，均衡排放城市和面源排放城市的农业排放强度较低。

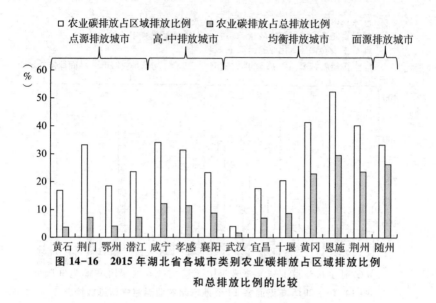

图 14-16 2015 年湖北省各城市类别农业碳排放占区域排放比例和总排放比例的比较

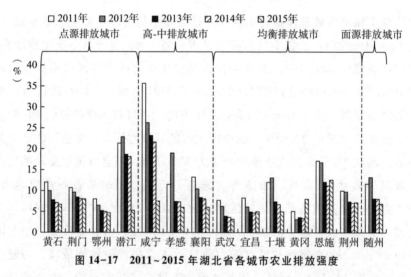

图 14-17 2011~2015 年湖北省各城市农业排放强度

14.3 结论

每个城市都有自己的发展模式和排放模式。鉴于中国国家和地方统计体系的划分，有必要制定一个与中国统计体系相适应的温室气体核算框架，作为对现有排放核算框架的补充。该框架主要关注规模以上工业企业，即本书中的企业维度排放，我们还考虑了区域维度排放，包括第三产业排放、中小工业企业排放和农业排放，这将为我国制定并完善减排政策奠定重要的数据基础。案例分析表明，按照碳排放二维统计核算体系，湖北省 14 个城市可分为 4 种类型。通过各种类型城市的分析，因为均衡排放城市在工业部门和其他部门之间实现了有益的平衡，应该鼓励城市层面的减排，考虑城市的异质性，不同类型的城市应该有量身定制的减排政策，而非"一刀切"的政策。从 2015 年核算结果来看，对于以黄石、荆门、鄂州、潜江等规模以上工业企业为主要排放源的点源排放城市，减排政策应更多依赖产业政策、贸易政策和重点企业减排评估。这意味着政策制定者应该更多地考虑规模以上工业企业，而不是其他社会经济部门。相比之下，像随州这样属于面源排放类型的城市，因为缺乏工业产业导致缺乏经济活力，排放量较少，可以不将减排放在首位。对于其他类型的城市，减排工作应将工业部门和其他部门放在同样重要的地位。例如，像武汉这样的城市，工业部门的大型企业与除农业以外的其他部门之间的排放量非常接近。除产业政策外，减排工作还应关注交通运输行业的减排和促进市民的绿色消费行为，这两方面都计入了区域维度排放。对于农业排放城市，如恩施、黄石、荆州和面源排放城市随州，减排政策可以更多地关注绿色农业，加强农业温室气体排放管理。

　　碳排放二维统计核算体系结合了企业维度和区域维度。一方面，它适应了中国统计体系的实际情况；另一方面，它有助于碳市场的发展。2021 年，中国正式启动全国碳排放权交易市场。目前，中国碳市场采用第三方机构对属于规模以上工业控排企业的排放数据进行核查。第三方核查结果往往与现行统计体系计算的能源统计结果不一致，有时核算结果差距较大，本书的碳排放二维统计核算体系能在很大程度上解决这个问题。

　　最后，从环境治理走过的路来看，因为点源污染的排放量大，影响恶劣，治理初期社会各界都更加重视点源污染。采取了一段时间强有力的治理措施后，大型工业企业大多固定排污口并安置污染监控设备，污染物排放也随着生产经营的规律表现出一定的规律性，从而使环境监测和末端治理成为可能。随着点源污染得到很好的监测和控制，面源污染问题引起社会关注。面源污染排污口分散，表现出很大的隐蔽性和随机性，成为治理的长期难题。现在碳排放还处于治理的初期阶段，各种政策工具大多针对点源排放，实际上，面源排放问题才是最大的隐忧，长期来看，需要对民众加强科普教育，培育企业和民众的低碳意识和可持续消费理念，倒逼整个社会的低碳转型。

参考文献

阿信 . "碳中和"和我们有啥关系？[J]. 宁波经济（财经视点），2021
　　（12）：37-38.

安顺市人民政府关于印发"十二五"控制温室气体排放实施方案的通知
　　[J]. 安顺市人民政府公报，2013（5）：3-8.

白泉 . 建设"碳中和"的现代化强国始终要把节能增效放在突出位置
　　[J]. 中国能源，2021，43（1）：7-11+16.

鲍泳宏 . 我国工业能源消费与工业经济增长的实证研究 [D]. 重庆大
　　学，2011.

北京市发展和改革委员会关于开展碳排放权交易试点工作的通知 [J]. 北
　　京市人民政府公报，2013（31）：3-149.

本刊编辑部 .《国民经济和社会发展第十三个五年规划纲要》有关应急
　　管理工作的部署和要求 [J]. 中国应急管理，2016（3）：40-44.

边际 . 联合国气候变化框架公约 [J]. 国土绿化，2017（2）：53.

曹江英 . 降解条件下垃圾填埋场渗滤液运移规律研究 [D]. 西南交通大
　　学，2007.

曹怡 . 共商共建共享全球治理观在气候治理中的实践研究 [J]. 湖北经
　　济学院学报（人文社会科学版），2021，18（6）：22-26.

车咚咚 . 我国能源法律法规及标准体系简介（上）[J]. 中国水泥，2021
　　（5）：114-120.

陈彬 . 浅谈污水处理厂污泥消化工艺及运行 [J]. 科技风，2012（10）：
　　206+225.

陈东海，操庆国 . 中国农药废水处理技术现状 [J]. 北方环境，2004
　　（6）：43-46.

陈浩，郑嬗婷，储晓焱 . 循环经济与乡村旅游：低碳旅游发展模式探
　　讨——贵池霄坑村乡村旅游开发实证研究 [J]. 合肥学院学报（社
　　会科学版），2010，27（6）：107-111.

陈红敏. 国际碳核算体系发展及其评价 [J]. 中国人口·资源与环境, 2011, 21 (9): 111-116.

陈花丹. 基于 LUCF 变化的福建省林业碳汇潜力分析 [J]. 林业勘察设计, 2021 (3): 30-33+37.

陈磊. 强化企业技术创新主体地位 提高创新体系整体效能 [N]. 科技日报, 2012-07-09 (001).

陈曦. 西藏地区森林资源碳汇交易研究 [D]. 中央民族大学, 2013.

陈亚, 林波. 废水厌氧生物处理及其理论研究 [J]. 江西化工, 2007 (1): 18-21.

陈振宇. 浅析如何建立中国碳交易模式 [J]. 农村经济与科技, 2010, 21 (11): 21-23.

程豪. 碳排放怎么算——《2006 年 IPCC 国家温室气体清单指南》 [J]. 中国统计, 2014 (11): 28-30.

程浩, 杨秀沙, 黄恒东, 覃源德, 王玉岚, 张忠贵. 缓解城市停车难问题的分析和对策研究 [J]. 价值工程, 2020, 39 (28): 50-52.

程琼仪, 张言, 陈昭辉, 刘继军. 肉牛场生命周期估计及环境影响评价 [J]. 家畜生态学报, 2015, 36 (1): 63-69.

程婷. 水泥行业温室气体减排潜力分析 [D]. 合肥工业大学, 2014.

程云, 贾永全. 黑龙江省畜禽粪便排放量估算与温室气体排放现状的分析 [J]. 黑龙江八一农垦大学学报, 2016, 28 (6): 126-131+134.

初金凤. 垃圾焚烧发电项目温室气体减排计算方法应用研究 [D]. 河北工程大学, 2014.

储诚山, 陈洪波, 陈军. 城市道路客运交通碳排放核算及实证分析 [J]. 生态经济, 2015, 31 (9): 56-60.

楚若男. 陕西省 CH_4、N_2O 排放清单及减排潜力分析 [D]. 西安建筑科技大学, 2021.

丛建辉, 刘学敏, 王沁. 城市温室气体排放清单编制: 方法学、模式与国内研究进展 [J]. 经济研究参考, 2012 (31): 35-46.

丛建辉, 刘学敏, 赵雪如. 城市碳排放核算的边界界定及其测度方法 [J]. 中国人口·资源与环境, 2014, 24 (4): 19-26.

丛建辉, 朱婧, 陈楠, 刘学敏. 中国城市能源消费碳排放核算方法比较及案例分析——基于"排放因子"与"活动水平数据"选取的视角 [J]. 城市问题, 2014 (3): 5-11.

崔波. 中国低碳经济的国际合作与竞争 [D]. 中共中央党校, 2013.

崔连标, 范英, 朱磊, 毕清华, 张毅. 碳排放交易对实现我国"十二五"减排目标的成本节约效应研究 [J]. 中国管理科学, 2013, 21 (1): 37-46.

崔鹏达. 大数据时代下政府统计工作的变革 [D]. 吉林大学, 2015.

崔青松. 垃圾填埋气迁移规律的数值模拟研究 [D]. 北京交通大学, 2009.

戴洁. 上海市稻田甲烷排放区域模拟研究 [J]. 环境科学与技术, 2017, 40 (11): 75-80.

党照亮, 段理杰, 魏未, 唐卉君. 市县级农业温室气体清单编制的研究与探讨 [J]. 资源节约与环保, 2020 (1): 119-120+122.

邓吉祥, 刘晓, 王铮. 中国碳排放的区域差异及演变特征分析与因素分解 [J]. 自然资源学报, 2014, 29 (2): 189-200.

第十二届全国人民代表大会第四次会议关于国民经济和社会发展第十三个五年规划纲要的决议 [J]. 中华人民共和国全国人民代表大会常务委员会公报, 2016 (2): 242-322.

第十届国际绿色建筑与建筑节能大会暨新技术与产品博览会论文集——S15绿色建筑推广机制与模式 [C]. 中国城市科学研究会、中国绿色建筑与节能专业委员会、中国生态城市研究专业委员会: 中国城市科学研究会, 2014: 56-61.

丁小姣, 陈星. 浅析低碳经济背景下合肥建筑业的发展趋势 [J]. 中国集体经济, 2011 (7): 36-37.

定军. "十二五"能源消费"红线"或改写 [N]. 21世纪经济报道, 2015-03-18 (005).

董捷, 员开奇. 湖北省土地利用碳排放总量及其效率 [J]. 水土保持通报, 2016, 36 (2): 337-342+348.

窦应瑛. 大连市农业活动领域温室气体排放清单估算及评价 [J]. 绿色科技, 2022, 24 (10): 163-166+173.

杜讓, 李宏涛, 温源远, 周晓萃. 美国可持续力管理体系解析及启示 [J].

节能与环保，2012（8）：57-59.

段静．将温室气体排放纳入环境影响评价的可行性分析［J］．煤质技术，2016（S1）：69-72+54.

段思营．吉林省居民消费碳排放特征及其影响因素建模研究［D］．吉林大学，2018.

方虹，张睿洋，周晶．碳标签制度：我国对外贸易的挑战与机遇［J］．产权导刊，2013（5）：21-24.

风电"十三五"风电发展面临三大挑战［J］．青海科技，2016（5）：77-78.

冯博，王雪青．中国各省建筑业碳排放脱钩及影响因素研究［J］．中国人口·资源与环境，2015，25（4）：28-34.

冯存万．从国家安全高度认知气候变化问题［J］．时事报告，2016（9）：54-55.

冯福利．低碳经济时代的建筑设计［J］．黑龙江科技信息，2013（3）：289.

冯广宏．不能忽视新能源汽车的安全问题［J］．防灾博览，2022（2）：48-51.

付加锋，侯贵光，马欣，徐毅．污水处理行业温室气体排放特征的实证分析［A］．中国环境科学学会．2012中国环境科学学会学术年会论文集（第二卷）［C］．中国环境科学学会：中国环境科学学会，2012：728-735.

付云鹏，马树才，宋琪．中国区域碳排放强度的空间计量分析［J］．统计研究，2015，32（6）：67-73.

傅晓艺，史占良，曹巧，单子龙，高振贤，韩然，付艺伟，何明琦．返青至拔节期高温对小麦农艺性状和产量的影响［J］．河北农业科学，2020，24（2）：31-34+53.

高利华．滴灌条件下水炭耦合对土壤节水保肥和固碳减排综合效应研究［D］．内蒙古农业大学，2017.

高原，刘耕源，陈操操，郭丽思，张雯，郭跃．面向对标的我国城市温室气体排放核算方法框架［J］．资源与产业，2022，24（3）：1-20.

葛卫东，肖静．关于加强高校教育统计基础工作的几点思考与作法［J］．大庆高等专科学校学报，2000（1）：138-140.

耿丽敏，付加锋，宋玉祥．消费型碳排放及其核算体系研究［J］．东北师大学报（自然科学版），2012，44（2）：143-149.

弓媛媛．武汉市交通碳排放足迹测算及其驱动因素分析［J］．中国人口·资源与环境，2015，25（S1）：470-474.

贵州省公共机构节能管理办法［J］．贵州省人民政府公报，2022（3）：4-7.

郭倩雯．济南市碳排放计算及排放特征分析［D］．山东大学，2014.

郭颖慧，胡梅，程玲云，王勇，张然．食醋物料平衡法监管模型的建立［J］．中国酿造，2022，41（9）：252-256.

国民经济和社会发展第十三个五年规划纲要（摘编）［N］．人民日报，2016-03-06（010）.

国内要闻［J］．中国石化，2021（4）：88.

国务院关于印发"十二五"控制温室气体排放工作方案的通知［J］．辽宁省人民政府公报，2011（24）：36-44.

韩晓梅．华北平原农田冬小麦—夏玉米土壤呼吸构成的初步研究［D］．山东农业大学，2013.

郝思雅，吴婧．校园温室气体排放清单方法研究及案例应用——以华北电力大学为例［J］．环境保护科学，2022，48（3）：89-93.

何道领，韦艺媛，刘羽，骆世军，潘添博．重庆畜禽养殖温室气体排放初步核算与分析［J］．养猪，2021（6）：76-79.

何军飞．城镇温室气体排放清单和低碳发展研究［J］．绿色科技，2021，23（12）：102-107+113.

何萍，张光明．江苏省区域物流发展与区域经济的关系［J］．工业工程，2011，14（5）：146-149.

何青，李晔，张鑫．道路系统全生命周期碳排放量化分析框架——基于国际标准［J］．城市交通，2022，20（1）：102-109+43.

何艳秋，倪方平，钟秋波．中国碳排放统计核算体系基本框架的构建［J］．统计与信息论坛，2015，30（10）：30-36.

黑龙江省统计局能源处课题组．能源消费总量核算及评估方法研究［J］．统计与咨询，2014（2）：10-12.

洪芳柏．低碳经济与温室气体核算［J］．杭州化工，2009，39（1）：4-6.

侯坚, 冯丹燕, 雷蕾. 市县级废弃物处理温室气体清单编制研究——以清远为例 [J]. 绿色科技, 2019 (14): 88-91.

侯士彬, 康艳兵, 赵盟, 高海然. 制冷空调领域 CDM 项目开发现状及潜力分析 [J]. 制冷与空调, 2011, 11 (2): 1-5.

胡鞍钢. 中国如何全面建成小康社会: 系统评估与重要启示 [J]. 新疆师范大学学报 (哲学社会科学版), 2021, 42 (6): 30-51.

胡其颖. 企业建立温室气体排放清单的方法 [J]. 节能, 2010, 29 (3): 4-7.

胡伟, 宋书巧. 城市垃圾填埋中甲烷排放的研究——以南宁市为例 [J]. 环境保护科学, 2013, 39 (5): 42-45.

黄晨茜, 王宁龙, 田自得, 叶庭庭. 温室气体的控制策略分析 [J]. 西部皮革, 2020, 42 (2): 158-159.

黄德林, 蔡松锋. 中国农业温室气体减排潜力及其政策意涵 [J]. 农业环境与发展, 2011, 28 (4): 25-41.

黄德林, 杨军, 蔡松锋. 中国非 CO_2 类温室气体减排潜力及其政策意涵 [J]. 中国农学通报, 2011, 27 (2): 253-259.

黄贵花, 何接, 唐康. 油田污水生物化学处理技术研究 [J]. 石油化工应用, 2017, 36 (4): 34-37+47.

黄海峰, 杨开, 王晖. 厌氧生物处理技术及其在城市污水处理中的应用 [J]. 中国资源综合利用, 2005 (6): 37-40.

黄虹. 基于高铁快运的多温蓄冷箱全程冷链物流模式研究 [D]. 广州大学, 2022.

黄乐桢. 公共机构节能 "考核风暴" 来临 [J]. 中国经济周刊, 2008 (42): 22-23.

黄强, 阮付贤, 黎永生, 彭小玉, 陈雪梅. 基于清单编制的广西温室气体排放统计核算体系现状研究 [J]. 大众科技, 2016, 18 (4): 35-37.

黄蕊, 王铮, 丁冠群, 龚洋冉, 刘昌新. 基于 STIRPAT 模型的江苏省能源消费碳排放影响因素分析及趋势预测 [J]. 地理研究, 2016, 35 (4): 781-789.

黄文强. 规模化养殖场牛奶生产碳足迹评估方法与案例分析 [D]. 中国农业科学院, 2015.

黄耀. 中国的温室气体排放、减排措施与对策 [J]. 第四纪研究, 2006 (5): 722-732.

简冰霰, 储著斌. 统计法治的多维价值、现实困境与治理路径 [J]. 武汉公安干部学院学报, 2013, 27 (4): 50-53.

简树贤. 基于低碳的规模养殖场粪污处理技术评价与优化 [D]. 北京建筑大学, 2013.

节约集约利用资源 倡导绿色简约生活 [N]. 中国矿业报, 2016-04-21 (001).

简讯 [J]. 小水电, 2005 (3): 38-40+50-70.

江慧珍. 气候变化对中国农业影响的经济分析 [D]. 江西农业大学, 2016.

姜庆国. 电煤供应链碳排放过程及测度研究 [D]. 北京交通大学, 2013.

交通运输部政策法规司副司长朱伽林解读交通运输行业节能减排工作 [J]. 交通标准化, 2010 (16): 14-17.

金德禄, 朱晓利, 徐攀. 零碳排放校园建设 [J]. 能源与节能, 2022 (4): 5-9.

金国斌. 谈包装工业的"碳足迹"与减排问题 [J]. 包装世界, 2011 (3): 7-9.

金黎明. 浅谈热电厂工业废水处理自动控制系统 [J]. 机电信息, 2012 (21): 56-57.

金瑞庭. 中国城市人口空间结构变动对碳排放影响的研究 [D]. 复旦大学, 2013.

金书丞. 外商直接投资对我国碳生产率的影响研究 [D]. 辽宁大学, 2022.

金严彧. 物流产业发展对区域经济发展影响的实证分析——以浙江省为例 [J]. 全国流通经济, 2021 (5): 79-81.

开展统计监督检查的职权和职责 [N]. 中国信息报, 2010-01-20 (002).

康艳兵, 谷立静, 刘海燕. 我国公共机构节能"十一五"工作回顾与"十二五"政策建议 [J]. 中国能源, 2010, 32 (11): 26-29.

兰文飞, 李玉梅. 高度重视气候安全 大力推进生态文明建设 [N]. 学习时报, 2015-05-04 (001).

蓝虹, 陈雅函. 碳交易市场发展及其制度体系的构建 [J]. 改革, 2022 (1): 57-67.

黎朗. 当代中国统计体制完善研究 [D]. 华中师范大学, 2011.

黎水宝, 程志, 王伟, 柳杨, 王廷宁. 基于能源平衡表的宁夏二氧化碳排放核算研究 [J]. 环境工程, 2015, 33 (12): 130-133+137.

黎向丹. 碳排放权交易会计制度研究 [D]. 武汉理工大学, 2016.

李安平, 周致远, 刘勇, 金东汉. 基于全生命周期理论的金属矿采选业产品碳足迹研究 [J]. 采矿技术, 2021, 21 (3): 184-185+193.

李兵. 低碳建筑技术体系与碳排放测算方法研究 [D]. 华中科技大学, 2012.

李诚报. 城市生活垃圾处理处置温室气体排放及其社会经济因素分析 [D]. 湖南大学, 2014.

李城, 赵永. 沥青路面养护的生命周期评估研究进展 [J]. 四川建材, 2021, 47 (4): 156-157.

李冬梅, 吕洁华. 黑龙江省应对气候变化统计能力建设探讨 [J]. 统计与咨询, 2017 (3): 14-17.

李芬, 冯凤玲. 综合交通运输建设规模与经济增长的关系研究——基于VAR 和 VEC 模型的实证分析 [J]. 河北经贸大学学报, 2014, 35 (3): 110-115.

李锋. 气候变化视角下中美小麦生产中主要能耗要素投入的对比分析 [J]. 世界农业, 2014 (2): 135-137.

李凤荣. 依法统计 确保统计数字质量 [J]. 天津职业院校联合学报, 2015, 17 (2): 106-109+119.

李昊源. 我国互联网交易的税收征管问题研究 [D]. 中央财经大学, 2017.

李鸿雁. 有关汽车行业的"十二五"规划要点选摘 [J]. 商用汽车, 2011 (24): 8-11.

李虎, 邱建军, 王立刚, 任天志. 中国农田主要温室气体排放特征与控制技术 [J]. 生态环境学报, 2012, 21 (1): 159-165.

李坚. 我国塑料机械行业"十一·五"期间发展概况和"十二·五"期

间发展趋势浅析 [J]. 中国塑料, 2011, 25 (1): 1-7.

李杰. 气候变化背景下我国粮食安全法制保障的完善建议 [J]. 山东农业工程学院学报, 2018, 35 (1): 7-10.

李洁华, 周平, 张林林, 程伟文. 广东省土地利用变化和林业温室气体清单变化规律分析与预测 [J]. 生态科学, 2018, 37 (6): 45-51.

李静, 刘胜男. 装配式混凝土建筑物化阶段碳足迹评价研究 [J]. 建筑经济, 2021, 42 (1): 101-105.

李堃, 王奇. 基于文献计量方法的碳排放责任分配研究发展态势分析 [J]. 环境科学学报, 2019, 39 (7): 2410-2433.

李琳. 清洁发展机制下碳排放权的会计处理模式 [J]. 黑龙江八一农垦大学学报, 2013, 25 (2): 95-97+112.

李敏. 城市垃圾填埋场稳定化研究 [D]. 华中科技大学, 2006.

李庆雷, 明庆忠. 乡村旅游循环经济发展的实证研究——以昆明市西山区团结镇为例 [J]. 西南林学院学报, 2008 (4): 32-36.

李戎, 王炜, 林琳, 刘玫, 林翎. 印染企业温室气体排放科学评价 (一) [J]. 印染, 2014, 40 (16): 44-48.

李赛, 耿蕊. 河北省种植业碳排放核算 [J]. 统计与管理, 2016 (7): 108-109.

李赛. 河北省农业碳排放预测与减排路径设计 [D]. 河北地质大学, 2016.

李树德, 魏晓浩, 李依风. 电网企业 SF_6 气体排放核算的关键问题研究 [J]. 能源与环境, 2016 (5): 20-22.

李涛泉. 城市公交统计工作探讨 [J]. 人民公交, 2010 (11): 82-83.

李曦. 温室气体排放统计核算体系初探 [J]. 环境与生活, 2014 (22): 261+263.

李想. 重组竹地板碳足迹计测及影响因素研究 [D]. 浙江农林大学, 2014.

李小立. 生物柴油项目碳减排计算方法学应用研究 [D]. 河北工程大学, 2014.

李小胜, 宋马林. "十二五" 时期中国碳排放额度分配评估——基于效率视角的比较分析 [J]. 中国工业经济, 2015 (9): 99-113.

李小胜，张焕明. 中国碳排放效率与全要素生产率研究 [J]. 数量经济技术经济研究，2016，33 (8)：64-79+161.

李新运，吴学锰，马俏俏. 我国行业碳排放量测算及影响因素的结构分解分析 [J]. 统计研究，2014，31 (1)：56-62.

李益. 常温下 UASB 反应器串联 SBR 反应器处理猪场废水研究 [D]. 轻工业环境保护研究所，2011.

李迎春. 中国农业氧化亚氮排放及减排潜力研究 [D]. 中国农业科学院，2009.

李昭阳，高镜婷，宋明晓. 吉林省中部地区畜禽养殖温室气体排放特征 [J]. 江苏农业科学，2018，46 (7)：242-246.

李志华. 城市生活垃圾卫生填埋场可生物降解组分降解量化分析 [D]. 西南交通大学，2006.

李卓. 新能源汽车技术效能指标体系构建与集成评价探究 [J]. 汽车与新动力，2022，5 (1)：46-48.

李宗. 能源的种类 [J]. 秘书工作，2005 (10)：58.

梁淳淳，宋燕唐，云鹭. 产品碳足迹标准化研究 [C] //市场践行标准化——第十一届中国标准化论坛论文集，2014：1545-1549.

廖虹云，熊小平，赵盟，康艳兵，吕斌. 公共机构温室气体排放核算方法相关问题探讨 [J]. 中国能源，2015，37 (1)：21-25

林成森，陈丽君，吴洁珍. 生活垃圾分类对固体废弃物和温室气体协同减排的影响研究——以浙江省为例 [J]. 环境与可持续发展，2021，46 (1)：90-94.

林春路. 浅谈全球气候变化及应对之策 [J]. 地理教育，2012 (9)：21-22.

林立身. 建筑运行部门的碳交易制度设计 [D]. 清华大学，2018.

林凌，刘世庆，许英明，邵平桢. 沿海三城新区自主创新实践及其对天府新区建设的启示 [J]. 软科学，2012，26 (7)：18-22.

林声洪. 海南省白沙县森林资源碳汇变化及价值研究 [D]. 海南大学，2013.

凌瑞瑜. 广西农业温室气体排放的趋势与预测 [D]. 广西大学，2020.

刘秉涛，徐越群. 河南省污水处理过程中甲烷排放现状和排放量估算 [J]. 华北水利水电大学学报（自然科学版），2014，35 (3)：49-52.

刘婵婵，兰佳佳．财税政策支持绿色低碳发展的国内外经验比较研究［J］．河北金融，2022（1）：11-15+51.

刘承智，潘爱玲，谢涤宇．我国完善企业碳排放核算体系的政策建议［J］．经济纵横，2014（11）：42-45.

刘丹丽．高大平房仓粮食储藏过程中碳排放量计算［D］．河南工业大学，2020.

刘会艳，张元礼，赵纯革，康晓琴．企业碳盘查与碳交易在我国的实施［J］．油气田环境保护，2015，25（4）：1-4+79.

刘惠．恩施州气候变化特征及其对旅游的影响［D］．中南民族大学，2011.

刘佳．福建省农业和废弃物处理 GHG 清单编制及预测分析［D］．福建师范大学，2017.

刘洁．S 电子企业生产碳排放计量管理研究［D］．华南理工大学，2014.

刘军，金蕾．现代城市交通碳排放智能监测减排系统［J］．现代电子技术，2012，35（15）：151-153+156.

刘磊．垃圾填埋气体热释放传输的动力学规律研究［D］．辽宁工程技术大学，2009.

刘立涛，张艳，沈镭，高天明，薛静静，陈枫楠．水泥生产的碳排放因子研究进展［J］．资源科学，2014，36（1）：110-119.

刘明达，蒙吉军，刘碧寒．国内外碳排放核算方法研究进展［J］．热带地理，2014，34（2）：248-258.

刘雯．我国 CDM 的投资研究和因素分析［D］．太原科技大学，2012.

刘小兵，武涌，陈小龙．我国建筑碳排放权交易体系发展现状研究［J］．城市发展研究，2013，21（8）：64-69.

刘小娜，康振兴，胡克．浅谈秸秆发电技术［J］．能源与节能，2011（7）：18-19+21.

刘晓旭．探索我国建筑业发展低碳建筑的方法与策略［J］．中小企业管理与科技（下旬刊），2011（2）：203-204.

刘兴增，樊猛，柯菅之．车船路港千家企业低碳交通运输专项行动启动［N］．中国交通报，2010-05-17（001）.

刘学之，孙鑫，朱乾坤，尚玥佟．中国二氧化碳排放量相关计量方法研

究综述 [J]. 生态经济, 2017, 33 (11): 21-27.

刘英, 赵荣钦, 陈涛, 张晋科, 焦士兴. 中国农业生产的碳收支核算及减排对策研究 [J]. 天津农业科学, 2012, 18 (4): 85-90.

刘宇. 太阳能行业产品碳减排潜能探索研究 [D]. 河北工程大学, 2013.

刘志强, 郭彩云. 低碳经济下发展低碳建筑存在的问题及对策 [J]. 改革与战略, 2012, 28 (4): 143-145.

刘竹, 耿涌, 薛冰, 郗凤明, 焦江波. 城市能源消费碳排放核算方法 [J]. 资源科学, 2011, 33 (7): 1325-1330.

卢露. 碳中和背景下完善我国碳排放核算体系的思考 [J]. 西南金融, 2021 (12): 15-27.

卢晓响. 通信服务行业节能减排路径分析 [J]. 市场周刊 (理论研究), 2016 (11): 51-53.

鲁传一, 佟庆. 公共建筑运营企业温室气体排放核算方法研究 [J]. 中国经贸导刊, 2015 (33): 67-68.

陆家缘. 中国污水处理行业碳足迹与减排潜力分析 [D]. 中国科学技术大学, 2019.

吕洪涛. 辽宁省城市废弃物处理温室气体排放研究 [J]. 河南科技, 2015 (23): 64-65.

吕建国. 废水厌氧生物处理技术的发展与最新现状 [J]. 环境科学与管理, 2012, 37 (S1): 87-92.

吕洁华, 张滨, 张景鸣. 黑龙江省温室气体排放统计核算的基本内涵与现实意义 [J]. 统计与咨询, 2015 (1): 33-34.

吕娟. 住宅建筑施工阶段碳排放核算研究 [J]. 科学技术创新, 2017 (33): 109-110.

吕任生, 贾尔恒·阿哈提, 赵晨曦, 蔺尾燕, 马俊英, 邓文叶, 祝捷. 新疆城市废弃物处置温室气体排放研究 [J]. 环境工程, 2015, 33 (10): 147-151.

吕玉坤, 彭鑫. 垃圾焚烧发电技术主要问题及其对策 [J]. 发电设备, 2010, 24 (2): 138-141.

罗晓予. 基于碳排放核算的乡村低碳生态评价体系研究 [D]. 浙江大学, 2017.

马翠梅，李士成，葛全胜．省级电网温室气体排放因子研究［J］．资源科学，2014，36（5）：1005-1012.

马翠梅，徐华清，苏明山．美国加州温室气体清单编制经验及其启示［J］．气候变化研究进展，2013，9（1）：55-60.

马大来，陈仲常，王玲．中国省际碳排放效率的空间计量［J］．中国人口·资源与环境，2015，25（1）：67-77.

马怀新．新能源与减碳［J］．四川水力发电，2010，29（S2）：286-301.

马智杰，王伊琨．气候变化与清洁发展机制（二）［J］．中国水能及电气化，2012（7）：56-57.

毛文祥．生活垃圾处理后的精彩蝶变——湖南省工业设备安装有限公司在生活垃圾综合处理（清洁焚烧）发电工程中的作为［J］．安装，2021（5）：6-8.

毛有丰，余芳东，李一辰．新时代统计监督的概念内涵和特征研究［J］．统计研究，2022，39（7）：3-11.

毛志坚，汪涛，戴帅，保丽霞，顾金刚，明扬．关于智能交通及相关技术赋能助力城市交通碳中和的探讨［J］．汽车与安全，2021（9）：70-78.

孟海燕．快速公交项目碳减排计算方法学应用研究［D］．河北工程大学，2015.

孟慧新．规划性与自发性适应的协同——以宁夏劳务移民为例［J］．思想战线，2013，39（5）：95-99.

孟继承．聚酯生产废水处理的影响因素研究［J］．纺织导报，2012（7）：120-125.

倪诚蔚，马敏象，谷建龙，王小李．云南省农业活动温室气体排放统计报表制度研究［J］．现代农业科技，2018（12）：162-166.

聂文婷．几种土地利用方式对土壤 N_2O 与 CO_2 排放的影响［D］．华中农业大学，2013.

宁晓菊，秦耀辰，张丽君，李旭．城市居民出行碳排放研究进展［J］．河南大学学报（自然科学版），2015，45（2）：167-173.

欧万彬．区域低碳发展评价指标体系研究［D］．浙江工业大学，2012.

欧西成，管远保，冯湘兰．湖南省 2010 年 LUCF 温室气体排放清单编制

研究 [J]. 湖南林业科技, 2016, 43 (2): 50-57.

欧阳君山. 中国民营经济 10 年之价值重估 [J]. 法人, 2012 (11): 14-19+96.

潘家华, 郑艳. 适应气候变化的分析框架及政策涵义 [J]. 中国人口·资源与环境, 2010, 20 (10): 1-5.

彭水军, 张文城, 孙传旺. 中国生产侧和消费侧碳排放量测算及影响因素研究 [J]. 经济研究, 2015, 50 (1): 168-182.

气候变化与碳足迹 [J]. 家电科技, 2010 (6): 56-58.

钱金波. 我国对外贸易对国内碳排放的影响研究 [D]. 西北师范大学, 2015.

秦大河, 周波涛. 气候变化与环境保护 [J]. 科学与社会, 2014, 4 (2): 19-26.

秦天宝. 整体系统观下实现碳达峰碳中和目标的法治保障 [J]. 法律科学 (西北政法大学学报), 2022, 40 (2): 101-112.

邱建军, 李虎, 王立刚, 任天志. 农田土壤温室气体排放特征与减排技术对策 [C]//发展低碳农业 应对气候变化——低碳农业研讨会论文集, 2010: 22-27.

邱小华. 玻化微珠无机建筑保温砂浆的研制 [D]. 昆明理工大学, 2008.

曲建升, 刘莉娜, 曾静静, 张志强, 王莉, 王勤花. 中国城乡居民生活碳排放驱动因素分析 [J]. 中国人口·资源与环境, 2014, 24 (8): 33-41.

阮付贤, 陈雪梅, 黎永生, 彭小玉, 吕旷. MRV 方法学在广西水泥行业的适用性 [J]. 大众科技, 2016, 18 (2): 46-48+86.

阮建清, 应书昶. 绿色建筑产业孵化模式的思考与实践——以上海首个绿色建筑技术专项产业孵化器模式为例 [A]. 中国城市科学研究会、中国绿色建筑与节能专业委员会、中国生态城市研究专业委员会.

佘春勇, 赵礼, 张可. 水利工程质量监督执法一体化与协同治理研究 [J]. 人民长江, 2022, 53 (3): 50-54+67.

沈亚强, 陈龙骏, 金玉婷, 钱淑琼, 陈贵, 程旺大. 嘉兴市农业温室气体排放特征及减排路径 [J]. 浙江农业学报, 2018, 30 (10): 1755-1764.

盛仲麟.我国碳排放因素分析及对应碳经济政策的 DSGE 模拟 [D]. 北京科技大学，2017.

施媛，易淑强.全国低碳交通专项行动在武汉启动 [N]. 今日信息报，2010-05-21（A01）.

《"十二五"控制温室气体排放工作方案》出台 [J]. 造纸信息，2012（3）：6.

石春力，田永英，黄海伟，王双玲，焦贝贝，谢祥.我国城镇污水处理碳排放核算方法研究综述 [J]. 建设科技，2021（11）：39-43.

石磊，姚成武.甘肃省基于碳交易的控排机制探讨 [J]. 甘肃科技，2015，31（1）：31-34.

时秀焕，张晓平，梁爱珍，申艳，范如芹，杨学明.土壤 CO_2 排放主要影响因素的研究进展 [J]. 土壤通报，2010，41（3）：761-768.

史金晶.国际减排制度探析 [D]. 中国政法大学，2011.

史小春，吴属连，李锟，韩振超，曲艳娇，梅立永.深圳市南山区碳平衡测算研究 [J]. 四川环境，2014，33（5）：45-49.

数字 [J]. 资源与人居环境，2021（4）：5.

宋金昭，苑向阳，王晓平.中国建筑业碳排放强度影响因素分析 [J]. 环境工程，2018，36（1）：178-182.

宋丽丽.源自生活污水的甲烷排放研究 [D]. 南京信息工程大学，2011.

宋敏，刘秋生，化全利.浅谈北京市水务系统公共机构节水管理 [J]. 水资源开发与管理，2021（2）：22-25.

孙建飞，张志超.我国新能源汽车的发展模式分析——基于天津市调研数据的统计分析及 SWOT 矩阵分析 [J]. 天津经济，2013（6）：5-9.

孙晓娟，杨家宽，张伟，胡雨辰，朱新锋，袁喜庆.铅酸蓄电池在混合电动汽车中的应用现状与研究进展 [J]. 蓄电池，2013，50（5）：201-208.

孙欣，张可蒙.中国碳排放强度影响因素实证分析 [J]. 统计研究，2014，31（2）：61-67.

孙艳芝，沈镭，钟帅，刘立涛，武娜，李林朋，孔含笑.中国碳排放变化的驱动力效应分析 [J]. 资源科学，2017，39（12）：2265-2274.

孙懿.发展低碳建筑的意义和措施 [J]. 上海房地，2010（6）：23-25.

孙钰涵. 企业应对气候变化 [D]. 北京交通大学, 2012.

塔娜. 内蒙古畜牧业绿色全要素生产率及其影响因素分析 [D]. 内蒙古
    大学, 2021.

覃华平. 欧盟航空减排交易体制 (EU ETS) 探析——兼论国际航空减排
    路径 [J]. 比较法研究, 2011 (6): 112-121.

碳足迹评估标准多 碳标签上市忙参考 [J]. 纺织服装周刊, 2011 (6):
    23.

唐艳明. 万科: 塑造低碳建筑新形象 [J]. 城市住宅, 2009 (11): 58-
    61.

佟昕, 陈凯, 李刚. 中国碳排放与影响因素的实证研究——基于 2000~
    2011 年中国以及 30 个省域的灰色关联分析 [J]. 工业技术经济,
    2015, 34 (3): 66-78.

童俊军, 高晶, 黄倩. 纺织企业温室气体清单编制方法介绍 [J]. 中国
    标准导报, 2012 (8): 15-17.

王安静, 冯宗宪, 孟渤. 中国 30 省份的碳排放测算以及碳转移研究 [J].
    数量经济技术经济研究, 2017, 34 (8): 89-104.

王安, 赵天忠. 北京市废弃物处理温室气体排放特征 [J]. 中国环境监
    测, 2017, 33 (2): 68-75.

王成己, 李艳春, 刘岑薇, 王义祥, 黄毅斌. 基于 IPCC 方法的福建省
    农业活动甲烷排放量估算 [J]. 农学学报, 2016, 6 (12): 16-
    22+71.

王浩, 刘敬哲, 张丽宏. 碳排放与资产定价——来自中国上市公司的证
    据 [J]. 经济学报, 2022, 9 (2): 28-75.

王贺礼, 谢运生, 罗成龙, 黄贞岚. 交通运输业温室气体排放现状及减排
    对策 [C]//新形势下长三角能源面临的新挑战和新对策——第八届长
    三角能源论坛论文集, 2011: 41-43.

王贺礼, 谢运生, 罗成龙, 黄贞岚. 交通运输业温室气体排放现状及减
    排对策 [J]. 能源研究与管理, 2011 (3): 9-11.

王卉, 茹军, 谭芙蓉, 涂振东, 叶凯, 马跃峰. 新疆农村户用沼气温室
    气体减排量计算 [J]. 中国沼气, 2015, 33 (6): 90-93.

王静. 基于有机物转化率的垃圾填埋气产量预测模型及其验证 [D]. 重庆

大学，2006.

王凯，李娟，唐宇凌，刘浩龙．中国服务业能源消费碳排放量核算及影响因素分析［J］．中国人口·资源与环境，2013，23（5）：21-28.

王凯，姚正海．上市公司现金股利政策对企业价值的影响效应研究——以交通运输业为例［J］．物流科技，2021，44（5）：25-30.

王侃宏，侯松宝，侯佳松，石凯波，李文磊，张悦．纯发电厂利用生物废弃物发电的碳减排量计算［J］．节能，2016，35（12）：53-56+3.

王侃宏，江晓峰，罗景辉，赵亮．废弃物处理的现状及案例研究［J］．绿色科技，2015（1）：187-189.

王路路．基于全生命周期分析的呼伦贝尔家庭牧场温室气体排放研究［D］．北京农学院，2021.

王路路，辛晓平，刘欣超，吴汝群，姜明红，刘云，邵长亮．基于全生命周期分析的呼伦贝尔家庭牧场肉羊温室气体排放［J］．应用与环境生物学报，2021，27（6）：1591-1600.

王倩楠．区域与企业的碳流图分析方法研究与应用［D］．华中科技大学，2018.

王荣婧．国内外温室气体排放核算标准体系现状与分析［J］．科技展望，2014（10）：32.

王思博．水泥行业温室气体排放核算方法研究［D］．中国社会科学院研究生院，2012.

王卫娜．CSTR甲烷发酵系统向产酸发酵系统转化的调控运行［D］．哈尔滨工业大学，2008.

王文超，张华．垃圾填埋场中有机污染物的生物降解［J］．有色冶金设计与研究，2007（Z1）：164-168+172.

王湘龙，魏龙，张方秋，李小川，潘文，张谦，蔡坚，高常军，肖石红，吴琰，易小青，吴惠珊．广东省林业碳汇解析及提升潜力分析［J］．林业与环境科学，2019，35（3）：7-12.

王晓宇，赵先贵．咸阳市温室气体排放的动态分析及等级评估［J］．环境科学学报，2015，35（9）：2732-2738.

王雪松，宋蕾，白润英．呼和浩特地区污水厂能耗评价与碳排放分析

[J]．环境科学与技术，2013，36（2）：196-199.

王雅捷，何永．基于碳排放清单编制的低碳城市规划技术方法研究［J］．
　　中国人口·资源与环境，2015，25（6）：72-80.

王亚萍，俞良早．百年社会主义建设史上推进共产党领导的逻辑脉络
　　［J］．理论月刊，2021（9）：16-24.

王毅萌．城市交通温室气体核算与减排潜力研究［D］．河北工程大
　　学，2020.

王滢，李晓亮，耿世刚．秦皇岛市畜禽温室气体排放时空动态分析［J］.
　　黑龙江畜牧兽医，2015（11）：12-14+18+284.

王颖，余曚曚．我国科技服务业融入"一带一路"建设的 PEST 分析及对
　　策研究——以湖北省为例［J］．特区经济，2019（6）：68-71.

王永琴，周叶，张荣．碳排放影响因子与碳足迹文献综述：基于研究方
　　法视角［J］．环境工程，2017，35（1）：155-159.

王育宝，何宇鹏．土地利用变化及林业温室气体排放核算制度与方法实
　　证［J］．中国人口·资源与环境，2017，27（10）：168-177.

王泽平，马震，吴焕苗，许超晨．我国核电产业发展水平综合评价体系
　　研究［J］．华东电力，2012，40（7）：1233-1236.

王震．渤海海洋开发与保护规划研究［D］．中国海洋大学，2014.

王志华．我国碳排放交易市场构建的法律困境与对策［J］．山东大学学
　　报（哲学社会科学版），2012（4）：120-127.

王志轩．电力企业应积极推动全国碳排放权交易市场建设［J］．中国电
　　力企业管理，2016（10）：30-31.

王智．基于 CASA 模型的杭州市森林碳储量时空变化及影响因子研究
　　［D］．浙江农林大学，2021.

王仲瑀．京津冀地区能源消费、碳排放与经济增长关系实证研究［J］.
　　工业技术经济，2017，36（1）：82-92.

韦荣华．应对气候变化 林业作用特殊［J］．中国林业，2007（15）：14-
　　17.

韦秀丽，高立洪，徐进，朱金山，敬廷桃．重庆市畜牧业温室气体排放
　　量评估［J］．西南农业学报，2013，26（3）：1235-1239.

韦宗友．国际议程设置：一种初步分析框架［J］．世界经济与政治，

2011（10）：38-52+156.

魏本勇，王媛，杨会民，方修琦. 国际贸易中的隐含碳排放研究综述
[J]. 世界地理研究，2010，19（2）：138-147.

魏彩娣. 基于 SBM 模型的种植业碳排放效率研究 [D]. 华中农业大
学，2019.

魏军晓，耿元波，沈镭，岑况，母悦. 基于国内水泥生产现状的碳排放
因子测算 [J]. 中国环境科学，2014，34（11）：2970-2975.

魏孟露. 规划环评温室气体排放影响评价框架研究 [D]. 华东师范大
学，2014.

魏民秀，赵先贵. 1999~2011 年鄂尔多斯市温室气体足迹动态分析 [J].
中国环境科学，2014，34（10）：2706-2713.

魏书精，罗碧珍，孙龙，魏书威，刘芳芳，胡海清. 森林生态系统土壤
呼吸时空异质性及影响因子研究进展 [J]. 生态环境学报，2013，
22（4）：689-704.

魏志. 我国未来 5 年以绿色发展为主调 [J]. 能源研究与利用，2016
（2）：4-6.

温室气体减排，与每个人息息相关 [J]. 生命与灾害，2015（12）：1.

翁艺斌，刘双星，李兴春，薛华，孙慧. 中、欧企业层面温室气体排放
核算对比研究 [J]. 油气与新能源，2021，33（4）：22-25.

翁智雄，马忠玉. 全球气候治理的国际合作进程、挑战与中国行动 [J].
环境保护，2017，45（15）：61-67.

巫天晓. 全国首例碳资产质押授信业务探析 [J]. 福建金融，2011（12）：
14-17.

吴磊. 碳排放约束下电煤物流网络优化模型研究 [D]. 华北电力大学
（北京），2018.

武毅刚. 综合物探技术在矿井导水构造超前探测中的应用 [J]. 能源与
节能，2019（1）：157-158+163.

向莉莉. 用心照亮每一寸土地 [J]. 中国电力企业管理，2016（7）：18-21.

肖皓，杨佳衡，乔晗. 需求侧全球碳排放强度的度量及分解 [J]. 系统
工程理论与实践，2015，35（7）：1646-1656.

谢军飞，李玉娥. 农田土壤温室气体排放机理与影响因素研究进展 [J].

中国农业气象，2002（4）：48-53.

谢立勇，叶丹丹，张贺，郭李萍. 旱地土壤温室气体排放影响因子及减排增汇措施分析 [J]. 中国农业气象，2011，32（4）：481-487.

谢锐，王振国，张彬彬. 中国碳排放增长驱动因素及其关键路径研究 [J]. 中国管理科学，2017，25（10）：119-129.

谢水园. 低碳经济条件下我国出口贸易的环境效应研究 [D]. 沈阳工业大学，2014.

邢立轩，代月. 低碳建筑的发展趋势与现实需要 [J]. 科技传播，2010（11）：10+13.

邢伟. 正确义利观视角下的中拉绿色合作：进展、挑战及前景 [J]. 拉丁美洲研究，2022，44（4）：95-116+156-157.

熊若愚. 中国共产党百年奋斗的世界意义 [J]. 当代中国与世界，2022（1）：92-99.

徐富海. 国际巨灾风险管理和志愿者服务 [J]. 中国减灾，2009（6）：42-44.

徐前山，吕作武. 千家企业低碳交通运输行动在汉启动 [N]. 长江日报，2010-05-15（001）.

徐茜茜. 四机构发布城市温室气体核算工具 [N]. 中国煤炭报，2013-09-16（007）.

徐胜，张鑫. 碳金融对我国现代渔业经济发展支持研究 [J]. 中国渔业经济，2010，28（5）：11-19.

徐水良，黄虹飞，冯萍萍. 电力行业清洁发展机制项目实施及对策研究 [J]. 华东电力，2012，40（7）：1257-1259.

许冬兰，王运慈. "生产—消费"双重负责制下的贸易碳损失核算及碳排放责任界定研究 [J]. 青岛科技大学学报（社会科学版），2015，31（3）：33-38.

闫浩春，刘佳，丁都. 我国陶瓷生产企业温室气体排放核算方法和报告的研究 [J]. 陶瓷，2015（1）：21-23.

严良政，赵杨. 大连市畜牧业非 CO_2 温室气体排放量评估 [J]. 环境保护与循环经济，2016，36（3）：47-52.

颜越虎. 社会主义法治建设与第二轮志书编纂——对《秦皇岛市志

（1979～2002）》等志书的分析研究 ［J］. 中国地方志, 2011（12）:
21-26+4.

燕苗霞. 吉林省农业温室气体排放的核算及影响因素分析 ［D］. 吉林财
经大学, 2018.

杨加猛, 叶佳蓉. 木质生物质碳汇能力统计方法应用研究: 江苏案例
［J］. 中国林业经济, 2018（6）: 99-103.

杨健艳. 公共机构低碳管理的制度安排 ［J］. 公民与法（法学版）, 2014
（12）: 24-27.

杨敬, 严铃, 王芳, 姜庆. 工厂化食用菌生产企业的低碳核算与评价 ［J］.
食药用菌, 2012, 20（3）: 134-138.

杨军. 城市生活垃圾填埋处置中的温度—化学耦合作用研究 ［D］. 西南
交通大学, 2007.

杨明. S公司绿色策略的制定与实施研究 ［D］. 复旦大学, 2013.

杨万柳. 国际航空排放全球治理的多维进路 ［D］. 吉林大学, 2014.

杨卫华, 初金凤, 吴哲, 孟海燕, 李小立. 基于LCA和CDM方法学的
垃圾焚烧发电过程中碳减排的计算研究 ［J］. 节能, 2013, 32
（11）: 20-23+2.

杨文红, 负海涛. 低碳经济背景下现代服务业发展战略研究 ［J］. 人民
论坛, 2013（23）: 100-101.

杨彦明, 庞彰, 乌恩. 内蒙古自治区主要畜禽甲烷排放现状及对策 ［J］.
内蒙古农业科技, 2011（5）: 1-3+6.

杨毅. 中国能源工业投资研究 ［D］. 山西财经大学, 2014.

叶浩. 西部能源开发中的金融支持 ［D］. 陕西师范大学, 2008.

叶楠. 探析亚洲主权财富基金发展的新趋势 ［J］. 亚太经济, 2012（6）:
22-26.

易露霞, 尤彧聪. 低碳市政基础设施建设探究 ［J］. 广东职业技术教育
与研究, 2016（6）: 95-102.

尹畅昱, 付祥钊, 王勇. 公众对供暖的观念误区及热泵技术未来趋势的
分析 ［J］. 制冷技术, 2014, 34（1）: 65-68.

尹守迁. 污泥厌氧消化处理工程技术问题探讨 ［J］. 铁道劳动安全卫生
与环保, 2008（1）: 26-28.

尹文婧. 新能源汽车企业财务管理问题探究 [J]. 黑龙江人力资源和社会保障, 2022 (1)：94-96.

尹晓芬, 王灏, 贾斌, 贾斌英. 贵州省森林碳汇及潜力分析 [J]. 辽宁林业科技, 2012 (3)：12-15.

于吉海. 联合国气候变化框架公约简介 [J]. 地理教学, 2010 (5)：4-5.

于明明. 中国特色的碳金融市场体系构建研究 [J]. 商场现代化, 2011 (10)：145.

于盼望. 面向可持续发展的制氢过程多目标流程优化 [D]. 浙江工业大学, 2019.

于洋, 崔胜辉, 林剑艺, 李飞. 城市废弃物处理温室气体排放研究：以厦门市为例 [J]. 环境科学, 2012, 33 (9)：3288-3294.

俞璐. 全球价值链对我国区域碳排放的影响研究 [D]. 东南大学, 2019.

袁若岑, 宋杰, 温志伟. 城市轨道交通运营企业温室气体核算方法研究 [J]. 城市轨道交通研究, 2016, 19 (11)：94-98.

岳尚华. 城市温室气体核算工具首发布 [J]. 地球, 2013 (10)：62-65.

翟胜, 高宝玉, 王巨媛, 董杰, 张玉斌. 农田土壤温室气体产生机制及影响因素研究进展 [J]. 生态环境, 2008, 17 (6)：2488-2493.

张晶. 化工企业温室气体排放核算核查研究 [J]. 中国高新科技, 2018 (7)：67-69.

张凯, 赵先贵, 尹默雪, 张燕. 基于碳足迹的宝鸡市 1990—2014 年温室气体排放核算与评价 [J]. 河南科学, 2017, 35 (10)：1609-1614.

张丽峰. 北京人口、经济、居民消费与碳排放动态关系研究 [J]. 干旱区资源与环境, 2015, 29 (2)：8-13.

张丽, 郑颖, 孟早明. 我国造纸和纸制品生产企业如何开展温室气体盘查和报告 [J]. 中国造纸, 2016, 35 (4)：54-61.

张苗. 中国土地利用碳排放效率与收敛性研究 [D]. 华中农业大学, 2017.

张宁, 李星野. 中国生活能源热力消费的 ARIMA 模型及预测 [J]. 金融经济, 2013 (12)：150-152.

张萍. 土壤管理对农田温室气体排放的效应研究 [D]. 扬州大学, 2012.

张诗青，王建伟，郑文龙．中国交通运输碳排放及影响因素时空差异分析 [J]．环境科学学报，2017，37（12）：4787-4797．

张陶新，李岩．典型农区乡镇的农业碳排放测算及达峰研究：以湖南省东安县为例 [J]．邵阳学院学报（自然科学版），2022，19（1）：89-96．

张文娟．如何让发展变得更绿？[J]．中国生态文明，2016（2）：45-52．

张晓理．低碳发展中的碳减排及政策导向——以建筑减排为例 [J]．毛泽东邓小平理论研究，2010（3）：53-56+86．

张晓梅，庄贵阳．中国省际区域碳减排差异问题的研究进展 [J]．中国人口·资源与环境，2015，25（2）：135-143．

张效实．探讨新能源汽车产业政策央地协同发展 [J]．时代汽车，2021（19）：111-112．

张雄智，王岩，魏辉煌，王钰乔，赵鑫，张海林．特定农产品碳足迹评价及碳标签制定的探索 [J]．中国农业大学学报，2018，23（1）：188-196．

张学智，王继岩，张藤丽，李柏霖，焉莉．中国农业系统 N_2O 排放量评估及低碳措施 [J]．江苏农业学报，2021，37（5）：1215-1223．

张亚丽，项本武．中国排污权交易机制引起了环境不平等吗？——基于 PSM-DID 方法的研究 [J]．中国地质大学学报（社会科学版），2022，22（3）：67-82．

张延丽．企业碳排放权会计核算及应用研究 [D]．山东师范大学，2015．

张永香，巢清尘，黄磊．全球气候治理对中国中长期发展的影响分析及未来建议 [J]．沙漠与绿洲气象，2018，12（1）：1-6．

张元元，王琴梅．能源消耗与陕西省产业结构关系的实证研究 [J]．经济与管理，2011，25（9）：79-83．

章蓓蓓，张春霞，佘健俊．市政基础设施运营系统碳排放计算方法——以苏州市为例的实证研究 [J]．现代城市研究，2012，27（12）：80-86+93．

赵桂梅，赵桂芹，陈丽珍，孙华平．中国碳排放强度的时空演进及跃迁机制 [J]．中国人口·资源与环境，2017，27（10）：84-93．

赵国浩，柳亚琴．中国一次能源消费结构多目标优化研究 [J]．现代工业经济和信息化，2012（18）：5-7.

赵亮，陈懂懂，徐世晓，赵新全，李奇. 传统放牧模式下青藏高原高寒牧区藏系绵羊温室气体排放研究［J］. 家畜生态学报，2016，37（8）：36-44.

赵领娣，吴栋. 中国能源供给侧碳排放核算与空间分异格局［J］. 中国人口·资源与环境，2018，28（2）：48-58.

赵苗苗，张文忠，裴瑶，苏悦，宋杨. 农田温室气体 N_2O 排放研究进展［J］. 作物杂志，2013（4）：25-31.

赵敏，孙力. 城市郊区森林资源发展特点及碳汇功能评估——以上海市崇明区为例［J］. 环境保护科学，2019，45（5）：10-13.

赵倩. 上海市温室气体排放清单研究［D］. 复旦大学，2011.

赵巧芝，闫庆友，赵海蕊. 中国省域碳排放的空间特征及影响因素［J］. 北京理工大学学报（社会科学版），2018，20（1）：9-16.

赵思晨. 基于SSH的农业温室气体排放清单编制系统设计与实现［D］. 西安电子科技大学，2015.

赵先贵，马彩虹，肖玲，郝高建，王晓宇，蔡文龙. 西安市温室气体排放的动态分析及等级评估［J］. 生态学报，2015，35（6）：1982-1990.

赵先贵，肖玲，马彩虹，郝高建，杨芳. 山西省碳足迹动态分析及碳排放等级评估［J］. 干旱区资源与环境，2014，28（9）：21-26.

赵杨，窦应瑛，王妮. 大连市农用地非 CO_2 温室气体排放量估算及防控对策［J］. 现代农业科技，2016（1）：233-236+243.

郑国玺. 我国统计行政执法的问题与治理［D］. 贵州大学，2009.

郑思伟，谷雨，唐伟，徐海岚. 杭州市垃圾填埋甲烷排放估算及控制途径研究［J］. 环境科学与技术，2013，36（S1）：396-399+423.

郑思伟，唐伟. 废弃物处理温室气体排放特征研究——以杭州市为例［J］. 环境科技，2017，30（6）：19-23.

郑思伟，唐伟，谷雨，徐海岚. 城市生活垃圾填埋处理甲烷排放估算及控制途径研究［J］. 环境科学与管理，2013，38（7）：45-49.

中国标准化论坛论文集［C］. 国家标准化管理委员会：中国标准化协会，2014：1545-1549.

中国能源行业未来五年发展风向标——《中华人民共和国国民经济和社

会发展第十三个五年规划纲要》能源发展摘编 [J]. 石油石化绿色低碳, 2016, 1 (2): 1-3.

中华人民共和国国民经济和社会发展第十三个五年规划纲要 第十篇 加快改善生态环境 [J]. 领导决策信息, 2016 (12): 40-46.

周佳恒. 城镇污水处理二氧化碳排放清单编制实践与探讨 [J]. 给水排水, 2013, 49 (S1): 256-260.

周岭, 李文哲. 废弃物厌氧生物处理工艺的研究进展 [J]. 农机化研究, 2003 (1): 49-50.

周明. 碳关税对苏州工业园区企业出口的影响及其对策研究 [D]. 苏州大学, 2013.

周文魁. 气候变化对中国粮食生产的影响及应对策略 [D]. 南京农业大学, 2012.

周兴. 南京市受污染水体甲烷和氧化亚氮排放研究 [D]. 南京信息工程大学, 2012.

周兴, 郑有飞, 吴荣军, 康娜, 周渭, 尹继福. 2003—2009 年中国污水处理部门温室气体排放研究 [J]. 气候变化研究进展, 2012, 8 (2): 131-136.

朱伽林. 交通运输行业节能减排工作——访交通运输部政策法规司副司长 朱伽林 [J]. 交通节能与环保, 2010 (2): 2-6.

朱君. 制浆造纸行业固废物资源化利用探索 [J]. 化工管理, 2014 (21): 175-176.

朱绵茂, 欧燕. 以绿色金融为抓手 加速国家生态文明试验区建设 [J]. 今日海南, 2021 (10): 28-30.

朱淑艳, 徐振宇, 史会贤, 陶呈涛, 韩风双. 宁波市温室气体排放清单研究 [J]. 宁波工程学院学报, 2022, 34 (3): 47-53+64.

竺文杰. 我国电煤消费弹性研究 [D]. 复旦大学, 2009.

庄贵阳, 白卫国, 朱守先. 基于城市电力消费间接排放的城市温室气体清单与省级温室气体清单对接方法研究 [J]. 城市发展研究, 2014, 21 (2): 49-53.

庄智. 国外碳排放核算标准现状与分析 [J]. 粉煤灰, 2011, 23 (4): 42-45.

庄智，胡琼琼，朱伟峰，徐强，谭洪卫．国际碳排放核算标准现状与探讨［C］//城市发展研究——第7届国际绿色建筑与建筑节能大会论文集，2011：420-423.

邹庆．经济增长、国际贸易与我国碳排放关系研究［D］．重庆大学，2014.

Allen, M. R., Frame, D. J., Huntingford, C., et al. Warming caused by cumulative carbon emissions towards the trillionth tonne［J］. Nature, 2009, 458: 1163-1166.

Allinson, D., Irvine, K. N., Edmondson, J. L., et al. Measurement and analysis of household carbon: The case of a UK city［J］. Applied Energy, 2016, 164: 871-881.

Bai, H., Zhang, Y., Wang, H., et al. A hybrid method for provincial scale energy-related carbon emission allocation in China［J］. Environmental Science & Technology, 2014, 48 (5): 2541-2550.

Barrett, J., Peters, G., Wiedmann, T., et al. Consumption-based GHG emission accounting: A UK case study［J］. Climate Policy, 2013, 13 (4): 451-470.

Bi, J., Zhang, R., Wang, H., et al. The benchmarks of carbon emissionsand policy implications for China's cities: Case of Nanjing［J］. Energy Policy, 2011, 39 (9): 4785-4794.

BP. BP Statistical Review 2016. China's Energy Market in 2015. 2016, http://www.bp.com/content/dam/bp/pdf/energy-economics/statistical-review－2016/bp-statistical-review-of-world-energy－2016－china-insights.pdf.

British Petroleum. BP Statistical Review of World Energy［R］. 2011.

Brondfield, M. N., Hutyra, L. R., Gately, C. K., et al. Modeling and validation of on-road CO_2 emissions inventories at the urban regional scale［J］. Environmental Pollution, 2012, 170: 113-123.

Cai, B. F., Zhang, L. X. Urban CO_2 emissions in China: Spatial boundary and performance comparison［J］. Energy Policy, 2014, 66: 557-567.

Chavez, A., Ramaswami, A. Progress toward low carbon cities: Approaches for transboundary GHG emissions' foot printing [J]. Carbon Management, 2014, 2: 471-482.

Chen, S. , Chen, B. Coupling of carbon and energy flows in cities: A meta-analysis and nexus modelling [J]. Applied Energy, 2017, 194: 774-783.

Chen, S. , Chen, B. Network environ perspective for urban metabolism and carbon emissions: A case study of Vienna, Austria [J]. Environmental Science & Technology, 2012, 46: 4498-4506.

Chen, S. , Chen, B. , Su, M. Nonzero-sum relationships in mitigating urban carbon emissions: A dynamic network simulation [J]. Environmental Science & Technology, 2015, 49: 11594-11603.

Chen, S. , Chen, B. Tracking inter-regional carbon flows: A hybrid network model [J]. Environmental Science & Technology, 2016, 50: 4731-4741.

Churkina, G. Modeling the carbon cycle of urban systems [J]. Ecological Modeling, 2008, 216 (2): 107-113.

Creutzig, F. , Baiocchi, G. , Bierkandt, R. , et al. Global typology of urban energy use and potentials for an urbanization mitigation wedge [J]. ProcNatl. Acad. Sci. U. S. A. , 2015, 112: 6283-5288.

Crutzen, P. J. Geology of Mankind [J]. Nature, 2002, 415 (3): 23.

Development of an Embedded Carbon Emissions Indicatore Producing a Time Series of Input-Output Tables and Embedded Carbon Dioxide Emissions for the UK by using a MRIO Data Optimisation System. Food and Rural Affairs, Defra, London. Wolman, A. , 1965.

Dhakal, S. GHG emissions from urbanization and opportunities for urban carbon mitigation [J]. Current Opinion in Environmental Sustainability, 2010, 2 (4): 277-283.

Dhakal, S. Urban energy use and carbon emissions from cities in China and policy implications [J]. Energy Policy, 2009, 37: 4208-4219.

Dodman, D. Blaming cities for climate change? An analysis of urban greenhouse gas emissions inventories [J]. Environment Urbanization, 2009, 21: 185-201.

European Commission. Emission Database for Global Atmospheric Research

[R]. 2014. http://edgar. jrc. ec. europa. eu/overview. php.

Feng, C., Gao, X., Wu, J., et al. Greenhouse gas emissions investigation for towns in China: A case study of Xiaolan [J]. Journal of Cleaner Production, 2015, 103: 130-139.

Feng, K., Davis, S. J., Sun, L., et al. Outsourcing CO_2 within China [J]. Proceedings of the National Academy of Sciences, 2013, 110: 11654-11659.

Feng, K., Siu, Y. L., Guan, D., et al. Analyzing drivers of regional carbon Dioxide emissions for China [J]. Journal of Industrial Ecology, 2012, 16: 600-611.

Geng, Y., Peng, C., Tian, M. Energy use and CO_2 emission inventories in the four municipalities of China [J]. Energy Procedia, 2011, 5: 370-376.

Geng, Y., Tian, M., Zhu, Q., et al. Quantification of provincial level carbon emissions from energy consumption in China [J]. Renewable & Sustainable Energy Review, 2011, 15: 3658-3668.

Gielen, D., Chen, C. H. The CO_2 emission reduction benefits of Chinese energy policies and environmental policies: A case study for Shanghai, period 1995-2020 [J]. Ecological Economics, 2001, 39 (2): 257-270.

Guan, D., Hubacek, K., Weber, C. L., et al. The drivers of Chinese CO_2 emissions from 1980 to 2030 [J]. Global Environmental Change, 2008, 18: 626-634.

Guan, D., Liu, Z., Geng, Y., et al. The gigatonne gap in China's carbon dioxide inventories [J]. Nature Climate Change, 2012, 2: 672-675.

Guan, D., Peters, G. P., Weber, C. L., et al. Journey to world top emitter: An analysis of the driving forces of China's recent CO_2 emissions surge [J]. Geophysical Research Letters, 2009, 36: L04709.

Guan, D., Shan, Y., Liu, Z., et al. Performance assessment and outlook of China's emission-trading scheme [J]. Engineering, 2016, 2: 398-401.

Guan, Y., Kang, L., Shao, C., et al. Measuring county-level heterogeneity of CO_2 emissions attributed to energy consumption: A case study in

Ningxia Hui Autonomous Region, China [J]. Journal of Cleaner Production, 2017, 142: 3471-3481.

Guo, S., Shao, L., Chen, H., et al. Inventory and input-output analysis of CO_2 emissions by fossil fuel consumption in Beijing 2007 [J]. Ecological Informatics, 2012, 12: 93-100.

Hasegawa, R., Kagawa, S., Tsukui, M. Carbon footprint analysis through constructing a multi-region input-output table: A case study of Japan [J]. Journal of Economic Structures, 2015, 4: 1-20.

He, Z., Xu, S., Shen, W., et al. Impact of urbanization on energy related CO_2 emission at different development levels: Regional difference in China based on panel estimation [J]. Journal of Cleaner Production, 2017, 140: 1719-1730.

Hillman, T., Ramaswami, A. Greenhouse gas emission footprints and energy use benchmarks for eight U.S. Cities [J]. Environmental Science & Technology, 2010, 44: 1902-1910.

Hoornweg, D., Sugar, L., Gomez, C. L. T. Cities and greenhouse gas emissions: Moving forward [J]. Urbanization, 2020, 5 (1), 43-62.

Hubacek, K., Feng, K., Chen, B. Changing lifestyles towards a low carbon economy: An IPAT analysis for China [J]. Energies, 2011, 5: 22-31.

Intergovernmental Panel on Climate Change (IPCC). IPCC Guidelines for National Greenhouse Gas Inventories [R]. Institute for Global Environmental Strategies (IGES), Hayama, Japan, 2006.

International Energy Agency (IEA). Cities, Towns and Renewable Energy, Paris, France [R]. 2009. http://www. iea. org/publications/freepublications/publication/cities2009. pdf.

IPCC/IGES. Definitions and methodological options to inventory emissions from direct human-induced degradation of forests and devegatation of other vegetation types [R]. Japan: Intergovernmental Panel on Climate Change, Institute for Global Environmental Strategies, 2003.

IPCC/IGES. Good practice guidance and uncertainty management in National

Greenhouse Gas Inventories [R]. Japan: Intergovernmental Panel on Climate Change, Institute for Global Environmental Strategies, 2000.

IPCC/IGES. Good practice guidance for land use, land-use change and forestry [R]. Japan: Intergovernmental Panel on Climate Change, Institute for Global Environmental Strategies, 2003.

IPCC/IGES. 2006 IPCC Guidelines for National Greenhouse Gas Inventories [R]. Geneva: Intergovernmental Panel on Climate Change, Institute for Global Environmental Strategies, 2006.

IPCC/UNEP/OECD/IEA. Revised 1996 IPCC guidelines for National Greenhouse Gas Inventories [R]. Paris: Intergovernmental Panel on Climate Change, United Nations Environment Program, Organization for Economic Co-Operation and Development , International Energy Agency, 1997.

Jonas, M. , Gusti, M. , Jeda, W. , et al. Comparison of preparatory signal analysis techniques for consideration in the (post-) Kyoto policy process [J]. Climatic Change, 2010, 103: 175-213.

Jonas, M. , Marland, G. , Krey, V. , et al. Uncertainty in an emissions-constrained world [J]. Climatic Change, 2014, 124: 459-476.

Karvosenoja, N. , Tainio, M. , Kupiainen, K. , et al. Evaluation of the emissions and uncertainties of PM2. 5 originated from vehicular traffic and domestic wood combustion in Finland [J]. Boreal Environment Research, 2008, 13 (5): 465-474.

Kennedy, C. A. , Ramaswami, A. , Carney, S. , et al. Green-house Gas Emission Baselines for Global Cities and Metropolitan Regions [R]. Cities and Climate Change Responding to an Urgent Agenda, 2011, pp. 15-54.

Kennedy, C. A. , Stewart, I. , Facchini, A. , et al. Energy and material flows of megacities [J]. PNAS, 2015, 112: 5985-5990.

Kennedy, C. , Demoullin, S. , Mohareb, E. Cities reducing their greenhouse gas emissions [J]. Energy Policy, 2012, 49: 774-777.

Kennedy, C. , Ibrahim, N. , Hoornweg, D. Low-carbon infrastructure strategies for cities. Nat [J]. Climatic Change, 2014, 4: 343-346.

Kennedy, C. , Steinberger, J. , Gasson, B. , et al. Greenhouse gas emissions from global cities [J]. Environmental Science & Technology, 2009, 43: 7297-7302.

Kennedy, C. , Steinberger, J. , Gasson, B. , et al. Methodology for inventorying greenhouse gas emissions from global cities [J]. Energy Policy, 2010, 38: 4828-4837.

Krammer, K. J. , Moll, H. C. , Nonhebel, S. , et al. Greenhouse gas emissions related to Dutch food consumption [J]. Energy Policy, 1999, 27: 203-216.

Lang, J. , Cheng, S. , Zhou, Y. , et al. Air pollutant emissions from on-road vehicles in China, 1999-2011 [J]. Science of the Total Environment, 2014, 496: 1-10.

Le Quéré, C. , Moriarty, R. , Andrew, R. , et al. Global carbon budget 2015 [J]. Earth System Science Data, 2015, 7: 349-396.

Lebel, L. Carbon and water management in urbanization [J]. Global Environmental Change, 2005, 15: 293-295.

Lebel, L. , Garden, P. , Banaticla, M. R. N. , et al. Integrating carbon management into the development strategies of urbanizing regions in Asia [J]. Journal of Industrial Ecology, 2007, 11 (2): 61-81.

Lei, Y. , Zhang, Q. , Nielsen, C. , et al. An inventory of primary air pollutants and CO_2 emissions from cement production in China, 1990-2020 [J]. Atmospheric Environment, 2011, 45: 147-154.

Li, A. , Hu, M. , Wang, M. , et al. Energy consumption and CO_2 emissions in Eastern and Central China: A temporal and a cross-regional decomposition analysis [J]. Technological Forecasting and Social Change, 2016, 103: 284-297.

Li, L. , Chen, C. H. , Xie, S. C. , et al. Energy demand and carbon emissions under different development scenarios for Shanghai, China [J]. Energy Policy, 2010, 38: 4797-4807.

Liang, S. , Zhang, T. Urban metabolism in China achieving dematerialization and decarbonization in Suzhou [J]. Journal of Industrial Ecology,

2011, 15: 420-434.

Liu, J. Y. , Tian, H. Q. , Liu, M. L. , et al. China's changing landscape during the 1990s: Large-scale land transformation estimated with satellite data [J]. Geophysical Research Letters, 2005, 32 (2): L02405.

Liu, M. , Wang, H. , Wang, H. , et al. Refined estimate of China's CO_2 emissions in spatiotemporal distributions [J]. Atmospheric Chemistry and Physics, 2013, 13: 10873-10882.

Liu, Z. Carbon Emissions in China [J]. Springer, 2016.

Liu, Z. , Dong, H. , Geng, Y. , et al. Insights into the regional greenhouse-gas (GHG) emission of industrial processes: A case study of Shenyang, China [J]. Sustainability, 2014, 6: 3669-3685.

Liu, Z. , Feng, K. , Hubacek, K. , et al. Four system boundaries for carbon accounts [J]. Ecological Modelling, 2015, 318: 118-125.

Liu, Z. , Geng, Y. , Lindner, S. , et al. Embodied energy use in China's industrial sectors [J]. Energy Policy, 2012, 49: 751-758.

Liu, Z. , Geng, Y. , Lindner, S. , et al. Uncovering China's greenhouse gas emission from regional and sectoral perspectives [J]. Energy, 2012, 45: 1059-1068.

Liu, Z. , Guan, D. , Crawford-Brown, D. , et al. Energy policy: Alow-carbon road map for China [J]. Nature, 2013, 500: 143-145.

Liu, Z. , Guan, D. , Scott, M. , et al. Steps to China's carbon peak [J]. Nature, 2015, 522: 279-281.

Liu, Z. , Guan, D. , Wei, W. , et al. Reduced carbon emission estimates from fossil fuel combustion and cement production in China [J]. Nature, 2015, 524: 335-338.

Liu, Z. , Liang, S. , Geng, Y. , et al. Features, trajectories and driving forces for energy-related GHG emissions from Chinese mega cites: The case of Beijing, Tianjin, Shanghai and Chongqing [J]. Energy, 2012, 37: 245-254.

Lu, Y. , Chen, B. Urban ecological footprint prediction based on the Markovchain [J]. Journal of Cleaner Production, 2016, http://dx. doi. org/

10. 1016/j. jclepro. 2016. 03. 034.

Mahlman, J. D. Uncertaintiens in projections of human caused climate warming [J]. Science, 1997, 278 (21): 1416-1417.

Marland, G. Uncertainties in accounting for CO_2 from fossil fuels [J]. Journal of Industrial Ecology, 2008, 12: 136-139.

Meng, J., Mi, Z., Yang, H., et al. The consumption-basedblack carbon emissions of China's megacities [J]. Journal of Cleaner Production, 2017, http://dx. doi. org/10. 1016/j. jclepro. 2017. 02. 185.

Meng, L., Guo, J. E., Chai, J., et al. China's regional CO_2 emissions: Characteristics, inter-regional transfer and emission reduction policies [J]. Energy Policy, 2011, 39: 6136-6144.

Menyah, K., Wolde-Rufael, Y. CO_2 emissions, nuclear energy, renewable energy and economic growth in the US [J]. Energy Policy, 2010, 38: 2911-2915.

Mi, Z., Wei, Y.-M., Wang, B., et al. Socioeconomic impact assessment of China's CO_2 emissions peak prior to 2030 [J]. Journal of Cleaner Production, 2017, 142 (4): 2227-2236.

Mi, Z., Zhang, Y., Guan, D., et al. Consumption-based emission accounting for Chinese cities [J]. Applied Energy, 2016, 184: 1073-1081.

Olivier, J. G. J., Janssens-Maenhout, G., Muntean, M., et al. Trends in Global CO_2 Emissions: 2013 Report [R]. 2013.

Olivier, J., Peters, J. Uncertainties in global, regional and national emission inventories, Non-CO_2 greenhouse gases: scientific understanding, control options and policy aspects [A]. In: Proceedings of the Third International Symposium, Maastricht, Netherlands, 2002, pp. 525-540.

Pan, K., Zhu, H., Chang, Z., et al. Estimation of coal-related CO_2 emissions: The case of China [J]. Energy & Environment, 2013, 24: 1309-1321.

Peters, G. P., Marland, G., Le Quere, C., et al. Rapid growth in CO_2 emissions after the 2008-2009 global financial crisis [J]. Nature Climate Change, 2012, 2: 2-4.

Peters, G. , Weber, C. , Liu, J. Construction of Chinese Energy and Emissions Inventory [R]. Norwegian University of Science and Technology, Trondheim, Norway, 2006.

Ramaswami, A. , Hillman, T. , Janson, B. , et al. A demand centered, hybrid life-cycle methodology for city-scale greenhouse gas inventories [J]. Environmental Science & Technology, 2008, 42: 6455-6461.

Satterthwaite, D. Cities' contribution to global warming: Notes on the allocation of greenhouse gas emissions [J]. Environment & Urbanization, 2008, 20: 539-549.

Shan, Y. , Guan, D. , Liu, J. , et al. Methodology and applications of city level CO_2 emission accounts in China [J]. Journal of Cleaner Production, 2017, 161: 1215-1225.

Shan, Y. , Liu, J. , Liu, Z. , et al. New provincial CO_2 emission inventories in China based on apparent energy consumption data and updated emission factors [J]. Applied Energy, 2016, 184: 742-750.

Shan, Y. , Liu, Z. , Guan, D. CO_2 emissions from China's lime industry [J]. Applied Energy, 2016, 166: 245-252.

Shan, Y. L. , Liu, J. H. , Liu, Z. , et al. New provincial CO_2 emission inventories in China based on apparent energy consumption data and updated emission factors [J]. Applied Energy, 2016, 184: 742-750.

Shao, L. , Guan, D. , Zhang, N. , et al. Carbon emissions from fossil fuel consumption of Beijing in 2012 [J]. Environmental Research Letters, 2016, 11: 114028.

Shao, S. , Yang, L. , Yu, M. Estimation, characteristics, and determinants of energy-related industrial CO_2 emissions in Shanghai (China), 1994-2009 [J]. Energy Policy, 2011, 39: 6476-6494.

Shen, L. , Gao, T. , Zhao, J. , et al. Factory level measurements on CO_2 emission factors of cement production in China [J]. Renewable and Sustainable Energy Reviews, 2014, 34: 337-349.

Song, D. , Su, M. , Yang, J. , et al. Greenhouse gas emission accounting and management of low-carbon community [J]. Scientific World-Journal, 2012: 613721.

Sugar, L., Kennedy, C., Leman, E. Greenhouse gas emissions from Chinese cities [J]. Journal of Industrial Ecology, 2012, 16: 552-563.

Su, Y., Chen, X., Li, Y., et al. China's 19 year city-level carbon emissions of energy consumptions, driving forces and regionalized mitigation guidelines [J]. Renewable and Sustainable Energy Reviews, 2014, 35: 231-243.

Svirejeva, H. A., Schellnhuber, H. J. Modeling carbon dynamics from urban land conversion: Fundamental model of city in relation to a local carbon cycle [J]. Carbon Balance and Management, 2006, 1: 129.

Svirejeva, H. A., Schellnhuber, H. J., Pomaz, V. L. Urbanized territories as a specific component of the global carbon cycle [J]. Ecological Modeling, 2004, 173 (2/3): 295-312.

Svirejeva, H. A., Schellnhuber, H. J. Urban expansion and its contribution to the regional carbon emissions: Using the model based on the population density distribution [J]. Ecological Modelling, 2008, 216 (2): 208-216.

Tsuyoshi, F. Eco-town projects/environmental industries in progress [R]. Ministry of Economy, Trade and Industry, 2006.

Twinn Chris. BedZED [J]. The ARUP Journal, 2003, 1: 10-16.

Vitousek, P. M., Mooney, H. A., Lubchenco, J., et al. Human domination of earth's ecosystems [J]. Science, 1997, 277 (25): 494-499.

Wang, A., Lin, B. Assessing CO_2 emissions in China's commercial sector: Determinants and reduction strategies [J]. Journal of Cleaner Production, 2017, 164: 1542-1552.

Wang, H., Zhang, R., Liu, M., et al. The carbon emissions of Chinese cities [J]. Atmospheric Chemistry and Physics, 2012, 12: 6197-6206.

Wang, J., Cai, B., Zhang, L., et al. High resolution carbon dioxide emission gridded data for China derived from point sources [J]. Environmental Science & Technology, 2014, 48: 7085-7093.

Wang, M., Cai, B. A two-level comparison of CO_2 emission data in China:

Evidence from three gridded data sources [J]. Journal of Cleaner Production, 2017, 148: 194-201.

Wang, S., Zhang, C. Spatial and temporal distribution of air pollutant emissions from open burning of crop residues in China [J]. Sciencepaper Online, 2008, 3: 329-333.

Wiedmann, T., Wood, R., Lenzen, M., Minx, J., Guan, D., Barrett, J. Development of an Embedded Carbon Emissions Indicator: Producing a Time Series of Input-Output Tables and Embedded Carbon Dioxide Emissions for the UK by Using a MRIO Data Optimisation System [R]. Research report to the Department for Environment, Food and Rural Affairs by Stockholm Environment Institute at the University of York and Centre for Integrated Sustainability Analysis at the University of Sydney. Defra, 2008.

Wolman, A. The metabolism of cities [J]. Scientific American Magazine, 1965, 213: 179-190.

Wu, J., Kang, Z.-Y., Zhang, N. Carbon emission reduction potentials underdifferent polices in Chinese cities: A scenario-based analysis [J]. Journal of Cleaner Production, 2017, 161: 1226-1236.

Wu, Y., Streets, D., Wang, S., et al. Uncertainties in estimating mercury emissions from coal-fired power plants in China [J]. Atmospheric Chemistry and Physics, 2010, 10: 2937-2946.

Xi, F., Geng, Y., Chen, X., et al. Contributing to local policy making on GHG emission reduction through inventorying and attribution: A case study of Shenyang, China [J]. Energy Policy, 2011, 39: 5999-6010.

Yu, S. W., Wei, Y. M., Wang, K. Provincial allocation of carbon emission reduction targets in China: An approach based on improved fuzzy cluster and Shapley value decomposition [J]. Energy Policy, 2014, 66: 630-644.

Yu, W., Pagani, R., Huang, L. CO_2 emission inventories for Chinese cities in highly urbanized areas compared with European cities [J]. Energy Policy, 2012, 47: 298-308.

Zhang, H., Sun, X., Wang, W. Study on the spatial and temporal differentiation and influencing factors of carbon emissions in Shandong province

[J]. Natural Hazards, 2017, 87: 973-988.

Zhang, Q., Streets, D. G., He, K., et al. NO$_x$ emission trends for China, 1995-2004: The view from the ground and the view from space [J]. Journal of Geophysical Research Atmospheres, 2007, 112.

Zhang, X. -P., Cheng, X. -M. Energy consumption, carbon emissions, and economic growth in China [J]. Ecological Economics, 2009, 68: 2706-2712.

Zhang, Y. -J., Bian, X. -J., Tan, W., etal. The indirect energy consumption and CO$_2$ emission caused by household consumption in China: An analysis based onthe input-output method [J]. Journal of Cleaner Production, 2017, 163: 69-83.

Zhang, Y. -J., Da, Y. -B. The decomposition of energy-related carbon emission and its decoupling with economic growth in China [J]. Renewable and Sustainable Energy Reviews, 2015, 41: 1255-1266.

Zhang, Y. -J., Liu, Z., Zhang, H., et al. The impact of economic growth, industrial structure and urbanization on carbon emission intensity in China [J]. Natural Hazards, 2014, 73: 579-595.

Zhao, Y., Nielsen, C. P., Lei, Y., et al. Quantifying the uncertainties of a bottom-up emission inventory of anthropogenic atmosphericpollutants in China [J]. Atmospheric Chemistry and Physics, 2011, 11: 2295-2308.

Zhao, Y., Wang, S., Duan, L., et al. Primary air pollutant emissions of coal-fired power plants in China: Current status and future prediction [J]. Atmospheric Environment, 2008, 42: 8442-8452.

Zhou, W., Zhu, B., Li, Q., et al. CO$_2$ emissions and mitigation potential in China's ammonia industry [J]. Energy Policy, 2010, 38: 3701-3709.

附 录

附录一　第3章相关表格

表1　温室气体核算标准比较

温室气体核算标准	发布年份	层面	发布者
《IPCC国家温室气体清单指南》	2006	国家	IPCC
《城市温室气体核算国际标准》	2014	城市	WRI、C40、ICLEI
温室气体核算体系			
企业核算与报告标准	2004	企业	
项目核算	2005	项目	
土地利用、土地利用变化及林业温室气体项目核算指南	2006	项目	WRI和WBCSD
电网连接电力项目的温室气体减排量化指南	2007	项目	
企业价值链（范围三）核算与报告标准	2011	企业	
产品寿命周期核算和报告标准	2011	产品	
ISO 14064			
《组织层次上对温室气体排放和清除的量化与报告的规范及指南》	2006	企业	
《项目层面的温室气体排放和移除的量化、监测与报告指南》	2006	项目	
《温室气体声明审定与核查的规范及指南》	2006		ISO
ISO 14040《环境管理生命周期评价原则与框架》	2006	产品	
ISO 14044《环境管理生命周期评价要求与指南》	2006	产品	
ISO 14067《产品碳足迹标准》	2013	产品	
ISO 14067-1 量化/计算			
ISO 14067-2 沟通/标识			
《PAS 2050规范》	2008	产品	BSI

表 2 排放因子数值获取途径

文献类别	出处	备注
IPCC 指南	IPCC 网站	提供普适性的缺省因子
IPCC 排放因子数据库（Emission Factors Data Base）	IPCC 网站	提供普适性缺省因子和各国实践工作中采用的数据
国际排放因子数据库：美国环境保护署（USEPA）	USEPA 网站	提供有用的缺省值或可用于交叉检验
EMEP/CORINAIR 排放清单指导手册	欧洲环境机构（EEA）网站	提供有用的缺省值或可用于交叉检验
来自经同行评议的国际或国内杂志的数据	国家参考图书馆、环境出版社、环境新闻杂志期刊	较为可靠和有针对性，但得性和时效性较差
其他具体的研究成果、普查、调查、测量和监测数据	大学等研究机构	需要检验数据的标准性和代表性

表 3 基于领土边界的碳排放核算方法对比

类别	优点	缺点	适用尺度	适用对象	应用现状
排放因子法	①简单明确，易于理解；②有成熟的核算公式和活动水平数据、排放因子数据库；③有大量应用实例作为参考	对排放系统自身发生变化时的处理能力较物料平衡法要差	宏观、中观、微观	社会经济排放源变化较为稳定，自然排放源不是很复杂或忽略其内部复杂性的情况	①广泛应用；②方法论的认识统一；③结论权威
物料平衡法	明确区分各类设施设备和自然排放源之间的差异	需要纳入考虑范围的排放的中间过程较多，容易出现系统误差，数据获取困难且不具权威性	宏观、中观	社会经济发展迅速，排放设备更换频繁，自然排放源复杂的情况	①刚刚兴起；②方法论认识尚不统一；③具体操作方法多；④结论需讨论
实测法	①中间环节少；②结果准确	数据获取相对困难，投入较大，受到样品采集与处理流程中涉及的样品代表性、测定精度等因素的干扰	微观	小区域、简单生产排链的温室气体排放源，或小区域、有能力获取一手监测数据的自然排放源	①应用历史较久；②方法缺陷最小但数据获取最难；③应用范围窄

附录二　第4章相关表格

表1　企业温室气体主要排放源

企业行业类别		范围一排放源	范围二排放源	范围三排放源
能源	能源生产	• 固定燃烧（用于电力、热力或蒸汽生产的锅炉和涡轮、燃油泵、燃料电池、火炬） • 移动燃烧（用于运输燃料的卡车、驳船和火车） • 无组织排放（传输与储存设施的 CH_4 泄漏，液化石油气储存设施的氢氟碳化物排放，传输与配送设备的 SF_6 排放）	• 固定燃烧（采购的电力、热力或蒸汽的消费）	• 固定燃烧（燃料开采和提取，用于精炼或处理燃料的能源） • 工艺排放（燃料生产，六氟化碳排放） • 移动燃烧（燃料/废物运输，雇员差旅，雇员通勤） • 无组织排放（垃圾填埋场、管道的 CH_4 和 CO_2、SF_6 排放）
	石油与天然气	• 固定燃烧（工艺加热器，引擎，涡轮，燃烧炉，焚烧器，氧化装置，电力、热力和蒸汽生产） • 工艺排放（工艺通风，设备通风、维护/修理活动，非例行活动） • 移动燃烧（运输原材料/产品/废弃物；企业所有的车辆） • 无组织排放（压力设备的泄漏，污水处理，地表蓄水）	• 固定燃烧（采购的电力、热力或蒸汽的消费）	• 固定燃烧（使用作为燃料的产品，为了生产采购原料的燃烧） • 移动燃烧（运输原材料/产品/废弃物，雇员差旅，雇员通勤，产品被用作燃料） • 工艺排放（使用作为给料的产品，或生产采购原料产生的排放） • 无组织排放（垃圾填埋场或采购原料的生产而排放的 CH_4 和 CO_2）
	煤炭开采	• 固定燃烧（CH_4 火炬或使用，使用炸药，矿井火灾） • 移动燃烧（采矿设备，煤炭运输） • 无组织排放（煤矿和煤堆的 CH_4 排放）	• 固定燃烧（采购的电力、热力或蒸汽的消费）	• 固定燃烧（使用作为燃料的产品） • 移动燃烧（运输煤炭/废弃物，雇员差旅，雇员通勤） • 工艺排放（气化）

续表

企业行业类别		范围一排放源	范围二排放源	范围三排放源
金属	铝	• 固定燃烧（从铝土矿到铝材加工，炼焦，使用石灰、苏打粉和燃料，现场热电联产装置） • 工艺排放（碳阳极氧化，电解，PFCs） • 移动燃烧（熔炼前后的运输，矿石搬运） • 能源作为原材料用途产生的排放（石油焦煅烧，阳极生产环节产生的二氧化碳排放，电解环节预焙阳极消耗导致的二氧化碳排放等）	• 固定燃烧（采购的电力、热力或蒸汽的消费）	• 固定燃烧（供应商的原料加工和焦炭生产，生产线机械的制造过程） • 移动燃烧（运输服务，差旅，雇员通勤） • 工艺排放（采购原料的生产过程） • 无组织排放（采矿和填埋场的 CH_4 和 CO_2，外包的工艺排放）
	钢铁	• 固定燃烧（焦炭、煤和碳酸盐助熔剂、锅炉、火炬） • 工艺排放（生铁氧化，消耗还原剂，生铁/铁合金的碳成分） • 移动燃烧（现场运输） • 无组织排放（CH_4、N_2O）	• 固定燃烧（采购的电力、热力或蒸汽的消费）	• 固定燃烧（采矿设备，采购原料的生产） • 工艺排放（生产铁合金） • 移动燃烧（运输原材料/产品/废弃物和中间产品） • 无组织排放（垃圾填埋场的 CH_4 和 CO_2）
化工	硝酸、氨、脂肪酸、尿素和石化产品	• 固定燃烧（锅炉，火炬，还原炉，燃烧塔反应器，蒸汽反应器） • 工艺排放（基质的氧化/还原，清除杂质，N_2O 副产品，催化裂化，个别工艺的多种其他排放） • 移动燃烧（运输原材料/产品/废弃物） • 无组织排放（使用氢氟碳化物，储存罐泄漏）	• 固定燃烧（采购的电力、热力或蒸汽的消费）	• 固定燃烧（生产采购的原材料，废弃物燃烧） • 工艺排放（生产采购的原材料） • 移动燃烧（运输原材料/产品/废弃物，雇员差旅，雇员通勤） • 无组织排放（垃圾填埋场和管道排放的 CH_4 和 CO_2）
非金属	水泥和石灰	• 工艺排放（石灰石煅烧） • 固定燃烧（熟料窑，生料干燥，生产电力） • 移动燃烧（采石场作业，现场运输）	• 固定燃烧（采购的电力、热力或蒸汽的消费）	• 固定燃烧（生产采购的原材料，废弃物焚烧） • 工艺排放（采购的熟料和石灰的生产） • 移动燃烧（运输原材料/产品/废弃物，雇员差旅，雇员通勤）

续表

企业行业类别		范围一排放源	范围二排放源	范围三排放源
非金属	水泥和石灰			• 无组织排放（矿场和填埋场的 CH_4 与 CO_2，外包的工艺排放）
纸浆和造纸	纸浆和造纸	• 固定燃烧（生产蒸汽和电力，石灰窑使用矿物燃料煅烧碳酸钙产生的排放，红外干燥器烘干产品使用的矿物燃料） • 移动燃烧（运输原材料、产品和废弃物，收获设备的作业） • 无组织排放（废弃物排放的 CH_4 和 CO_2）	• 固定燃烧（采购的电力、热力或蒸汽的消费）	• 固定燃烧（采购的原材料生产，废弃物燃烧） • 工艺排放（采购原料的生产） • 移动燃烧（运输原材料/产品/废弃物，雇员差旅，雇员通勤） • 无组织排放（填埋场排放的 CH_4 和 CO_2）
生产 HFC、$PFCs$、SF_6 和 HCFC-22	生产 HCFC-22	• 固定燃烧（生产电力、热力或蒸汽） • 工艺排放（排出 HFC） • 移动燃烧（运输原材料/产品/废弃物） • 无组织排放（使用 HFC）	• 固定燃烧（采购的电力、热力或蒸汽的消费）	• 固定燃烧（采购原材料的生产） • 工艺排放（采购原材料的生产） • 移动燃烧（运输原材料/产品/废弃物，雇员差旅，雇员通勤） • 无组织排放（使用产品时的无组织泄漏，垃圾填埋场的 CH_4 和 CO_2）
生产半导体	生产半导体	• 工艺排放（制造晶片使用的 C_2F_6、CH_4、CHF_3、SF_6、NF_3、C_3F_8、C_4F_8、N_2O，处理 C_2F_6 和 C_3F_8 产生的 CF_4） • 固定燃烧（挥发性有机废弃物的氧化，生产电力、热力或蒸汽） • 无组织排放（储存的工艺用气泄漏，容器残留/倾倒泄漏） • 移动燃烧（运输原材料/产品/废弃物）	• 固定燃烧（采购的电力、热力或蒸汽的消费）	• 固定燃烧（购入原材料的生产，垃圾焚烧，采购电力的上游输配损耗） • 工艺排放（采购原料的生产，退回的工艺用气和容器残留/倾倒泄漏的外包处置） • 移动燃烧（运输原材料/产品/废弃物，雇员差旅，雇员通勤） • 无组织排放（填埋场排放的 CH_4 和 CO_2，下游工艺用气的容器残留/倾倒泄漏）

企业行业类别		范围一排放源	范围二排放源	范围三排放源
废弃物	填埋场，垃圾焚烧，水处理	• 固定燃烧（焚烧装置，锅炉，火炬） • 工艺排放（污水处理，氮的负荷） • 无组织排放（废弃物和动物制品分解排放的 CH_4 和 CO_2） • 移动燃烧（运输废弃物/产品）	• 固定燃烧（采购的电力、热力或蒸汽的消费）	• 固定燃烧（回收用作燃烧的废弃物） • 工艺排放（回收用作给料的废弃物） • 移动燃烧（运输废弃物／产品，雇员差旅，雇员通勤）
其他行业企业	服务业/基于办公室工作的机构	• 固定燃烧（生产电力、热力或蒸汽） • 移动燃烧（运输原材料／废弃物） • 无组织排放（主要是使用冷藏和空调设备产生的 HFC）	• 固定燃烧（采购的电力、热力或蒸汽的消费）	• 固定燃烧（生产采购的原材料） • 工艺排放（生产采购的原材料） • 移动燃烧（运输原材料／产品／废弃物，雇员差旅，雇员通勤）

资料来源：IPCC《温室气体核算体系：企业核算与报告标准》（修订版）。

附录三　第 5 章相关表格

表 1　相关燃料低位发热值和固定设施 CO_2 排放因子

燃料种类	低位发热值（MJ/kg）《综合能耗计算通则》	排放因子（$kgCO_2$/TJ）《省级温室气体清单编制指南（试行）》
无烟煤（NCV>23.865kJ/kg，固定碳>90%）	20.908	100467
烟煤（沥青煤 NCV>23.865kJ/kg）	20.908	95700
烟煤（次沥青煤 17.435kJ/kg<NCV<23.865kJ/kg）	20.908	95700
褐煤（NCV<17.435kJ/kg）	20.908	102667
焦炭	28.435	108167
原油	41.816	73700
燃料油	41.816	77367
汽油	43.07	69300
柴油	42.652	74067
喷气煤油	43.07	71500
一般煤油	43.07	71867

续表

燃料种类	低位发热值 （MJ/kg） 《综合能耗 计算通则》	排放因子 （kgCO$_2$/TJ） 《省级温室气体清单 编制指南（试行）》
液化石油气	50.179	63067
炼厂干气	46.055	66733
天然气	38.931	56100
焦炉煤气	16.72~17.98	49793
燃料种类	IPCC 2006	《省级温室气体清单 编制指南（试行）》
石脑油（石油精）	44.5	73333
沥青	40.2	80667
润滑油	40.2	73333
石油焦	32.5	100833
石化原料油	40.2	73333
其他油品	40.2	73333
炼焦煤	28.2	93133
型煤（棕色煤压块）	20.7	123200
液化天然气	44.2	63067

表2　固定设施的碳氧化率

种类		碳氧化率（%）
油品（原油、燃料油、柴油、煤油等）		98
气体燃料（焦炉煤气、LPG、炼厂干气、天然气及其他气体）		99
燃煤	发电锅炉	98
	工业自备电厂锅炉	95
	燃煤工业锅炉	85
	钢铁高炉	90
	合成氨造气炉	90~96
	水泥窑	99
	居民生活、农业无烟煤锅炉	90
	居民生活、农业烟煤锅炉	83

表3　移动源排放因子

燃料种类	排放因子（kgCO$_2$/TJ）
汽油	73000

续表

燃料种类	排放因子（kgCO$_2$/TJ）
柴油	74800
液化天然气	58300
压缩天然气	58300

表 4　生物质燃料燃烧的 CH$_4$ 和 N$_2$O 排放因子（g/kg 燃料）

生物质种类	CH$_4$				N$_2$O
	省柴灶	传统灶	火盆火锅等	牧区灶具	
秸秆	5.2	2.8			0.13
薪柴	2.7	2.4			0.08
木炭			6.0		0.03
动物粪便				3.6	0.05

表 5　2012 年我国区域电网单位供电平均 CO$_2$ 排放

电网名称	覆盖省区市	二氧化碳排放（kg CO$_2$/kW·h）
华北区域	北京、天津、河北、山西、山东、内蒙古西部地区	0.8843
东北区域	辽宁、吉林、黑龙江、内蒙古东部地区	0.7769
华东区域	上海、江苏、浙江、安徽、福建	0.7035
华中区域	河南、湖北、湖南、江西、四川、重庆	0.5257
西北区域	陕西、甘肃、青海、宁夏、新疆	0.6671
南方区域	广东、广西、云南、贵州、海南	0.5271

表 6　各种垃圾的类别、含量及 LCA 产甲烷潜力

垃圾类别	含量（%）	LCA 产甲烷潜力（m^3/t）
木竹	1.884	40
纸类	16.55	85
厨余	45.05	70
纺织	4.66	50
公园垃圾	0.31	110
塑料	19.4	70
橡胶	0	95
灰土	3.72	0
金属	1.55	0
玻璃	3.67	0
陶瓷	3.05	0
其他有机物	0.16	0

表 7　分部门、分燃料品种化石燃料单位热值含碳量

单位：吨碳/TJ

部门		无烟煤	烟煤	褐煤	洗精煤	其他洗煤	型煤	焦炭	原油	燃料油	汽油	柴油	喷气煤油	一般煤油	NGL	LPG	炼厂干气	其他石油制品	天然气	焦炉煤气	其他
能源加工转换	煤炭开采加工		25.77	28.07	25.41	25.41	·	29.42	20.08	21.10	18.90	20.20									12.20
	油气开采加工	27.34	27.02	28.53	25.41	25.41		29.42	20.08	21.10	18.90	20.20			17.20		18.20	20.00	15.32	13.58	12.20
	公共电力与热力	27.49	26.18	27.97	25.41	25.41	33.56	29.42	20.08	21.10	18.90	20.20					18.20	20.00	15.32	13.58	12.20
	炼焦、煤制气等		25.77		25.41	25.41		29.42	20.08							17.20	18.20	20.00	15.32	13.58	12.20
工业	钢铁	27.40	25.80	27.07	25.41	25.41	33.56	29.42	20.08	21.10	18.90	20.20					18.20	20.00	15.32	13.58	12.20
	有色	26.80	26.59	28.22	25.41	25.41	33.56	29.42	20.08	21.10	18.90	20.20					18.20	20.00	15.32	13.58	12.20
	化工	27.65	25.77	28.15	25.41	25.41	33.56	29.42	20.08	21.10	18.90	20.20					18.20	20.00	15.32	13.58	12.20
	建材	27.29	26.24	28.05	25.41	25.41	33.56	29.42	20.08	21.10	18.90	20.20					18.20	20.00	15.32	13.58	12.20
	建筑		25.77		25.41	25.41		29.42	20.08	21.10	18.90	20.20					18.20	20.00	15.32	13.58	12.20
	其他		25.77		25.41	25.41	33.56	29.42	20.08	21.10	18.90	20.20		19.60		17.20	18.20	20.00	15.32	13.58	12.20
交通运输	公路										18.90	20.20					18.20				
	铁路											20.20									
	水运									20.10		20.20							15.32		
	航空												19.50								

续表

部门	无烟煤	烟煤	褐煤	洗精煤	其他洗煤	型煤	焦炭	原油	燃料油	汽油	柴油	喷气煤油	一般煤油	NGL	LPG	炼厂干气	其他石油制品	天然气	焦炉煤气	其他
农业		25.77			25.41		29.42		21.10	18.90	20.20		19.60					15.32		
居民生活	26.97	25.77			25.41	33.56	29.42			18.90	20.20		19.60		17.20	18.20		15.32	13.58	12.20
服务业	26.97	25.77			25.41	33.56	29.42		21.10	18.90	20.20		19.60		17.20	18.20		15.32	13.58	12.20

附录四　第7章相关表格

表1　工业废水处理 CH_4 排放活动水平数据汇总

行业	COD 排放总量	COD 处理量	以污泥方式清除掉的 COD 量
各行业直接排入海的工业废水			
煤炭开采和洗选业			
黑色金属矿采选业			
有色金属矿采选业			
非金属矿采选业			
其他采矿业			
非金属矿物制品业			
黑色金属冶炼及压延加工业			
有色金属冶炼及压延加工业			
金属制品业			
通用设备制造业			
专用设备制造业			
交通运输设备制造业			
电器机械及器材制造业			
通信计算机及其他电子设备制造业			
仪器仪表及文化办公用机械制造业			
电力、热力的生产和供应业			
燃气生产和供应业			
木材加工及木竹藤棕草制品业			
家具制造业			
废弃资源和废旧材料回收加工业			
石油和天然气开采业			
烟草制造业			
纺织服装、鞋、帽制造业			

续表

行业	COD 排放总量	COD 处理量	以污泥方式清除掉的 COD 量
印刷业和记录媒介的复制			
文教体育用品制造业			
石油加工、炼焦及核燃料加工业			
橡胶制品业			
塑料制品业			
工艺品及其他制造业			
水的生产和供应业			
纺织业			
皮革、毛皮、羽毛（绒）及其制造业			
其他行业			
饮料制造业			
化学原料及化学制品制造业			
化学纤维制造业			
造纸及纸制品业			
医药制造业			
农副食品加工业			
食品制造业（包括酒业生产）			

注：该汇总数据可以和环保统计数据进行交叉验证。

表 2 各行业工业废水的 MCF 推荐值

行业	MCF 推荐值	MCF 范围
各行业直接排入海的工业废水	0.1	0.1
煤炭开采和洗选业	0.1	0~0.2
黑色金属矿采选业		
有色金属矿采选业		
非金属矿采选业		
其他采矿业		
非金属矿物制品业		
黑色金属冶炼及压延加工业		
有色金属冶炼及压延加工业		

行业	MCF 推荐值	MCF 范围
金属制品业	0.1	0~0.2
通用设备制造业		
专用设备制造业		
交通运输设备制造业		
电器机械及器材制造业		
通信计算机及其他电子设备制造业		
仪器仪表及文化办公用机械制造业		
电力、热力的生产和供应业		
燃气生产和供应业		
木材加工及木竹藤棕草制品业		
家具制造业		
废弃资源和废旧材料回收加工业		
石油和天然气开采业	0.3	0.2~0.4
烟草制造业		
纺织服装、鞋、帽制造业		
印刷业和记录媒介的复制		
文教体育用品制造业		
石油加工、炼焦及核燃料加工业		
橡胶制品业		
塑料制品业		
工艺品及其他制造业		
水的生产和供应业		
纺织业		
皮革、毛皮、羽毛.(绒) 及其制造业		
其他行业		
饮料制造业	0.5	0.4~0.6
化学原料及化学制品制造业		
化学纤维制造业		
造纸及纸制品业		
医药制造业		
农副食品加工业	0.7	0.6~0.8
食品制造业（包括酒业生产）		

表 3　生活污水各处理系统的修正因子推荐值

处理和排放途径或系统的类型	备注	MCF	范围
未处理的系统			
海洋、河流或湖泊排放	有机物含量高的河流会变成厌氧的	0.1	0~0.2
不流动的下水道	露天而温和	0.5	0.4~0.8
流动的下水道（或露天）	快速移动。清洁源自抽水站的少量 CH_4	0	0
已处理的系统			
集中耗氧处理厂	必须管理完善，一些 CH_4 会从沉积池和其他料袋排放出来	0	0~0.1
集中耗氧处理厂	管理不完善，过载	0.3	0.2~0.4
污泥的厌氧净化槽	此处未考虑 CH_4 回收	0.8	0.8~1.0
厌氧反应堆	此处未考虑 CH_4 回收	0.8	0.8~1.0
浅厌氧化粪池	若深度不足 2 米，使用专家判断	0.2	0~0.3
深厌氧化粪池	深度超过 2 米	0.8	0.8~1.0

附录五　第 10 章相关表格

表 1　服务业能源统计

20　　年 1—　　季

表　　　号：
制定机关：
批准文号：

组织机构代码□□□□□□□□-□
单位详细名称：

有效期至：　　　　　　　年　　月

指标名称	计量单位	代码	1-本月			上年同期		
			消费量合计	运输工具用	消费金额（千元）	消费量合计	运输工具用	消费金额（千元）
甲	乙	丙	1	2	3	4	5	6
煤炭	吨	02		—	—		—	—
焦炭	吨	03		—	—		—	—
管道煤气	立方米	04		—	—		—	—
天然气	立方米	05						

续表

指标名称	计量单位	代码	1-本月			上年同期		
			消费量合计	运输工具用	消费金额（千元）	消费量合计	运输工具用	消费金额（千元）
甲	乙	丙	1	2	3	4	5	6
汽油	升	07						
煤油	千克	08						
柴油	升	09						
燃料油	千克	10						
液化石油气	千克	06						
其他石油制品	千克	50						
1. 润滑油	千克	26						
2. 石蜡	千克	27		—			—	
3. 其他	千克	31						
热力	百万千焦	11		—			—	
电力	千瓦时（度）	01						
水	立方米	80					—	
1. 自来水	立方米	81		—			—	
2. 其他水	立方米	82		—			—	

补充资料：

1. 本期：建筑面积（58）平方米；

2. 上年同期：建筑面积（59）平方米。

单位负责人：　　统计负责人：　　填表人：　　联系电话：　　报出日期：20　年　月　日

注：1. 补充资料中"建筑面积"的口径包含企业办公区域和营业场所的面积。

　　2. 本表指标除补充资料外均保留两位小数。

　　3. 本表中"上年同期"数据由市统计局从上年同期有关报表中复制，调查单位不用重复填报，但可以修改（未复制数据的由调查单位填报）。

　　4. 油品重量单位与容积单位的换算关系：

　　（1）汽油：1 升 = 0.73 千克 = 0.00073 吨；

　　（2）轻柴油：1 升 = 0.86 千克 = 0.00086 吨；

　　（3）重柴油：1 升 = 0.92 千克 = 0.00092 吨；

　　（4）煤油：1 升 = 0.82 千克 = 0.00082 吨；

　　（5）燃料油：1 升 = 0.91 千克 = 0.0009 吨。

　　5. 主要能源品种单位换算系数：

电力：千瓦时 = 度；残渣燃料油 1 升 = 0.95 千克；

液化石油气：1 立方米（气态）= 2.033 千克（液态）；

天然气：1 立方米气态天然气 = 0.7256 千克液化天然气；

液化石油气：1 大罐（餐饮业用）= 50 千克，1 中罐（家庭用）= 15 千克，1 小罐（餐饮业用）= 5 千克。

表 2　建筑业能源统计

20　年 1— 　季

表　　号：
制定机关：
批准文号：
有效期至：　　　　　　年　　月

组织机构代码□□□□□□□□-□

单位详细名称：

指标名称	计量单位	代码	1-本月			上年同期		
			消费量合计	运输工具用	消费金额（千元）	消费量合计	运输工具用	消费金额（千元）
甲	乙	丙	1	2	3	4	5	6
煤炭	吨	02		—			—	
焦炭	吨	03		—			—	
管道煤气	立方米	04		—			—	
天然气	立方米	05						
汽油	升	07						
煤油	千克	08						
柴油	升	09						
燃料油	千克	10						
液化石油气	千克	06						
其他石油制品	千克	50						
1. 润滑油	千克	26						
2. 石油沥青	千克	30		—			—	
3. 其他	千克	31						
热力	百万千焦	11		—			—	
电力	千瓦时（度）	01						
水	立方米	80		—			—	
1. 自来水	立方米	81						
2. 其他水	立方米	82						

单位负责人：　　统计负责人：　　填表人：　　联系电话：　　报出日期：20　年　月　日

注：1. 本表指标均保留两位小数。

2. 本表中"上年同期"数据由市统计局从上年同期有关报表中复制，调查单位不用重复填报，但可以修改（未复制数据的由调查单位填报）。

3. 油品重量单位与容积单位的换算关系：

（1）汽油：1 升 = 0.73 千克 = 0.00073 吨；

（2）轻柴油：1 升 = 0.86 千克 = 0.00086 吨；

（3）重柴油：1 升 = 0.92 千克 = 0.00092 吨；

（4）煤油：1 升 = 0.82 千克 = 0.00082 吨；

（5）燃料油：1 升 = 0.91 千克 = 0.0009 吨。

4. 主要能源品种单位换算系数：

电力：千瓦时 = 度；残渣燃料油 1 升 = 0.95 千克；

液化石油气：1 立方米（气态）= 2.033 千克（液态）；

天然气：1 立方米气态天然气 = 0.7256 千克液化天然气；

液化石油气：1 大罐（餐饮业用）= 50 千克，1 中罐（家庭用）= 15 千克，1 小罐（餐饮业用）= 5 千克。

表 3　公共机构能源统计

20　　年 1—　　季

表　　号：

制定机关：

组织机构代码□□□□□□□□-□　　批准文号：

单位详细名称：　　有效期至：　　　　年　月

名称	计量单位	代码	1-本月			上年同期		
			消费量合计	运输工具用	消费金额（千元）	消费量合计	运输工具用	消费金额（千元）
甲	乙	丙	1	2	3	4	5	6
煤炭	吨	02		—			—	
焦炭	吨	03		—			—	
管道煤气	立方米	04		—			—	
天然气	立方米	05						
汽油	升	07						
煤油	千克	08						
柴油	升	09						
燃料油	千克	10						
液化石油气	千克	06						
其他石油制品	千克	50						
1. 润滑油	千克	26						
2. 石蜡	千克	27		—			—	

续表

名称	计量单位	代码	1-本月			上年同期		
			消费量合计	运输工具用	消费金额（千元）	消费量合计	运输工具用	消费金额（千元）
3. 其他	千克	31						
热力	百万千焦	11	—			—		
电力	千瓦时（度）	01						
水	立方米	80	—			—		
1. 自来水	立方米	81						
2. 其他水	立方米	82	—			—		

补充资料： 限教育系统法人单位填报 1. 本期： 在校生数（60），人； 建筑面积（61），平方米。 2. 上年同期： 在校生数（62），人； 建筑面积（63），平方米。	限卫生系统法人单位填报 1. 本期：建筑面积（64），平方米； 2. 上年同期：建筑面积（65），平方米。	限党政机关及其他公共机构（除教育、卫生系统公共机构外）单位填报 1. 本期：建筑面积（65），平方米； 2. 上年同期：建筑面积（66），平方米。

单位负责人：　　统计负责人：　　填表人：　　联系电话：　　报出日期：20　年　月　日

注：1. 本表指标除补充资料外均保留两位小数。

　　2. 本表中"上年同期"数据由市统计局从上年同期有关报表中复制，调查单位不用重复填报，但可以修改（未复制数据的由调查单位填报）。

　　3. 油品重量单位与容积单位的换算关系：

　　（1）汽　油：1 升＝0.73 千克＝0.00073 吨；

　　（2）轻柴油：1 升＝0.86 千克＝0.00086 吨；

　　（3）重柴油：1 升＝0.92 千克＝0.00092 吨；

　　（4）煤　油：1 升＝0.82 千克＝0.00082 吨；

　　（5）燃料油：1 升＝0.91 千克＝0.0009 吨。

　　4. 主要能源品种单位换算系数：

　　电力：千瓦时＝度；残渣燃料油 1 升＝0.95 千克；

　　液化石油气：1 立方米（气态）＝2.033 千克（液态）；

　　天然气：1 立方米气态天然气＝0.7256 千克液化天然气；

　　液化石油气：1 大罐（餐饮业用）＝50 千克，1 中罐（家庭用）＝15 千克，1 小罐（餐饮业用）＝5 千克。

表4 非工业企业单位业务量能源统计

20 年1— 季

表 号：
制定机关：
批准文号：

组织机构代码□□□□□□□□-□
单位详细名称：

有效期至： 年 月

名称	计量单位			代码	本期			上年同期		
	指标单位	母项单位	子项单位		指标值	母项值	子项值	指标值	母项值	子项值
甲	乙	丙	丁	戊	1	2	3	4	5	6

单位负责人： 统计负责人： 填表人： 联系电话： 报出日期：20 年 月 日

注：1. 本表指标均保留两位小数。

2. 本表中"上年同期"数据由市统计局从上年同期有关报表中复制，调查单位不用重复填报，但可以修改（未复制数据的由调查单位填报）。

3. 本表甲栏按"主要耗能非工业企业单位业务量能源消耗情况目录"填报。

4. 审核关系：指标值＝子项值/母项值×单位换算系数。

表5 主要耗能非工业企业单位业务量能源消耗情况目录

代码	指标名称	填报范围/行业	计量单位			计算根据	
			指标	子项	母项	子项	母项
1003	单位建筑面积建筑能耗	货币金融服务（66）、资本市场服务（67）、房地产开发（701）、租赁（71）、商务服务（72）、研究和试验发展（73）、专业技术服务（74）、科技推广和应用服务（75）、居民服务（79）、修理（80）、其他服务（81）、文化艺术（87）、体育（88）以及公共管理、社会保障和社会组织（S）	千克标准煤/米^2	吨标准煤	平方米	建筑能耗	建筑面积

代码	指标名称	填报范围/行业	计量单位			计算根据	
			指标	子项	母项	子项	母项
1004	单位供暖面积能耗	有对外供暖业务的法人单位	千克标准煤/米²	吨标准煤	平方米	运营能耗	供暖面积
1006	单位房屋施工量能耗	房屋建筑业（47）、土木工程建筑业（48）	千克标准煤/米²	吨标准煤	平方米	生产能耗	房屋施工量
1007	单位铁路施工量能耗		吨标准煤/公里	吨标准煤	公里	生产能耗	铁路施工量
1008	单位公路施工量能耗		吨标准煤/公里	吨标准煤	公里	生产能耗	公路施工量
1009	单位隧道施工量能耗		吨标准煤/公里	吨标准煤	公里	生产能耗	隧道施工量
1010	单位桥梁施工量能耗		吨标准煤/公里	吨标准煤	公里	生产能耗	桥梁施工量
1029	单位地铁施工量能耗		吨标准煤/公里	吨标准煤	公里	生产能耗	地铁施工量
1011	单位营业平方米天数能耗	零售业（52）、餐饮业（62）	千克标准煤/平方米天	吨标准煤	平方米天	综合能耗	营业平方米天数
1012	单位换算周转量能耗	铁路运输（53）、航空运输（56）	吨标准煤/万吨公里	吨标准煤	万吨公里	运营能耗	换算周转量
1013	单位运输总周转量耗航油	航空运输（56）	千克/吨公里	吨	万吨公里	航油消费量	运输总周转量
1014	单位客运量能耗	公共电汽车客运（5411）、城市轨道交通（5412）	吨标准煤/万人次	吨标准煤	万人次	运营能耗	客运量
1015	单位旅客周转量能耗	公路旅客运输（542）	吨标准煤/万人公里	吨标准煤	万人公里	运营能耗	旅客周转量

代码	指标名称	填报范围/行业	计量单位			计算根据	
			指标	子项	母项	子项	母项
1016	单位货物周转量能耗	道路货物运输（543）、运输代理（582）、水上货物运输（552）、管道运输（57）	吨标准煤/万吨公里	吨标准煤	万吨公里	运营能耗	货物周转量
1017	单位邮政业务总量能耗	邮政（60）	千克标准煤/万元	吨标准煤	千元	运营能耗	邮政业务总量
1018	单位接待住宿者人天数能耗	住宿（61）	千克标准煤/人天	吨标准煤	人天	综合能耗	接待住宿者人天数
1019	单位电信业务总量能耗	电信服务（631）	千克标准煤/万元	吨标准煤	千元	综合能耗	电信业务总量
1020	单位营业收入电耗	货币金融服务（66）	千瓦时/万元	万千瓦时	千元	电力消费量	营业收入
1021	单位抽水量能耗	水利管理（76）	千克标准煤/米^3	吨标准煤	万立方米	运营能耗	抽水量
1022	单位垃圾清运量能耗	公共设施管理（78）	千克标准煤/吨	吨标准煤	万吨	运营能耗	垃圾清运量
1023	单位垃圾处理量能耗	公共设施管理（78）	千克标准煤/吨	吨标准煤	万吨	运营能耗	垃圾处理量
1024	单位道路作业面积能耗	公共设施管理（78）	千克标准煤/米^2	吨标准煤	万平方米	运营能耗	道路作业面积
1025	单位用能人数能耗	教育（82）、卫生（83）、文化艺术（87）	千克标准煤/人	吨标准煤	人	综合能耗	平均用能人数
1026	单位公共电视节目播出时间能耗	广播、电视、电影和影视录音制作（86）	千克标准煤/时	吨标准煤	时	综合能耗	公共电视节目播出时间

附录六　第 11 章相关表格

表 1　稻田活动水平统计一览

表　　号：

制定机关：

文　　号：

有效期至：

指标名称	计量单位	代码	本年
甲	乙	丙	
单季稻种植面积	公顷	A1	
单季稻+旱休闲	公顷	A2	
单季稻+冬小麦	公顷	A3	
单季稻+冬油菜	公顷	A4	
单季稻+绿肥	公顷	A5	
单季稻+其他	公顷	A6	
双季早稻种植面积	公顷	A7	
双季晚稻种植面积	公顷	A8	
双季稻+旱休闲/绿肥	公顷	A9	
双季稻+旱作	公顷	A10	
双季稻+其他	公顷	A11	
单季稻产量	吨	A12	
双季早稻产量	吨	A13	
双季晚稻产量	吨	A14	
施肥量（N）	千克/公顷	A15	
有机物料投入量	千克/公顷	A16	

单位负责人：　　　　　　填表人：　　　　　　报出日期：　20　　年　　月　　日

注：1. 本表由农业部门负责报送；

　　2. 本表报送频率为年报。

表 2　稻田甲烷排放因子参数一览

表　　号：
制定机关：
文　　号：
有效期至：

指标名称	代码	播种面积（公顷）	产量（吨）	秸秆还田量（吨/公顷）或者秸秆还田率（%）	农家肥施用量（吨/公顷）	移栽日期	收获日期	土壤类型	土壤砂粒含量（%）	灌溉模式	逐日气温
甲	乙	1	2	3	4	5	6	7	8	9	10
单季稻+早休闲	A1										
单季稻+冬小麦	A2										
单季稻+冬油菜	A3										
单季稻+绿肥	A4										
单季稻+其他	A5										
双季稻+早休闲/绿肥	A6										
双季稻+旱作	A7										
双季稻+其他	A8										

单位负责人：　　　　　　　填表人：　　　　　　　报出日期：20　　年　　月　　日

注：1. 灌溉类型主要有淹水—烤田—淹水—间歇灌溉、淹水—烤田—间歇灌溉、淹水、间歇灌溉五种；
　　2. 水稻品种系数默认为 1.0；
　　3. 土壤砂粒含量利用全国第二次土壤普查的剖面数据表示；
　　4. 逐日气温从有关统计部门表获取；
　　5. 稻田甲烷排放因子采用 CH_4 MOD 模型估算。

表3　不同区域农用地氧化亚氮直接排放因子推荐值

区域	氧化亚氮直接排放因子 （千克 N₂O-N／千克 N 输入量）	范围
Ⅰ区（内蒙古、新疆、甘肃、青海、西藏、陕西、山西、宁夏）	0.0056	0.0015～0.0085
Ⅱ区（黑龙江、吉林、辽宁）	0.0114	0.0021～0.0258
Ⅲ区（北京、天津、河北、河南、山东）	0.0057	0.0014～0.0081
Ⅳ区（浙江、上海、江苏、安徽、江西、湖南、湖北、四川、重庆）	0.0109	0.0026～0.022
Ⅴ区（广东、广西、海南、福建）	0.0178	0.0046～0.0228
Ⅵ区（云南、贵州）	0.0106	0.0025～0.0218

表4　主要农作物参数

农作物	干重比	籽粒含氮量	秸秆含氮量	经济系数	根冠比
水稻	0.855	0.01	0.00753	0.489	0.125
小麦	0.87	0.014	0.00516	0.434	0.166
玉米	0.86	0.017	0.0058	0.438	0.17
高粱	0.87	0.017	0.0073	0.393	0.185
谷子	0.83	0.007	0.0085	0.385	0.166
其他谷类	0.83	0.014	0.0056	0.455	0.166
大豆	0.86	0.06	0.0181	0.425	0.13
其他豆类	0.82	0.05	0.022	0.385	0.13
油菜籽	0.82	0.00548	0.00548	0.271	0.15
花生	0.9	0.05	0.0182	0.556	0.2
芝麻	0.9	0.05	0.0131	0.417	0.2
籽棉	0.83	0.00548	0.00548	0.383	0.2
甜菜	0.4	0.004	0.00507	0.667	0.05
甘蔗	0.32	0.004	0.83	0.75	0.26
麻类	0.83	0.0131	0.0131	0.83	0.2
薯类	0.45	0.004	0.011	0.667	0.05
蔬菜类	0.15	0.008	0.008	0.83	0.25
烟叶	0.83	0.041	0.0144	0.83	0.2

表 5　牲畜活动水平情况

表　号：
制定机关：
文　号：
有效期至：

指标名称	计量单位	代码	奶牛	非奶牛	水牛	绵羊	山羊	猪	鸡	鸭	鹅	马	驴/骡	骆驼
甲	乙	丙	1	2	3	4	5	6	7	8	9	10	11	12
规模化养殖年末存栏数	头	A1												
农户散养年末存栏数	头	A2												
放牧饲养年末存栏数	头	A3												

注：1. 规模化养殖年末存栏数为具有一定规模、养殖数量超过一定数额的年末（12月31日）实有数；农户散养年末存栏数为以农户为单位、分散饲养养殖年末（12月31日）实有数；
2. 规模化养殖水平：生猪年出栏50头以上，肉牛年出栏5头以上，奶牛年存栏5头以上，山羊/绵羊年出栏30只以上，家禽存笼500只以上，马、驴/骡和骆驼年出栏5头以上；
3. 非奶牛指所有牛的总数减去奶牛与水牛数。

表6 动物肠道发酵 CH₄ 排放因子

单位：千克／（头·年）

饲养方式	奶牛	非奶牛	水牛	绵羊	山羊	猪	马	驴/骡	骆驼
规模化养殖	88.1	52.9	70.5	8.2	8.9				
农户散养	89.3	67.9	87.7	8.7	9.4	1	18	10	46
放牧饲养	99.3	85.3	—	7.5	6.7				

资料来源：《省级温室气体清单编制指南（试行）》。

表7 计算维持净能的系数

家畜类别	Cf_i [MJ/（日·kg）]	评论
家牛/水牛（非泌乳母牛）	0.322	
家牛/水牛（泌乳母牛）	0.386	对于泌乳期的维持净能，该值增加20%
家牛/水牛（公牛）	0.370	对于未阉割公牛，该值增加15%
绵羊（从羊羔到1岁）	0.236	对于未阉割公羊，该值增加15%
绵羊（大约1岁）	0.217	对于未阉割公羊，该值增加15%

资料来源：肉牛营养需要新体系（1996年）、香港会计及财务汇报局和《IPCC 2006指南》。

表8 对应家畜饲养方式的活动系数

方式	C_a
家牛和水牛（C_a 的单位为无量纲）	
栏养	0.00
牧场放养	0.17
自由放牧	0.36
绵羊 [C_a 的单位为 MJ/（日·kg）]	
舍饲母羊	0.0090
平原放牧	0.0107
丘陵放牧	0.0240
舍饲育肥羔羊	0.0067

资料来源：肉牛营养需要新体系（1996年）、香港会计及财务汇报局和《IPCC 2006指南》。

表9 绵羊 NE_g 计算中所用的常数

家畜种类	a（MJ/kg）	b（MJ/kg²）
未阉割公羊	2.5	0.35
阉割公羊	4.4	0.32

续表

家畜种类	a（MJ/kg）	b（MJ/kg^2）
母羊	2.1	0.45

资料来源：香港会计及财务汇报局、《IPCC 2006 指南》。

表 10　妊娠系数

家畜类别	C_{pre}
家牛和水牛	0.10
绵羊	
单胎	0.077
双胎（双胞）	0.126
三胎或以上（三胞）	0.150

资料来源：肉牛营养需要新体系（1996 年）、香港会计及财务汇报局和《IPCC 2006 指南》。

表 11　奶牛、非奶牛、水牛甲烷转化率

种类	Y_m
育肥牛[a]	0.04±0.005
其他牛	0.06±0.005
奶母牛（非水牛和水牛）和它们的幼崽	0.06±0.005
主要饲喂低质量作物残余和副产品的其他非牛和水牛	0.07±0.005
放牧牛和水牛	0.06±0.005

注：a 饲喂的日粮中 90% 以上为浓缩料；±值表示范围。
资料来源：《IPCC 2006 指南》。

表 12　羊甲烷转化率

类别	日粮消化率小于 65%	日粮消化率大于 65%
羔羊（小于 1 岁）	0.06±0.005	0.05±0.005
成年羊	0.07	0.07

注：±值表示范围。
资料来源：《IPCC 2006 指南》。

表 13 奶牛生产特性参数

表 号：
制定机关：
文 号：
有效期至：

综合机关名称：

指标名称	代码	饲料消化率（%）	平均日增重（kg）	成年体重（kg）	平均体重（kg）	每日劳动时间（h）	奶脂肪含量（%）	平均日产奶量（kg）
甲	乙	1	2	3	4	5	6	7
规模化养殖								
断奶养育/犊牛	01							
育成/青年期	02							
成年/产奶牛	03							
农户散养								
断奶养育/犊牛	04							
育成/青年期	05							
成年/产奶牛	06							
放牧饲养								
断奶养育/犊牛	07							
育成/青年期	08							
成年/产奶牛	09							

单位负责人： 填表人： 报出日期：20 年 月 日

注：1. 本表由农业部门负责报送；

2. 本表报送频率为五年报；

3. 本表估算奶牛排放因子采用《IPCC 2006 指南》推荐方法二；

4. 饲料消化率为饲料质量与排泄粪便的差值与饲料质量的百分比，下同。

表 14 非奶牛生产特性参数

表 号：
制定机关：
文 号：
有效期至：

综合机关名称：

指标名称	代码	饲料消化率（%）	平均日增重（kg）	成年体重（kg）	平均体重（kg）	每日劳动时间（h）	奶脂肪含量（%）	平均日产奶量（kg）
甲	乙	1	2	3	4	5	6	7
规模化养殖								

指标名称	代码	饲料消化率（%）	平均日增重（kg）	成年体重（kg）	平均体重（kg）	每日劳动时间（h）	奶脂肪含量（%）	平均日产奶量（kg）
甲	乙	1	2	3	4	5	6	7
断奶养育/犊牛	01							
育成/青年期	02							
成年/产奶牛	03							
农户散养								
断奶养育/犊牛	04							
育成/青年期	05							
成年/产奶牛	06							
放牧饲养								
断奶养育/犊牛	07							
育成/青年期	08							
成年/产奶牛	09							

单位负责人： 　　　　　填表人： 　　　　报出日期： 20 　年 　月 　日

注：1. 本表由农业部门负责报送；

　　2. 本表报送频率为五年报；

　　3. 本表估算非奶牛排放因子采用《IPCC 2006 指南》推荐方法二。

表 15　水牛生产特性参数

表　　号：

制定机关：

文　　号：

综合机关名称： 　　　　　　　　　　　　　　　　有效期至：

指标名称	代码	饲料消化率（%）	平均日增重（kg）	成年体重（kg）	平均体重（kg）	每日劳动时间（h）	奶脂肪含量（%）	平均日产奶量（kg）
甲	乙	1	2	3	4	5	6	7
规模化养殖								
断奶养育/犊牛	01							
育成/青年期	02							
成年/产奶牛	03							
农户散养								
断奶养育/犊牛	04							
育成/青年期	05							

指标名称	代码	饲料消化率（%）	平均日增重（kg）	成年体重（kg）	平均体重（kg）	每日劳动时间（h）	奶脂肪含量（%）	平均日产奶量（kg）
甲	乙	1	2	3	4	5	6	7
成年/产奶牛放牧饲养	06							
断奶养育/犊牛	07							
育成/青年期	08							
成年/产奶牛	09							

单位负责人：　　　　　　填表人：　　　　　　报出日期：　20　年　月　日

注：1. 本表由农业部门负责报送；

　　2. 本表报送频率为五年报；

　　3. 本表估算水牛排放因子采用《IPCC 2006 指南》推荐方法二。

表 16　绵羊生产特性参数

表　　号：

制定机关：

文　　号：

综合机关名称：　　　　　　　　　　　　　　有效期至：

指标名称	代码	饲料消化率（%）	平均日增重（kg）	成年体重（kg）	平均体重（kg）	每日劳动时间（h）	奶脂肪含量（%）	平均日产奶量（kg）	断奶时体重（kg）	一岁时体重（kg）	年均产毛量（kg）
甲	乙	1	2	3	4	5	6	7	8	9	10
规模化养殖	01										
农户散养	02										
放牧饲养	03										

单位负责人：　　　　　　填表人：　　　　　　报出日期：　20　年　月　日

注：1. 本表由农业部门负责报送；

　　2. 本表报送频率为五年报；

　　3. 本表估算绵羊排放因子采用《IPCC 2006 指南》推荐方法二；

　　4. 本表根据典型调查填写，部分指标若与实际不符可填写 0，如每日劳动时间。

表 17　不同动物粪便最大甲烷生产能力

动物类型	最大甲烷生产能力		
	规模化养殖	农户散养	放牧饲养
奶牛	0.24	0.13	0.13
非奶牛	0.19	0.10	0.10
水牛	0.10	0.10	—
猪	0.45	0.29	—
山羊	0.18	0.13	0.13
绵羊	0.19	0.13	0.13

资料来源：《IPCC 2006 指南》。

表 18　牲畜粪便处理方式

综合机关名称：

20　年

表　号：
制定机关：
文　号：
有效期至：

指标名称	代码	合计	放牧/放养	自然风干晾晒	燃烧	固体储存	液体储存	舍内粪坑储存	每日施肥	好氧处理	堆肥处理	厌氧沼气处理	氧化塘	垫草处理	其他
甲	乙	1	2	3	4	5	6	7	8	9	10	11	12	13	14
肉牛															

续表

指标名称	代码	合计	粪便处理方式占比（%）												
			放牧/放养	自然风干晾晒	燃烧	固体储存	液体储存	舍内粪坑储存	每日施肥	好氧处理	堆肥处理	厌氧沼气处理	氧化塘	垫草处理	其他
甲	乙	1	2	3	4	5	6	7	8	9	10	11	12	13	14
规模化饲养	01														
农户饲养	02														
放牧饲养	03														
奶牛															
规模化饲养	04														
农户饲养	05														
放牧饲养	06														
山羊															
规模化饲养	07														
农户饲养	08														
放牧饲养	09														
绵羊															
规模化饲养	10														
农户饲养	11														
放牧饲养	12														
生猪															
规模化饲养	13														

续表

指标名称	代码	合计	放牧/放养	自然风干晾晒	燃烧	固体储存	液体储存	粪便处理方式占比（%）						垫草处理	其他
								舍内粪坑储存	每日施肥	好氧处理	堆肥处理	厌氧沼气处理	氧化塘		
甲	乙	1	2	3	4	5	6	7	8	9	10	11	12	13	14
肉鸡 农户饲养	14														
规模化饲养	15														
蛋鸡 农户饲养	16														
规模化饲养	17														
农户饲养	18														

单位负责人：　　　　　　填表人：　　　　　　报出日期：20　　年　　月　　日

注：1. 本表由农业部门负责报送；
　　2. 本表报送频率为五年报。

表 19　不同动物氮排泄量

单位：千克/（头·年）

动物	非奶牛	奶牛	家禽	羊	猪	其他
氮排泄量	40	60	0.6	12	16	40

资料来源：《IPCC 2006 指南》。

表 20　粪便管理甲烷排放因子

单位：千克/（头·年）

区域	奶牛	非奶牛	水牛	绵羊	山羊	猪	家禽	马	驴/骡	骆驼
华北	7.46	2.82	—	0.15	0.17.	3.12	0.01	1.09	0.60	1.28
东北	2.23	1.02	—	0.15	0.16	1.12	0.01	1.09	0.60	1.28
华东	8.33	3.31	5.55	0.26	0.28	5.08	0.02	1.64	0.90	1.92
中南	8.45	4.72	8.24	0.34	0.31	5.85	0.02	1.64	0.90	1.92
西南	6.51	3.21	1.53	0.48	0.53	4.18	0.02	1.64	0.90	1.92
西北	5.93	1.86	—	0.28	0.32	1.38	0.01	1.09	0.60	1.28

资料来源：《IPCC 2006 指南》。

附录七　第 12 章相关表格

表 1　森林和其他木质生物质碳贮量

树种（组）	乔木林		竹林	经济林	灌木林	散生木+四旁树+疏林	活立木（总）
	面积	蓄积	面积	面积	面积	蓄积	蓄积
树种 1							
树种 2							
……							
合计							

注：面积单位为公顷，蓄积单位为立方米。

表 2　全国及各省区市活立木蓄积量年均总生长率与净消耗率

单位：%

省区市	总生长率	净消耗率	省区市	总生长率	净消耗率
全国	4.82	2.72	河南	11.68	6.86
北京	6.39	4.31	湖北	8.29	4.94
天津	11.66	9.44	湖南	9.90	6.38
河北	7.83	4.89	广东	8.24	7.18
山西	5.32	2.21	广西	8.94	5.90
内蒙古	2.68	0.88	海南	5.01	4.07
辽宁	5.58	3.23	重庆	7.38	2.93
吉林	3.67	1.91	四川	3.04	1.06
黑龙江	3.87	1.67	贵州	8.45	3.70
上海	9.62	6.71	云南	4.12	2.25
江苏	13.19	10.16	西藏	0.90	0.47
浙江	9.35	4.46	陕西	4.10	2.28
安徽	9.78	6.14	甘肃	3.54	1.89
福建	6.68	5.63	青海	2.40	1.27
江西	8.28	5.35	宁夏	7.39	3.30
山东	15.28	9.51	新疆	2.95	1.55

表 3　全国及各省区市基本木材密度加权平均值

单位：吨/米³

省区市	$\overline{SVD}$	省区市	$\overline{SVD}$	省区市	$\overline{SVD}$	省区市	$\overline{SVD}$
全国	0.462	黑龙江	0.499	河南	0.488	贵州	0.425
北京	0.484	上海	0.392	湖北	0.459	云南	0.501
天津	0.423	江苏	0.395	湖南	0.394	西藏	0.427
河北	0.478	浙江	0.406	广东	0.474	陕西	0.558
山西	0.484	安徽	0.416	广西	0.430	甘肃	0.462
内蒙古	0.505	福建	0.436	海南	0.488	青海	0.408
辽宁	0.504	江西	0.422	重庆	0.431	宁夏	0.444
吉林	0.505	山东	0.412	四川	0.425	新疆	0.393

表4　全国及各省区市生物量扩展系数加权平均值

省区市	全林	地上	省区市	全林	地上
全国	1.787	1.431	河南	1.740	1.392
北京	1.771	1.427	湖北	1.848	1.477
天津	1.821	1.470	湖南	1.712	1.387
河北	1.782	1.430	广东	1.915	1.513
山西	1.839	1.467	广西	1.819	1.448
内蒙古	1.690	1.364	海南	1.813	1.419
辽宁	1.803	1.434	重庆	1.736	1.419
吉林	1.784	1.411	四川	1.744	1.419
黑龙江	1.751	1.393	贵州	1.842	1.480
上海	1.874	1.461	云南	1.870	1.488
江苏	1.603	1.309	西藏	1.805	1.449
浙江	1.755	1.421	陕西	1.947	1.517
安徽	1.742	1.408	甘肃	1.789	1.433
福建	1.806	1.441	青海	1.827	1.483
江西	1.795	1.435	宁夏	1.798	1.445
山东	1.774	1.428	新疆	1.683	1.356

表5　全国竹林、经济林、灌木林平均单位面积生物量

单位：吨/公顷

森林类型		平均单位面积生物量	样本数	标准差
竹林	地上部	45.29	295	50.82
	地下部	24.64	248	36.38
	全林	68.48	240	80.04
经济林	地上部	29.35	194	27.98
	地下部	7.55	139	8.99
	全林	35.21	135	38.33
灌木林	地上部	12.51	356	16.63
	地下部	6.72	204	6.22
	全林	17.99	199	17.03

附录八　第 13 章相关表格

表 1　固体废弃物填埋场分类和甲烷修正因子

填埋场的类型	甲烷修正因子的缺省值
管理的：A	1.0
非管理的-深的（>5 m 废弃物）：B	0.8
非管理的-浅的（<5 m 废弃物）：C	0.4
未分类的：D	0.4

表 2　固体废弃物成分 DOC 含量比例的推荐值

固体废弃物成分	DOC 含量占湿废弃物的比例（%）	
	推荐值	范围
纸张/纸板	40	36~45
纺织品	24	20~40
食品垃圾	15	8~20
木材	43	39~46
庭院和公园废弃物	20	18~22
尿布	24	18~32
橡胶和皮革	(39)	(39)
塑料	—	—
金属	—	—
玻璃	—	—
其他惰性废弃物		

表 3　废弃物焚烧处理排放因子及来源

排放因子	简写	范围		推荐值	数据来源
废弃物碳含量	CCW_i	城市生活垃圾	（湿）33%~35%	20%	调查和专家判断
		危险废弃物	（湿）1%~95%	1%	专家判断
		污泥	（干物质）10%~40%	30%	IPCC 指南

续表

排放因子	简写	范围		推荐值	数据来源
矿物碳在碳总量中的百分比	FCF_i	城市生活垃圾	30%～50%	39%	全国平均值
		危险废弃物	90%～100%	90%	专家判断
		污泥	0	0	注：生物成因
燃烧效率	EF_i	城市生活垃圾	95%～99%	95%	专家判断
		危险废弃物	95%～99.5%	97%	
		污泥	95%	95%	

表 4　废水处理氧化亚氮排放的活动水平数据及排放因子来源

活动水平数据及排放因子	简写	单位	推荐值	范围	来源
各省区市人口数	P	人	统计数据	±10%	统计年鉴
每年人均蛋白质消耗量	Pr	千克	统计数据	±10%	统计
蛋白质中的氮含量	F_{NPR}	千克氮／千克蛋白质	0.16	0.15～0.17	IPCC 指南
废水中非消费性蛋白质的排放因子	$F_{NON-CON}$	%	1.5	1.0～1.5	专家判断
工业和商业的蛋白质排放因子	$F_{IND-COM}$	%	1.25	1.0～1.5	IPCC 指南